水と〈まち〉の物語

用水のあるまち

東京都日野市・水の郷づくりのゆくえ

西城戸誠
黒田　暁
［編著］

法政大学出版局

刊行の言葉

陣内秀信

「環境の時代」と言われ、持続可能な都市づくり、地域づくりの重要性が叫ばれる現在、それを実現するための理念と方法を探究することが問われています。

その課題に応えるべく、法政大学大学院エコ地域デザイン研究所が二〇〇四年に設立されました。経済を最優先する急速で大規模な開発とグローバリゼーションの進行で、環境のバランスと文化的アイデンティティを失った日本の都市や地域を根底から見直し、持続可能な方向で個性豊かに蘇らせることを目指しています。

特に注目するのは、かつて豊かな生活環境を生み、独自の文化を育む重要な役割を担ったにもかかわらず、手荒な開発で二十世紀の「負の遺産」におとしめられてきた「水辺空間」です。変化に富む自然をもち水に恵まれた日本には、川、用水路、掘割と運河、そして海辺など、歴史の中で創られた美しい水の風景が随所に見出せます。ところが戦後の高度成長以後、その価値がすっかり忘れられ、開発の犠牲になりました。私達はこうした水辺空間の復権・再生への思いを共有し、そのための理念と方法を探る研究に学際的に取り組んでいます。従来、別個に扱われることの多かった〈歴史〉と〈エコロジー〉を結びつける発想に立ち、日本の風土に似つかわしい地域コミュニティと水環境の親しい関係を再構築する道を探っています。

本シリーズは、この法政大学大学院エコ地域デザイン研究所によって生み出される一連の研究成果を刊行するために企画されました。世界各地の、そして東京をはじめ日本の様々な地域の魅力ある水の〈まち〉が続々と登場いたします。〈水〉をキーワードに、それぞれの場所のもつ価値と可能性を再発見し、地域の再生に導くためのビジョンを具体的に示していきたいと考えています。都市や地域の歴史、文化、生活に関心をもつ方々、二十一世紀の「環境の時代」にふさわしい都市・地域づくりに取り組む方々など、広く皆様にお読みいただけることを願っています。

目次

はじめに

日野へのまなざし——郊外に残る田園風景

二一世紀に入り十年を迎えようとしている現在、さまざまな領域における「二十世紀の遺産」を見つめ直す動きが見られる。本書の舞台となる東京都日野市は、東京都西部に位置する。北部に多摩川、中央部に浅川が流れ、丘陵地、台地、低地の三段からなる多様性に富む地形を有する日野市は、丘陵地に樹林や涌水、低地には水田とそこに水を導く用水路が広がっている。このような水田と用水路が広がる田園風景や、樹林・涌水といった水と緑が点在する日野市を、価値ある文化的景観を有するまちとして、今日的な評価を下すことも可能であろう。

だが、その一方で、日野市は都市化とそれに伴う郊外化によって、二十世紀半ばから、大きくその姿を変えてきたという側面も見逃せない。そもそも、二十世紀は都市的生活を豊かさの象徴と見なし、地方圏から都市に人々が集積し、そこで人々が暮らすという「都市化の時代」であった。この急激な都市化は、新市街地を母都市の外側に拡げ、田園風景を一新させる「郊外化の時代」を招来させた。東京圏の郊外化は関東大震災（一九二三年）を契機にはじまるが、高度経済成長期を境に本格化し、現在、東京圏では九割を占める人々が郊外居住者となった。その背景には、都市に向かう人々に新たな住まいを提供する住宅団地の建設、中小規模の住宅地開発、さらにはニュータウン開発、これと平行して鉄道建設や道路・河川整備など基幹的な都市インフラの整備を進める都市計画が存在した。二十世紀の都市計

写真１　八丁田んぼ　昭和 30 年前後（撮影：真野博氏）

画は、新市街地の形成を急ぎ、新たな都市施設の整備に意を注いだものであり、それはまさに「郊外大開発」ともいえる。そして、この開発は一部の反対はあったものの、多くの人々――とくに郊外の「新住民」となる人々にとって、歓迎されたものでもあった。

今日、文化的景観として価値付けられる水田や用水路などは、日野市が東京の郊外として明確に位置づけられ、宅地化（ベッドタウン化）が進行するにつれて、年々その数を減らしてきた。その動きは残念ながら現在も衰えることはない。確かに日野市は、水と緑の環境の分野、とくに用水路を中心とした水環境の保全に関して、行政、市民ともに意識が高く、三十年強の沿革を有している。三十数年前から市民の手によって日野市の水、緑に対する保全の活動は盛んであり、行政側も一九七二年の「環境保全に関する条例」を皮切りに一九七六年の「緑化及び清流化推進に関する条例」や「公共水域の流水の浄化に関する条例（清流条例）」を施行するなど、全国でも先進的な事例が見られる。その後も一九九五年には市民の直接請求に基づく環境基本条例、一九九八年には農業基本条例も制定された。

だが現実には、宅地化の進行の中、農地は減少し、用水路も失われつつある。このように数少なくなった水田と用水路がセットになった田園風景を「文化的景観」として評価し、この地に住まう郊外居住のあり方を重要視する姿勢は、二十世紀型の都市の有り様を再考するという点で重要であろう。日野市の〝水〟〝緑〟にかかわる人々は、失いし地域固有の資源であるまだら模様の「土・水・緑」の田園風景と、そこで暮らし続けた先人たちの刻んだ歴史遺産、伝統や習慣などの大切さを現代に活かそうと考える、郊外で暮らすライフスタイルの創造の担い手であるかもしれない。

本書の問題意識――「用水路」と「市民参加」

しかしながら、住民の多くが都市化＝郊外化による変化を積極的に受け入れてしまったという過去や、さまざまな〝過去〟における出来事、営みが現在のまちの姿を規定していることは冷静に受け止める必要がある。確かに日野市にかろうじて残った、そして今なお失われつつある田園風景は、〝日本の古き良き原風景〟や〝子どもの頃の原体験〟を地域の人々に醸し出すことだろう。だが、このような日野へのまなざしは、郊外化してしまったまちを憂い、かつての日野の田園風景へのノスタルジーとその回帰を志向しているにすぎないともいえる。つまり、外形上の美しさやノスタルジックな価値を素朴に地域に〝提案〟するのではなく、現在の日野市のさまざまな状況を把握し、それを冷静に受け止め、過去の営みを反省的に振り返りながら、現状をふまえた上でそこに未来のかたちを埋め込んでいく。こうした作業こそが二一世紀に求められた地域づくりのあり方であろう。もっとも、この地域づくりの具体化には困難を伴うが、本書では、行政が展開したまちづくりの施策・計画と市民のさまざまな活動の結節点の一つである「市民参加」に注目しながら、日野の用水路の変遷――それは同時に、日野というまちの変遷でもある――を考察していく。その考察の中から日野市というまちが次のステップに進むための方向性について考えてみたい。

さて、日野市の「用水路」と「市民参加」という二つの観点は相互に関係し合っているが、以下、それぞれについて注目する理由を述べていきたい。

まず、「用水路」に着目する理由は、日野市に用水路が網目のように張り巡らされ、それが豊かな田園風景をもたらしているという価値評価のみに基づくのではない。最大の理由は、用水路の変遷をたどることが、そのまま日野市というまちがたどった歴史を理解することにつながるからである。先に述べたように、都市化・郊外化の影響を受け、水田や畑は次々に宅地に変化し、その結果、用水路そのものが失われ、また農業用水としての用水路の役割は大きく変化せざるを得なくなった。そして、現存する用水路の維持・管理を誰がどのように行うのかという、担い手の問題が問われるようになっている。また、本来の農業用水としての役割に加えて、昨今の用水路が持つ多面的な価値の存在を、日野市民による実践的な活動や、市民自体の潜在的な意識の中から見出すことによって、今後の日野市の用水路のあり方を考える必要も生まれている。日野市自体も一九七二年の「環境保全に関する条例」を皮切りに、「緑と清流の住みよいまちづくり」を提唱し、一九七六年に「公共水域の流水の浄化に関する条例（清流条例）」を制定、二〇〇六年には「日野市清流保全―湧水・地下水の回復と河川・用水の保全―に関する条例」に全面改正しているように、日野市にとって用水路に対するまなざしの変化を捉えることは、日野というまちをどのように考えるのか、まちづくりの価値の変遷を逆照射していることになるだろう。

第二の観点は、「市民参加」である。Ⅱ章とⅢ章で詳述するが、日野市は一九七〇年代のコミュニティ行政施策の胎動と同じ時期に「市民参加」が制度的に模索された。そして一九九〇年代後半から、計画段階からの市民参加が企図され、数多くの計画づくりが行なわれてきた。この市民参加による計画づくりの最初が環境基本計画の策定であった。この環境基本計画の策定は、これまで行政（日野市）が主導してきた計画の策定に市民がかかわるきっかけをつくり、その後のさまざまな計画において、市民を公募し、そのメンバーと日野市の職員が〝協働〟して計画立案を実施していくというスタイルが採用されるようになってきた。このように日野市における行政への市民参加は、行政施策とさまざまな市民活動団体による諸活動の相互作業によって作られてきた。用水路の保全や再生にも、当然、市民や市民活動団体がかかわってきており、その役割は用水路の役割の変化とともに重要度を増してきている。よって、川や用水など水辺の保全やまちづくりにかかわる市民活動団体がこれまで果たしてきた役割と、今後の展開可能性について考えることが、焦眉の課題であるといえるだろう。

以上のように、本書では日野市に点在する水田と用水路が一体となった、景観の美しさにのみ注目するのではなく、その背景にある市民の活動、行政・市民の相互作用の結果としての市民参加の制度、行政計画を中心に考察する。もっとも、地域社会の構造に関する議論は手つかずであり、地域社会の議論としては不十分かもしれない。だが、本書の考察によって、昨今の用水路に付与される多面的な価値づけを前に、日野市の用水路に対する人々のかかわりやさまざまな記憶が、今後の用水路や景観の保全に対する取り組みとどのようにつながりうるのか、新たな社会的しくみや制度の可能性を探っていきたい。それは、眼前に広がる景観に意味を与え、本書のシリーズタイトルである「水と〈まち〉の物語」を描き出すことにつながると考えている。

I

用水のあるまち

1　まちの歴史、地域史――『日野市史』を中心に

本節では、まず日野がたどってきた地域史を概要として描き出していく。おもに『日野市史』[1]を紐解きながら、日野というまちがどのように発展していったのか、歴史の流れを見ていこう。それは同時に、「用水のあるまち」としての日野が、どのようにかたちづくられていったのかを注視していくことでもある。

日野市は、東京の都心から約三五キロメートル西に位置している（図1-1）。面積は二七・五三平方キロメートル、総人口はおよそ十八万人である（二〇〇九年十二月の推計）。東は府中市、北には国立市と立川市、昭島市、西に八王子市、南に多摩市と隣接している。都心への通勤に便利でかつ自然も残る典型的な都市近郊のベッドタウンとして発展してきた歴史をもつ。

一　日野と水

日野市域の西北部を占める日野台地は、市域の北側を流れる多摩川と中央南寄りを流れる浅川に挟まれ、二つの河川の浸蝕作用によってできた台地である。今から約一万年前、縄文早期には日野台地周辺に集落が形成されていたことが推定されている。多摩川と浅川が形成した氾濫原は、田んぼや住宅地の造成に適地し、台地には畑地、丘陵地には山林が多く見られた。表面を覆っている地層は、関東ローム

層といわれる火山灰層によって構成されている。丘陵を刻む樹枝状の小河川の低地に水田が、緩やかな傾斜地に畑が開かれ、丘陵の大部分は山林が覆い、水田を前面にひかえ畑を周辺に配し、山林を背後に負う集落が川と谷に沿って点在していた。それがかつては「東京（多摩）の米どころ、穀倉地帯」と呼ばれた日野の姿であった。

視線をもう少し広げてみると、日野台地は多摩丘陵の一部であることがわかる。多摩丘陵は、関東地方西部の関東山地の東縁、高尾山麓から扇状に東京湾に向かって広がる形の丘陵であり、東西三八キロメートル、南北（西五キロメートル、東十五キロメートル）にまたがる丘陵地帯である。丘陵の両側は武蔵野台地（北）、相模原台地（南）に挟まれている。このような地形的条件の下、日野台地を除いた各地で、掘れば必ず井戸水が出るというのが日野の特徴であった。掘抜井戸という一年中自噴している井戸が、浅川流域の平山・百草・程久保・高幡・南平・宮・豊田・川辺堀之内・上田地区のあちこちにあったという。丘陵や台地に山林や畑が豊富にあったころは、雨水の浸透もよく、湧水も豊富であったが、現在は宅地造成などで山林が失われ、雨水の浸透する余地が少なくなり、必然的に湧水は減少していった。それでも現在市内には、豊田緑地をはじめ各地の段丘崖から湧水が出ている。二つの河川に挟まれ、豊富な水脈を湛える日野が歩んだ歴史は水との付き合いの履歴でもあった。

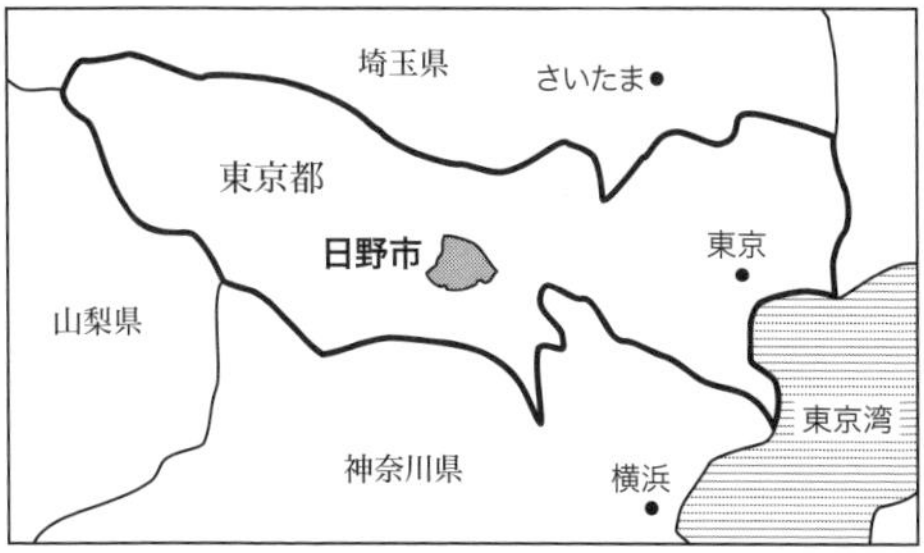

図 1-1　日野市の位置

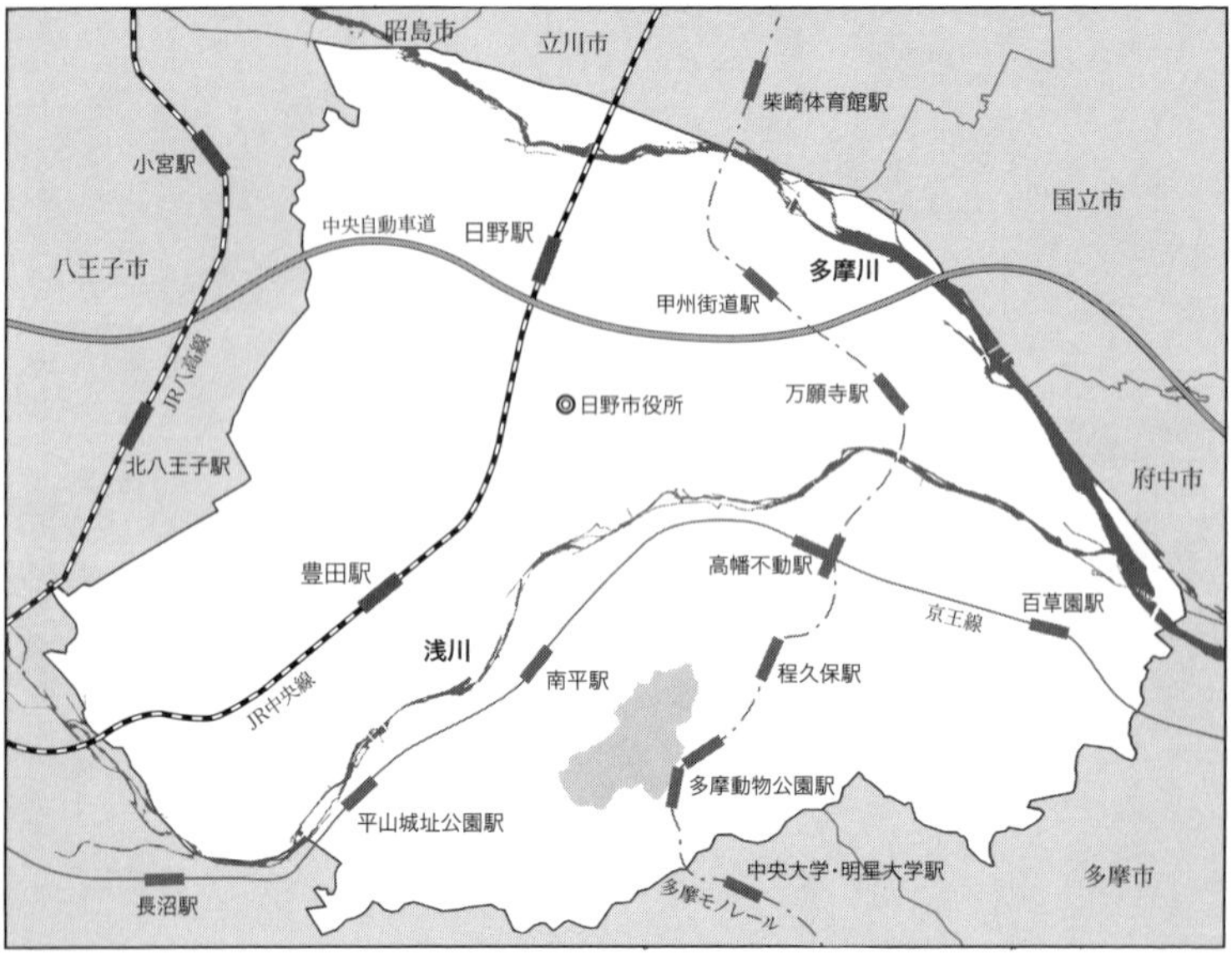

図 1-2　日野市地図

二　日野を挟む二つの河川

多摩川と浅川という二つの河川は、たんに地形として日野を挟むだけでなく、日野の人々とさまざまなかかわりを持ってきた（図1―2）。多摩川の水[2]は、谷地川との合流点近くで日野用水として取水され、灌漑用水として利用されたのち、再び多摩川に合流している。多摩川は、昭和三十年代から四十年代にかけては日野の急激な人口増加のため、排水路が整備されないまま用水路を下水道として利用していたことで、水質汚染が年ごとにひどくなっていった。それに加えて、昭和四五年以来の減反政策のため水田が減り、その管理もおろそかにされがちであることも用水汚染の原因の一つとして指摘されてきた。

一方、陣馬山と高尾山の山稜を水源とし、多摩丘陵の西端でもあるこの丘陵一帯から湧出する沢水を集めて西から東へ流れ、百草地区で多摩川に合流するのが浅川である。日野では段丘崖の湧水が利用されつつ、沖積地には浅川から取水した用水路がはりめぐらされ、田畑を潤していた。しかし浅川と多摩川との合流点の近くが沖積低地になっていることから、たびたびの氾濫による水害に見舞われたことも記録に残っている(3)。

三　用水の成立

日野の農業の歴史は古く、古来より多摩川から簡単な取水が行われていた。日野では近世以降、灌漑による水田耕作が盛んになった。古文書によると、永禄年間（一五五八—七〇）に美濃国の落ち武者佐藤隼人が、北条氏の支配の下、最初に灌漑用水を開発し、完成させたことが記録に残っている(4)。

永禄十年北条陸奥守（氏照）様より隼人殿罪人をもらい、此の村の用水を掘らせ、茶屋・小屋をしつらえ、百姓の用水を取り、東光寺の飲み水に成り、大小の百姓末々迄有り難く存じ奉る可く候

（「佐藤家文書」一七〇三『挨拶目録』より）

江戸幕府が開かれた頃、日野は幕府直轄地と旗本領によって構成され、網目状の用水路が張り巡らされた農村風景が形成されていた。一六〇五（慶長十）年には甲州街道が整備され、日野宿が置かれた。後に多摩川を渡る渡船場も日野宿の経営となっている。その中で天保期には、府中用水と日野用水が、多摩川からの取水をめぐって水争いを起こしたことが記録に残っている。用水の流水量や流路には効率

の悪い部分もあり、[5]一八九九（明治三二）年の耕地整理法に基づいたかたちで、一九一〇年には農業者が主体となった南多摩郡豊田耕地整理組合が立ち上がった。これにより用水路が画然と区別されるようになり、稲苗発育に適量な用水を供給するために、積極的に耕地整理が行われた。

近世の日野では養蚕業が盛んに営まれていた。各農家でおもに絹織物にするための繭作りが行われ、生業複合の一環となっていた。明治十七〜十八年ごろに最盛期となり、同時に桑園も形成されていった。[6]他の農家の生業複合としては茶摘み、河川での鮎とりなども見られた。農業の合間に男性は武蔵野・高倉野へ出かけて芝草や薪を採り縄をない、女性は木綿を織り生糸を引く姿があった。その中で日野の農村社会もしだいに家族労働力のほかに奉公人を雇用して農業経営を行う上層農民と、奉公人として労働力を放出する貧民層に分かれ、上層・中層農民は質屋・蚕種渡世・糸繭商などを営んで資本を蓄積していった。

四　近世から近代へ

江戸時代の後期には、日野を故郷とする武士が中心となって京都の守護警備を行う集団〝新撰組〟が結成された。新撰組は現在でも日野のシンボルとして、人々に愛されている。[7]

幕末から明治時代にかけては、日野は日野宿として、人々は農業のほか人馬の出役など公用労働に従事する傍ら、一般貨客の輸送や休泊、多摩川の渡船営業などによって生計を立てていた。明治九年の時点で日野全体の八二パーセントが農家、十パーセントが商工業、残りは生糸や繭の季節的な仲買のような、農商兼業者をかなり含んでいたという（例えば『河野清助日記』[8]）。やがて明治維新によって東京が

写真 1-1　日野駅から工場に向かう人々　昭和 20 年代初頭（撮影：三浦清司氏）

首都となると、日野にもしだいに近代化の影響がもたらされた。明治二二年には甲武鉄道（後のJR中央線）の新宿から八王子間が開通し、その翌年には日野駅が開設されている。この頃日野地域は、日野宿（明治二六年に日野町）・桑田村（下田・宮・万願寺・新井・石田・上田・豊田・川辺堀之内）と七生村（程久保・高幡・南平・三沢・落川・平山・百草）に分かれていたが、明治三四年、日野町と桑田村が合併して「日野町」となった。

大正時代になると、アメリカへの生糸の輸出増加によって養蚕農家は潤い[9]、三多摩地区[10]でもランプが電燈に変わり（大正五年）、日野では大正十年に電話が開通した。しかし第一次世界大戦の終了とともに反動不況となり、さらに大正十二年の関東大震災で日野も大きな損害を受けた。世界恐慌のあおりを受けて昭和恐慌に陥ると、近郊農業地帯でも生活窮迫者が生じ、町村税の滞納者が増加して財政が逼迫するようになった。昭和六年からは小作争議も続発している。そのために日野町は町村債を発行して昭和七年から救農土木工事を行っている。この救農土木事業とは、当時内務省所管の農村振興土木事業（治水・砂防・国道改良などの直轄工事のほか町村の河川・港湾・府県道・町村道などの修改築工事）と当時農林省所管の救農土木事業（公有林の造林事業などの直轄工事のほか、耕地整理組合などによる用排水の改良、開墾、桑園整理などの事業）から成っていた。

また工場誘致にも力を入れ、日野にも工業化の波が押し寄せてきた。とくに大工場の進出が目立ち、一九三六（昭和十一）年に東洋時計株式会社工場が竣工。翌三七年には小西六写真工業の日野工場が操業を開始した。他にも日野重工業（日野自動車）等の工場が次々と設立され、それにともなう町税収入が増加していった。これらの大工場の進出の要因としては、工場経営を行う際、日野の地下水が豊富であったことが理由としてあげられている[11]。しかしその一方では、工場敷地の造成で耕作地が減少したうえに、日野一帯の地価が急騰するという側面もあった。こうして典型的な農村であった日野にも近代化による工業化の影響が見られるようになり、地域社会の構成も徐々に変容していった。この頃、日野は「府下髄一の発展地」と呼ばれたという（写真1-1）。

やがて日野にも戦争の影が差してきた。一九三九（昭和十四）年には七生村に東京府拓務訓練所が開設され、満蒙開拓青少年義勇軍の養成が行われた。満州に三多摩郷を建設しようという目的であった。また太平洋戦争が始まると、一九四四年、日本本土、東京への空襲が激しくなり、東京中心部、赤坂区や品川区から児童が日野地区に疎開してきた。

五　戦後の日野の発展

終戦後、不足を極めた食糧の確保のため、米麦をはじめとする農産物の供出が行われた。一九四一（昭和十六）年に「生活必需物資統制令」が公布され、翌四二年には「食糧管理法」が公布された。これにより日野の各農家は、農業資材の欠乏と厳しい供出義務の狭間にあって苦しむこととなった。例えば、養蚕で生糸を生産していた農家は、食糧を供出するために養蚕のための桑園を潰すなり整理するなりして水田や畑地にする必要に迫られた。しかしそのような状況下でも、とくに七生村は農村としての環境を引き続き保持し、集落の共同体的結合によって、労力、資材の不足などの悪条件を克服していったという。一九五〇年には農地解放令が出されている。

そのような戦後の状況の中、日野がまちとしてどのようにして自立をはかるかということが、町村合併の是非の議論とともにしだいに取り沙汰されるようになってきた。一九五三（昭和二八）年の町村合併促進法によっておおむね人口八千人を標準として、それ以下の周辺町村は合併を促進することが目標とされた。一九五八（昭和三三）年に日野町は七生村と合併して新しい日野町となった。さらに一九六三年十一月には市制が施行され、「日野市」が誕生した。[12] それまでも日野町と七生村の間には何度か合併話が持ち上がっていたが、立ち消えとなっていた。もともと七生村は八王子地域と隣接しており、そこに近しい地域事情があったことなどがその理由としてあげられる。

町村合併促進法に基づいて一九五五（昭和三十）年には日野町および七生村と八王子の合併をはかる東京都の町村合併計画が持ち上がったが、日野は公式見解として反対を打ち出した。その時のおもな理由としては、①日野町の人口は二万人で合併促進法の対象となっていないこと、②日野町は地方自治庁

写真 1-2　昭和 30 年代の日野の風景（大門橋から大昌寺坂方面をみる）写真に写る日野用水上堰は現在暗渠になっている　1958（昭和 33）年（撮影：古谷永治氏）

より国の交付金を配分されていない、③八王子は戦後の復興がままならない状態であり、合併は日野町の財政を逼迫する、④八王子市の税率は非常に高率、⑤日野町住民の自主性が失われる、などがあげられている。この姿勢の背景としては、当時日野町が町村合併促進法の対象となる基準をはるかに上回る富裕団体であったことが指摘できる。七生村もまた八王子市との合併を拒み、日野町との合併を選択する運びとなった。こうして一九五八年の合併に至ったのである。（写真1－2）

六　都市化の波——様変わりする日野

対外的には合併を行い、市として独立していくプロセスを経た日野だが、その内部では都市化の影響を被った急速な変化が始まっていた。まず戦後の経済復興にともない、東京都内の就業人口の増加が進んだ。一九五五（昭和三十）

年、日野町の衛星都市計画が具体化され、住宅公団による開発事業が積極的に展開された。当時、東京都が三多摩地域に都心で膨張する人口を送り出そうとしていた背景もあり、日野町三〇万坪を対象とする、収容家族四五〇〇世帯、人口二万人を目標とした開発事業が組まれた。それにともない各地で市街地や道路、上下水道、公園等を整備しようとする土地区画整理事業が計画され、農地の宅地化が急速に進められていった。新しい都市建設が急務とされたのである。新しい都市計画としてはまず工業地帯を定め、それにともなう住宅地が設定され、鉄道駅を中心とした商業地域を形成することが目指された[13]。この急速に押し寄せた都市化の波と生活環境の変化に対する住民の反応の一例として、例えば一九五六(昭和三一)年から行われた豊田多摩平地区の土地区画整理事業に対する反対運動があげられる(『毎日新聞』一九五七年四月二七日)。

地鎮祭と反対運動
日野同志会(会長内田吉久氏)の農民四十人らが座り込み、一〇九人の名義で住宅公団総裁や都知事、日野町長、建設大臣に「①住宅公団法の一部を改正する法律にかかる付帯決議の趣旨を尊重し、農地の保護について十分配慮すること、②衆院建設委で加納総裁が声明したように一切地元民に迷惑を掛けないこと、③前二項について公団の適宜の処置がない限り事業施行に断固反対する」という反対決議文を提出。

豊田多摩平地区の土地区画整理事業は、一九六二(昭和三七)年に住宅地への入居が完了している。この多摩平団地の開発によって日野の人口は五万人を突破し、市制施行となった。このような流れの中、

写真 1-3　小西六日野工場　1962（昭和 37）年（提供：コニカミノルタ）

日野では第二次、第三次産業従事者の就業人口が増加する一方で、第一次産業従事者が減少していった。都市化による緑地や農地の宅地化、区画整理事業が進んだ結果であった。

土地区画整理事業を推進する日野町としては、隣接する立川市や八王子市とは別個の発展を目指し、一九五九（昭和三四）年に市街地開発区域の指定をとりつけた（日野町工場誘致奨励に関する条例、日野町工場育成奨励に関する条例等で工場の新設・増設を奨励）（写真1-3）。他にも平山台地域の土地区画整理事業が計画され、一九六三（昭和三八）年に認可が下りている（昭和四八年に竣工）。インフラの整備も進み、町営の下水道処理施設が建設され、一九六〇年に給水を開始した。同じ六〇年には、日野独自の「日野都市計画案」が承認され、一九六三年の市制施行への有力な拠り所となったのである。

七　昭和四十年代——発展と環境問題の発生

　このように日野の人口が爆発的に増加し、日野市制が施行され町が発展していく一方で、その急激な変化が生み出す歪みもまた見られるようになっていった。例えば、農業生産に対する工業化の影響の中には、河川・用水の汚れや、水道用水・工業用水などの水需要の増加にともなう農業用水の不足があった。一九六四（昭和三九）年二月十五日発行の『日野市広報』には、隣接する八王子市との利水をめぐる折衝の様子が描かれている。

　一九六〇（昭和三五）年に端を発する八王子市の計画では、多摩川支流の秋川南岸の水田一万六千余坪を掘りおこし、地下十メートル内外のところを流れる伏流水を毎日四万トン取水する採水場（高月浄水場）を建設する予定であった。秋川の表流水が平時四万トン程度なので、日野側からしてみれば、一九六二年にようやく完成したばかりの日野用水堰の取り入れ口の価値がまったくなくなってしまう可能性が発生した。このため、日野用水組合では理事会を開き、理事長を先頭に八王子市に対し、①日野用水の水利権の侵害、②浄水場の用地は法律違反、③伏流水の大量の取水は表流水に影響を与えることを中心とした善処方の申し入れを行い、折衝を開始した。しかし、十数回の折衝にもかかわらず交渉が一向に進まないので、一九六三年二月、八王子市長の依頼をうけた日野市長は、両者の間に入り一ヶ年に亘って円満妥結の努力を行ったが、未解決のままであることが訴えられている。ここではとくに日野市が東京都下にあって多くの米を供出していることが主張されており、また用水路が排水路も兼ねており、その汚染がしだいに問題化してきていることがうかがえる。

　同じ一九六四（昭和三九）年二月十五日発行の『日野市広報』では、八王子市に建設中の高倉工業団地の汚水が黄緑色の泡を立てながら谷地川に注ぎ、日野市の小川に流入する附近で小魚や川の藻が死に始めていることが指摘されている。(14) 一九六九年には保健所の水質検査により浅川、多摩川の複数箇所で大量の魚が浮上し、工業廃液の影響と推定された。翌一九七〇年には浅川、多摩川流域の水が大腸菌を大量に含んでいることが判明し、夏の遊泳が禁止指定となっている(『広報ひの』一九六九年十二月十五日ならびに一九七〇年七月十五日発行)。一九七二年一月十五日発行の『広報ひの』では、台風にともなう日野市の浸水被害において、各用水路にゴミや土砂がたまり、その結果水の流れが悪くなっていることが浸水の大きな原因となっていることが指摘されている。各用水路の川幅を広げ、嵩上げをし、深く掘り直すなどの改修工事が試みられている。この頃、日野では市街地の急速な都市化のために下水の処理対策などが追いつかず、用水路には各家庭からの生活雑排水が流れ込み、水の汚濁が進んでいった様子がうかがえる。

こうして徐々に生活環境の汚染が見られるようになりつつも、昭和四十年代になると、日野は東京都の人口圧のもとでますます激しい開発の波に洗われた。波はとくに七生地区の丘陵部に押し寄せ(町勢要覧によれば、同地区は十年間でおよそ人口四倍となった)、一九五八(昭和三三)年には多摩動物公園が開園、一九六四年には多摩ニュータウンの開発計画が始まっている。この激しい開発発展の中で、日野市では一九六六年に工場誘致条例が廃止されている。一九六九(昭和四四)年に制定された都市計画法に基づいて、翌一九七〇年には市内全域にわたって市街化区域と市街化調整区域の線引きが行われ、一年間で一万人弱の人口増が記録されている。こうした激しい人口増加に伴い、小・中学校校舎の増設・新設が必要に迫られたのをはじめとして、社会資本・公共施設の設備が厳しい財政運営のもと、急ピッチで進められていった。その中で次第に目立つようになり、社会問題となっていったのが河川の汚濁や大気汚染、カドミウム汚染、騒音等の生活公害であった。こうした環境問題は土地区画整理と都市基盤の整備が最重点政策としてすすめられた結果、表裏一体のものとしてもたらされた現象であるともいえる。

生活公害の中でもとくにカドミウムによる土壌汚染や水稲汚染の問題は日野周辺の各地で発生し、社会問題になっている（『広報ひの』一九七〇年十一月十一日発行）。用水系統では「日野用水のうち日野駅下を貫流し、谷仲山から宮地区に至る〝宿裏掘り〟に汚染が目立ち、土壌に最高二三三ｐｐｍという数値が出た」（『広報ひの』一九七一年四月一日発行）という。また上田用水でも奇形の魚が発見され、水田の米がカドミウムに汚染されていることが明らかとなったことで、汚染部分の水田は強制休耕処分となり、代償として稲作農家に配給米が与えられた経緯もあった。

一九七〇（昭和四五）年には日野市の人口も十万人を突破したが、この頃には止まらない人口増にともなう生活環境への問題意識も生じてきた[15]。こうした事態に対応すべく、人口増加率が高い地区から土地区画整理事業が推進されてきたが、その内容も行政事務的性格のものから社会政策的あるいは再開発的性格の強い施策へと質的な転換が図られていった。市民生活においても、いびつになってきた生活環境をどのように整備し、取り戻すかが問われるようになってきたのである。

このように、昭和四十年代は日野の急速な人口肥大化がピークに達し、またそれに対応しようとする開発事業や土地区画整理事業が急ぎ足で実行に移され、まちが姿を変えていくとともに、またそのことが都心の人々をさらに日野に呼び込むという循環が形成されていた。

しかしその循環が、過剰な環境負荷というかたちで日野のまちの内部、生活に歪みを生じさせてきた。

八　昭和五十年代――みどりと清流のまちづくりへ

一九七六（昭和五一）年には日野市長が「日野市の現状と問題点」を発表している。そこでは、①農地・緑地の激減[16]、②下水道・市道、市内交通の未整備、③日野・豊田・高幡の三地区への分散と有機的結合の欠如、④公園・緑地の不足による環境悪化などが課題としてあげられている。都市化によって人口が増大し、それにともない大きく街の姿を変えた日野であったが、ここにはその発展の軌跡を見直し、環境整備の点から市行政の再編をはかるべく、新たな指針を持ったまちづくりへ転換しようという姿勢が見て取れる。こうして日野はそれまで押し進められてきた「大規模宅地造成とスプロール化の並進」と決別し、住みよい都市づくりを目指して再スタートすることになった。

まず激減した緑地の保全対策が取られた。一九七七年には段丘崖の斜面にある樹林地に対する保護の網目を広げてグリーンベルト「日野緑地」として保全すべく、一部の公有地化が始まった。一九八七年には「緑地信託要綱」を定め、市が緑地や山林の所有者数名と契約を結び、一ヘクタールほどの受託管理を行った。またそれを足掛かりとして一九八九年には「日野市緑地信託等に関する条例」が施行された。これは日野市がナショナル・トラスト制度[17]を参考にして制定したものであった。緑地や山林を市が預かり、必要な管理を担い、所有者が所有権を手放す場合には市が買い取り、緑地の公有地化をはかることを条例レベルで定めたもので、市内のおよそ七〇ヘクタールの緑地が対象とされた。こうして緑地保全の社会的なしくみが整備されていく中で、都市近郊の貴重な緑地でもあり、日野の都市化のプロセスにおいて激減した農地をどのように保全していくかという課題も問われるようになってきた。それは同時に、日野の農業の継続を、都市農業の保全としてどのように実現していくことができるかという課題でもあった。一九七〇年には市街化区域と市街化調整区域が線引きされ、日野市域の八〇パーセント以上が市街化区域の指定を受けた。その後、一九七三年には市街化区域の農地には宅地並みの課税を行うことになったが、日野市では一〇〇パーセントの減税を行って、都市農業の存続をはかっている。

一九九八年には、農業振興計画（アクション・プラン）と関連づけられた農業基本条例が定められた。ここでは「農業は市の基幹産業」として位置づけられ、具体的な施策として、以降市民による援農ボランティアの養成講座である「農の学校」の開校や、市民農園の増設・農業体験農園の開設、食育推進事業、学校給食用地元野菜等供給事業など、多くの農業施策を実施している（詳しくはⅣ章）。

九　水のまち日野の再生へ

緑地や農地など、みどりの保全に取り組む一方で、一九七六（昭和五一）年には、「公共水域の流水の浄化に関する条例」（清流条例）が制定された。この清流条例では、まず用水の水質を改善することが第一の目的とされ、市行政が公共水域に対して持つ責任が明確にされるとともに、市民の「協力義務」も提示された[18]。施策としてはとくに冬期に農業用水の通水が減少して水路環境の悪化を招くことから、用水路の水を、年間を通じて流す試みが始まった。この施策にともない、一九八三（昭和五八）年に全国で唯一の「水路清流課」が誕生し、清流事業（運動）が始まった[19]。

さらに生活雑排水による用水の汚染を防ぐために、一九七九年には公共下水道整備を前提とした下排水事業の基本計画が長期的な視点で取り組まれることとなった。その一方では、市民の「協力義務」として、一九七六年には日野用水や平山用水の付近四千世帯に対して市が考案・製作した浄化装置「清流フィルター」が配布され、世帯ごとに汚水マスに設置し、定期的に清掃することが求められた。清流フィルターとはプラスチック製のアミカゴであり、雑排水やゴミが用水に流入するのを防ごうとする施策であった。また多摩川や浅川では数百人、数千人の規模による一斉清掃が行われるようになり、各用水では稚魚の放流なども試みられるようになった。

また、一九八〇年には用水路の汚れの監視や市民意識の啓発など、清流運動のリーダー的役割を果たす目的で、「日野市清流監視指導員」を「地域の用水に明るい」数十名の市民[20]が市から委嘱され、一人一人が用水の幹線の一キロメートルずつを受け持ち監視と指導に当たることになった。これは条例に基づき、罰則は規定されていないものの、市民の用水利用に対して注意や勧告できる権限を持つことが設定された。

こうした一連の清流運動の取り組みによって、各用水の水質はある程度改善され、また日野市の取り組み自体が評価されるようになっていった[21]。一九八九年には緑と清流課の機関紙として『清流ニュース』が発刊され、身近な水環境に関する取り組みや情報について年四回発信している。現在、日野市内の各用水路は、それぞれ宅地化や区画整理事業によって幹線が変更されたり、暗渠化されたりとさまざまに昔とは姿を変えているが、依然として用水路の総延長はおよそ一一六キロメートル（二〇〇六年の市民による調査[22]に基づく）に及び、日野市街においても多彩な水辺景観を形成している。またその維持管理については、水田の極端な減少や維持管理の担い手であった用水組合の人々の高齢化もあり、地区によってバラつきがあるものの、全体としては緑と清流課が担う方向へとシフトされてきた（詳しくはⅣ章）。

十　今日の日野

日野は、昭和三十年代から四十年代にかけての都市化の影響によって大幅な人口増加を遂げ、大都市近郊のベッドタウンとして急速に発展してきた。しかしまちの姿が大きく変貌する中で、市民生活にはしだいに生活環境問題の歪みが生じてきた。その反動ともいうべきかたちで、昭和五十年代には、それまでの発展の足並みについて内省する動きが出てきた。一時は爆発的に増加した人口も、昭和五十年代半ばには年間人口増加率が一パーセント台に落ち着いている。その中で昭和五十年代から六十年代以降にかけては、環境や福祉に配慮したまちづくりに取り組んできた。それらを担ってきたのは、必ずしも日野市行政に限らず、それぞれ独自に取り組まれてきた多様な市民活動や、環境基本計画策定への参画を試みてきた日野市民のボランタリックな取り組みであった（詳しくはⅡ、Ⅲ章）。

東京都心から四十キロメートルもない近郊に位置する日野は、都市化の波を真正面から受け止めざるをえない、いわば〝大都市近郊の宿命〟を背負ってきた。その中で日野の生活者（農家）は、好むと好まざるにかかわらず、農業を継続するべきかいなか、また継続するとしたらどのような形態で可能なのかについての選択を重ねてきた。その選択により、得たものもあれば失われてきたものもあった。日野のまちは今、そのプロセスを振り返りながら、プロセスを踏まえた上で、未来に向かってどのようにかたちづくっていくべきなのか、あるべき姿を模索しているところと表現できるだろう。

2 用水路と地形の関係

現在の日野の地形と水系の関係はどうなっているのだろうか。まず鳥瞰図的に見てみよう。日野市は、北部に多摩川、市の中央部に浅川が流れ、地形はこの二つによって堆積された沖積地、多摩丘陵、日野台地の三段から成っている。日野市から多摩川を渡れば立川台地、その東に武蔵野台地が広がっている。これら台地の中央を都心に向けて一筋の用水路が流れている。玉川上水である。この上水にはその後に三三の分水が流下し、飲み水が確保された武蔵野台地に集落が形成され、人々は農耕に勤しみ、江戸の食糧基地として栄えていった。台地の上に展開するこの営為の姿がかつての武蔵野の情景である。一筋の流れはこのような歴史を作り上げ、その地域の共通の物差しとしての風景もつくってきたのである。風景の共有は自然の、歴史の、生活の共有でもある。日野においても、用水路を介在した営みが見える生活の情景、そしてその用水路を保証してきた基盤である水系、地形がその風景の後ろに控えているはずである。

一 日野の地形・水系

地形や水系は自然秩序であり、言うまでもなく行政区域を越えて連なっている。日野の地形は、西側では八王子に連続する日野の〝台地〟で、南側はこれも八王子に連担する多摩の〝丘陵〟が顔を覗かせている。この間が浅川、多摩川の〝低地〟となっている（図1-3）。

地形と水系の関係から日野を特徴づけているものとして、湧水の存在がある。日野には、〝台地〟の崖線の下から湧き出しているタイプの湧水と、〝丘陵〟の谷戸状に刻まれた地形の谷壁や谷頭部から湧き出すタイプの湧水がある。市内には、確認されているだけでも一八〇カ所近くの湧水がある。台地からの湧水として日野市立中央図書館下の湧水群や黒川清流公園湧水群などがあり、丘陵からの湧水として程久保川源流部湧水や高幡不動尊内の湧水などがある。これらの多くは、多摩丘陵の沢筋や、多摩川や浅川によってできた段丘の崖線から湧き出していた。湧水は、降った雨が地下に浸透し、地中の岩石や土砂の間を通過しながら時間をかけて出てきたものである。日野の地盤にはこうした水脈が連なり、豊かな水となっていたのである。そのほとんどは浅層地下水の湧水だが、中には自噴井戸も見られ、湧水として活用されてきた。しかし日野の都市化が進むにつれ、丘陵地や台地の開発、田畑の宅地化が進み、湧水が涵養される余地も少なくなっていった。湧水の中には途絶えてしまうものも、また水量を大きく減らしてしまうものも出てきたのである。

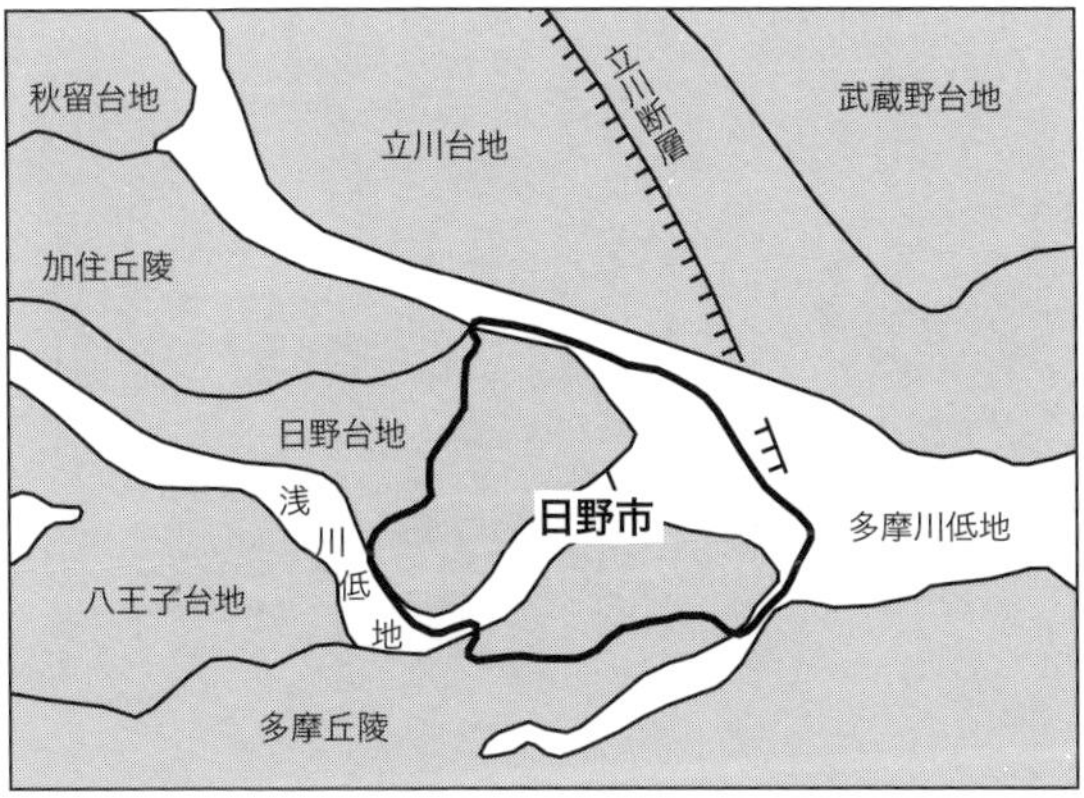

図1-3　日野周辺の地形区分

二　集落形成と水の関係

日野の地形は豊かな水系によってかたちづくられてきており、集落の形成過程もまた水の分布と関連していることがうかがえる。

より具体的に見てみると、市内の湧水は、西部の台地における崖下沿いと南部の丘陵地にある谷戸や崖下沿いに分布している。縄文から中世にかけての遺跡分布をみると、おもにこれらの湧水付近に農村集落が置かれていることが分かる。日野には集落の形跡を示す遺跡として七ツ塚遺跡、神明上遺跡、吹上遺跡、平山遺跡、南広間地遺跡、落川遺跡などがある。このうち南広間地遺跡や落川遺跡からは古代から中世にかけての水田の跡地やそれに伴う用水系統の存在を示す痕跡が見つかっている。

一方、低地部分は多摩川が氾濫することもあり、農村集落は南広間地遺跡や落川遺跡などのように微高地の上に形成された。その後近世に入ると新田開発のために多摩川と浅川から取水し水路を通すことで低地部分にも集落が形成されたことがわかる。

また、人々の信仰と水の関係からも、ある程度日野地域の形成過程が見えてくる。現在の寺社の敷地内に湧水が存在する例としては、西平山地区の八幡神社、豊田地区の八幡神社、日野本町地区の宝泉寺、栄町地区の東光寺、平山地区の宗印禅寺、南平地区の八坂神社、高幡地区の金剛寺、三沢地区の八幡神社、落川地区の大宮神社の九カ所があげられる。地形的条件から見ると、寺社が南部の丘陵地に五カ所、西部の台地に四カ所ある（図1-4）。

例えば、平山地区は鎌倉時代初期に平山氏が拠点としていたことで知られる。平山氏は、現在の宗印寺内にある湧水を源流とする沢の上流部に城館を築いた。また中流部（市立平山図書館付近）には生活

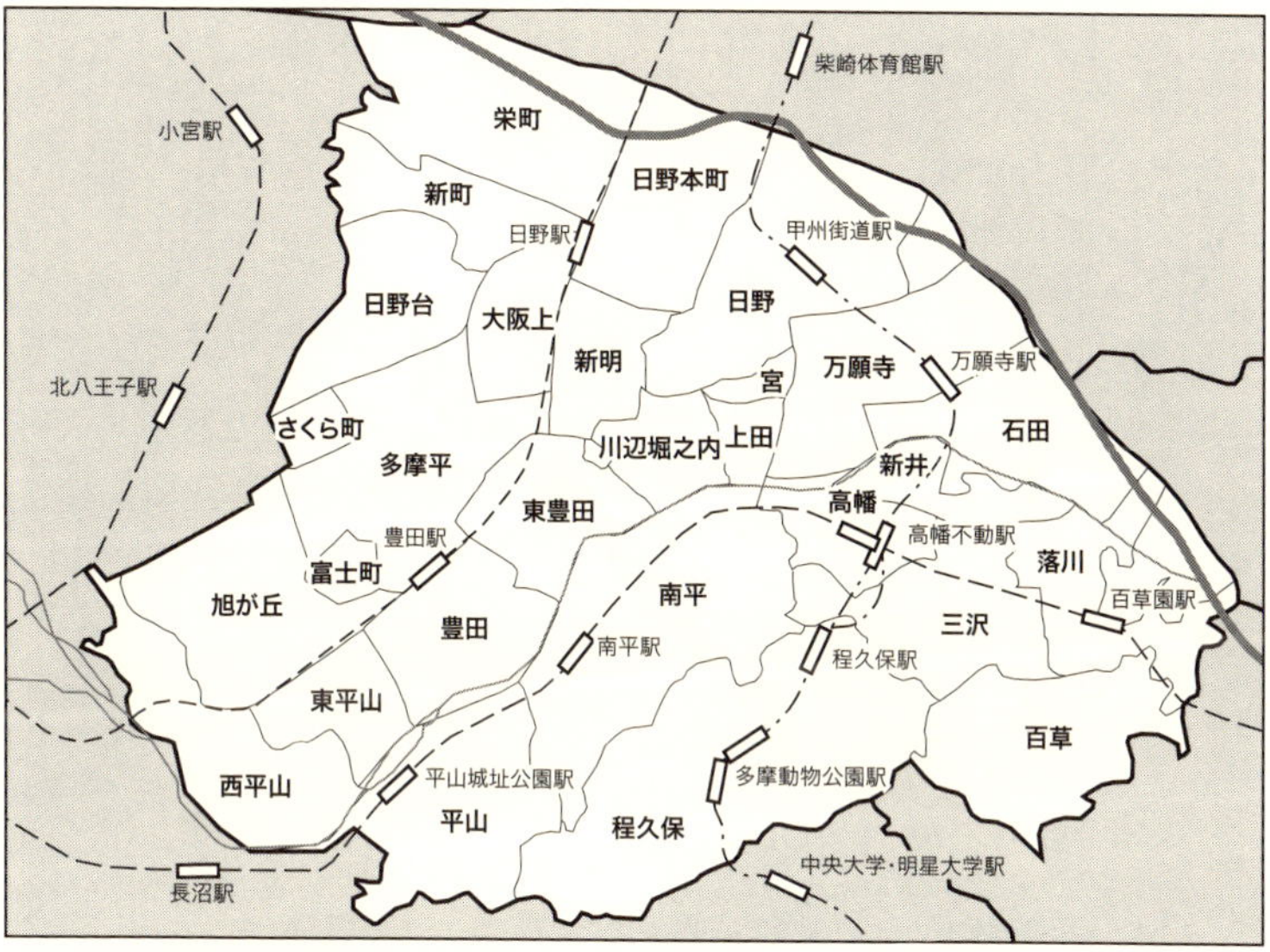

図 1-4　日野市の地区構成

空間としての居館を置き、下流部には平山季重が建立した大福寺を置いた。上流部の城館は平山氏が衰退した後に宗印寺が置かれ、中流部は居住区、下流部の大福寺が廃寺になった後は一八八四（明治十七）年に平山学校[23]が置かれ、一九七六（昭和五一）年には現在の京王電鉄平山城址公園駅が置かれるなど、それぞれが地域における拠点であり続けている。

明治時代の公図[24]から読み解いてみると、平山地区は、沢と浅川から引いた用水路によって水路網が形成されていた。沢は、丘陵地の上部から等高線に対して垂直の南北方向に流れ、山の麓にある集落を通り抜けて、用水路と合流する。用水路は、平山地区では一番低い部分を流れる浅川を取水源とし、等高線に対して平行に東西に流れる。この地区における宅地・畑・田の土地利用は、沢と用水路とによって明確に使い分けられていたことが読み取れる。沢と接する土地はおもに宅地や畑によ

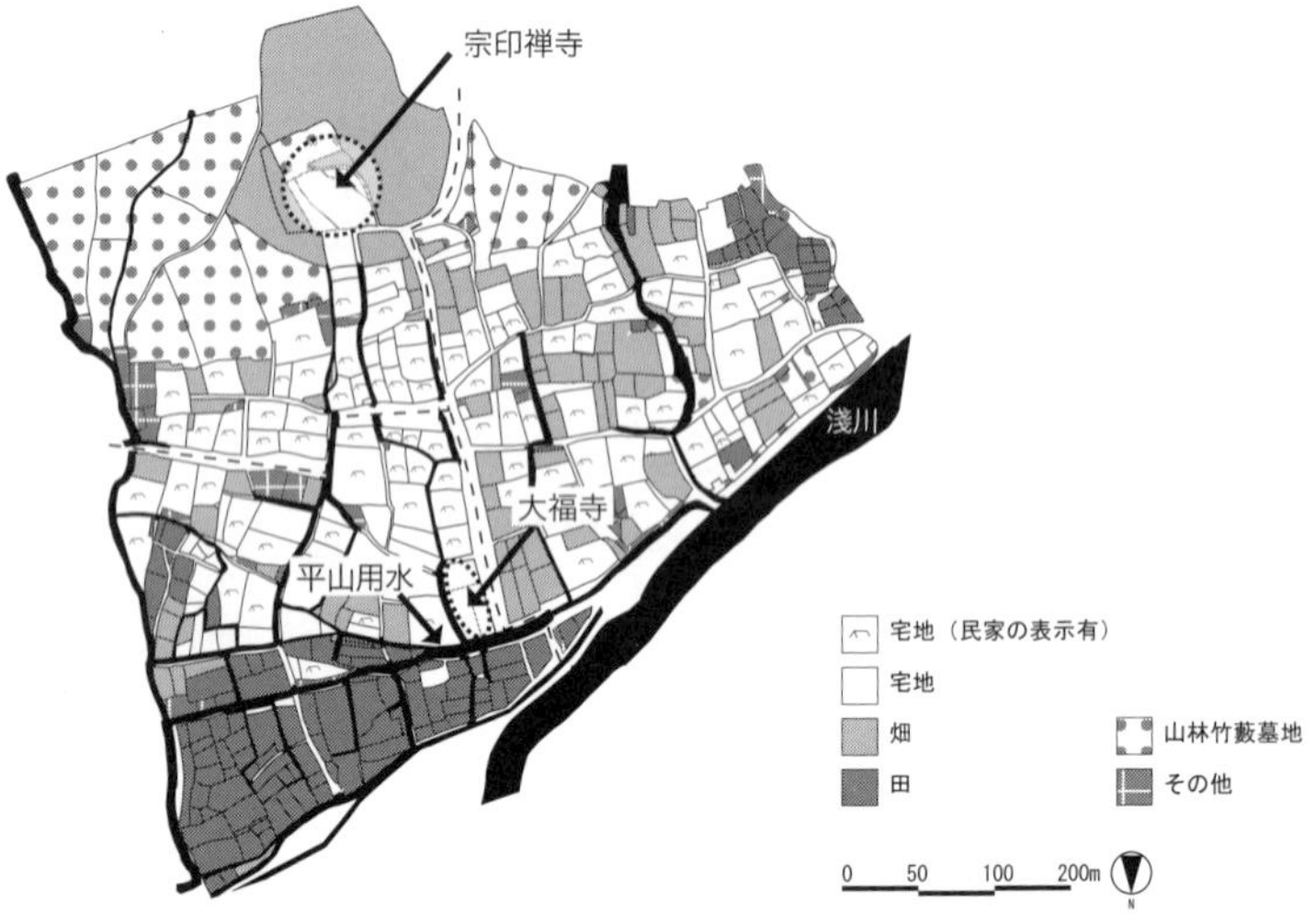

図 1-5　明治初期の公図における平山地区の土地利用

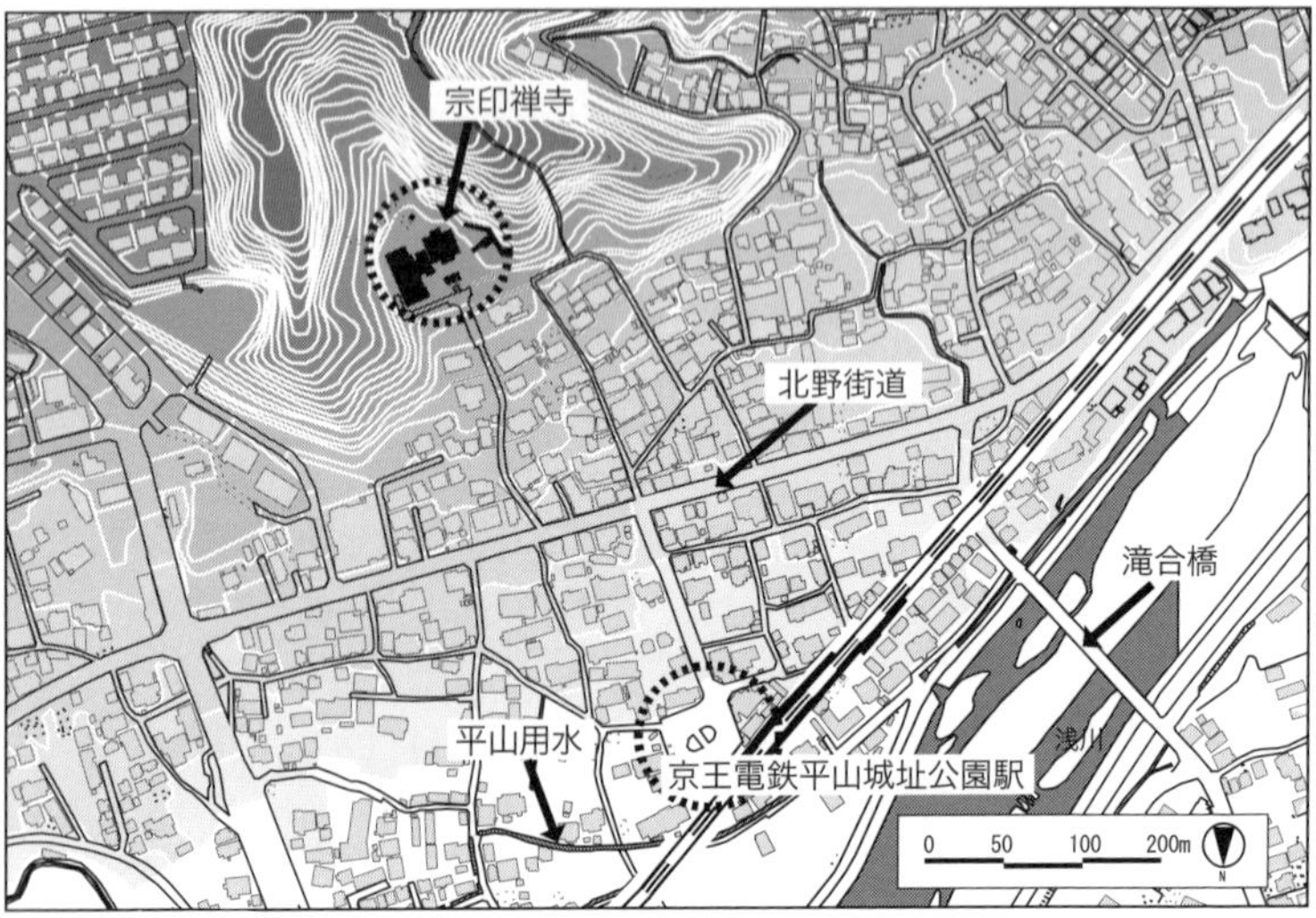

図 1-6　現在の平山地区の土地利用

って占められており、一方、用水路と接していたのは水田である（図1-5）。

平山地区では一九六〇年代以降、本格的な市街地化が進んでいったが、施設やその機能は大きく変わりながらも、用水や湧水といった水の配置と地域の集落形成が密接に関連していたことが読み取れる（図1-6）。このように、日野においては各地区がそれぞれの地形条件の下で、水とかかわり合いながら特徴ある集落を形成していった歴史的経緯がうかがえる。

三　地形と水系の関係

こうした日野の地形について、水系との関係でもう一度とらえなおしてみよう（図1-7）。この地形図上に、地形と用水路図を合わせ、さらに河川と用水路から成る水系として描いたのが図1-8である。こうしてみると、日野の地形および水系が、多摩川とその支流である浅川によって形成されてきていることがわかる。では次に、多摩川や浅川から構成されている水系がそれぞれどのような用水として日野を流れているのか、地形ごとに区切って見てみよう。

多摩川右岸（日野用水上堰、下堰）

多摩川右岸は、日野市の中心部であるが、江戸時代は日野宿が栄え、甲州街道が通るなど歴史的にも日野市の中心であった。東部地区は浅川と多摩川の合流点に近い沖積地で、日野でもっとも低い土地である。西部地区はかつて東光寺といわれその西端に日野用水取水堰があり、江戸時代以前から用水が完備され、八丁田んぼといわれるほど水田が多かった（図1-9）。

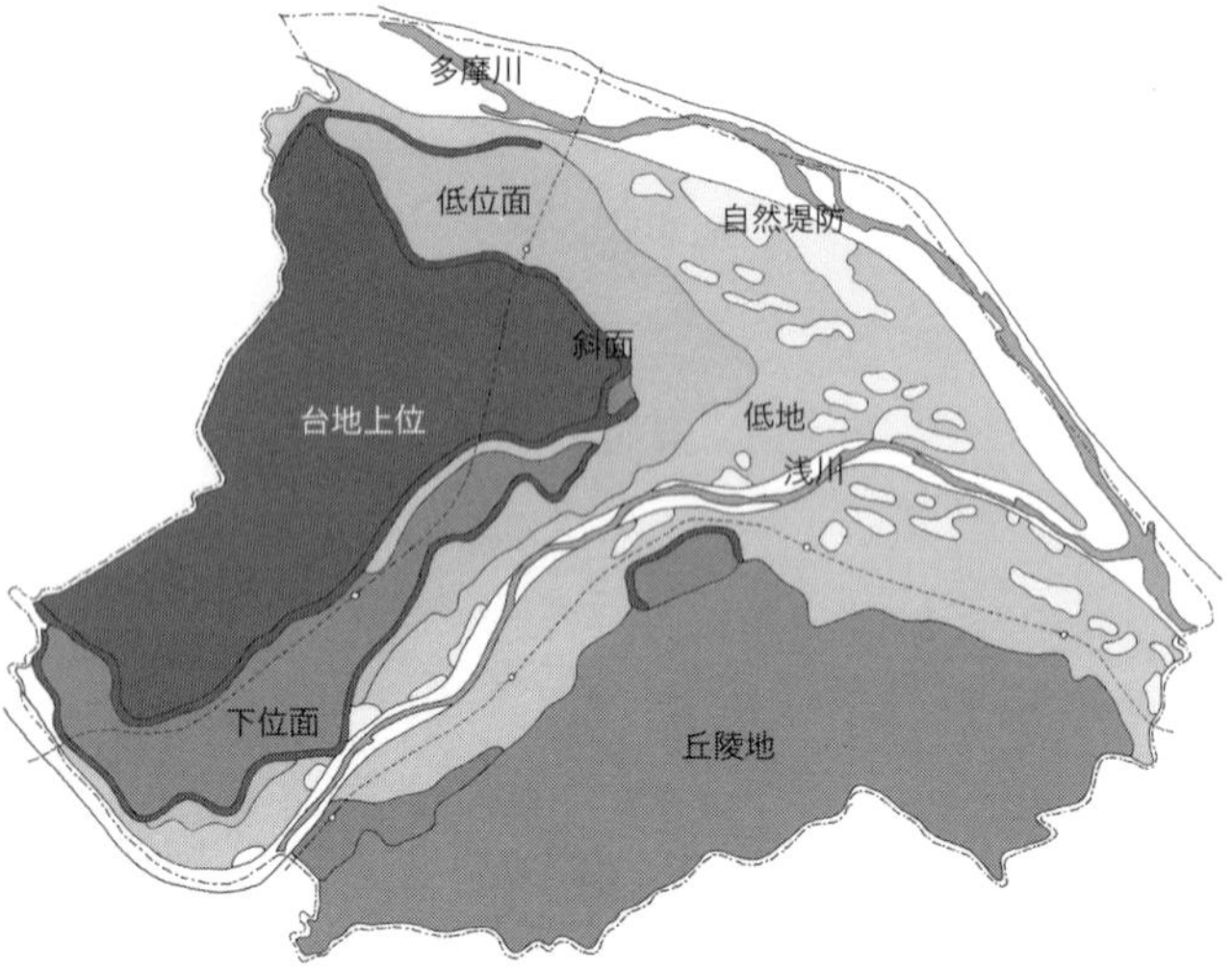

図 1-7　日野市の地形

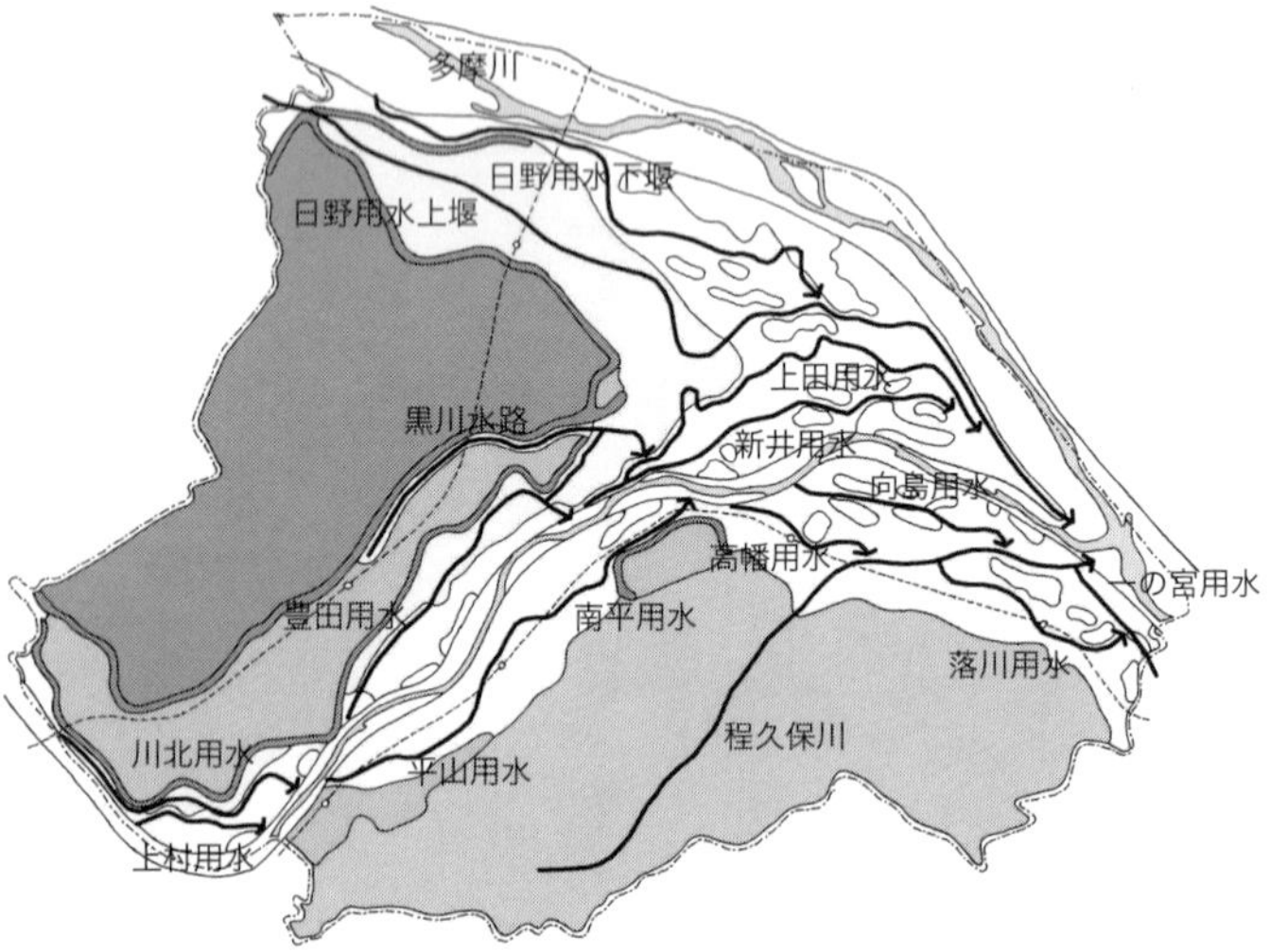

図 1-8　日野市の地形と用水路（新井用水、上田用水は区画整理前）

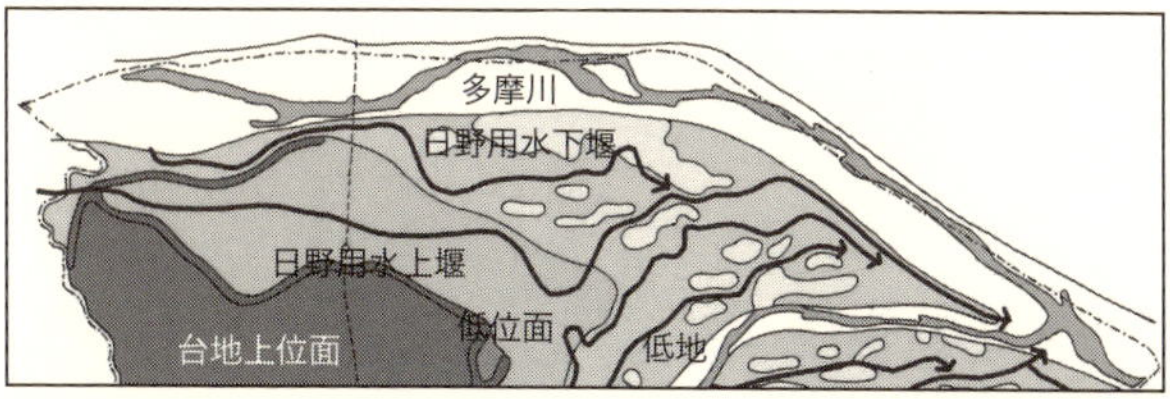

図 1-9　多摩川右岸用水網図

写真 1-5　幹線道路に沿う用水は、上部を歩道化している

写真 1-4　多くの分水によって灌漑がなされている

　多摩川から取水（八王子市内）されている日野用水上堰《かみせき》は、日野市内では台地低位面の中央をおおむね落差十メートル（標高約八〇〜七〇メートル）を流下している。この辺りの台地低位面は多摩川に平行して東に緩く傾斜している。さらに下堰《しもせき》と合流して低地を流下している。中央部への敷設は、両側に向けての分水を考えてのことであろう。日野用水下堰は、上流で上堰に沿いながら低地を流下し、また上堰分水の受け水路となっている。中流部では逆に上堰が下堰の受け水路にもなっている。その敷設は、上流では台地低位面と低地の境を流れ、下流の分水は、自然堤防の微地形を巧みに利用している様子が読み取れる（写真1-4、1-5）。

　このように二つの日野用水（上堰、下堰）は相互に関連しながら多摩川右岸の低位面、低地を灌漑していたことになる。

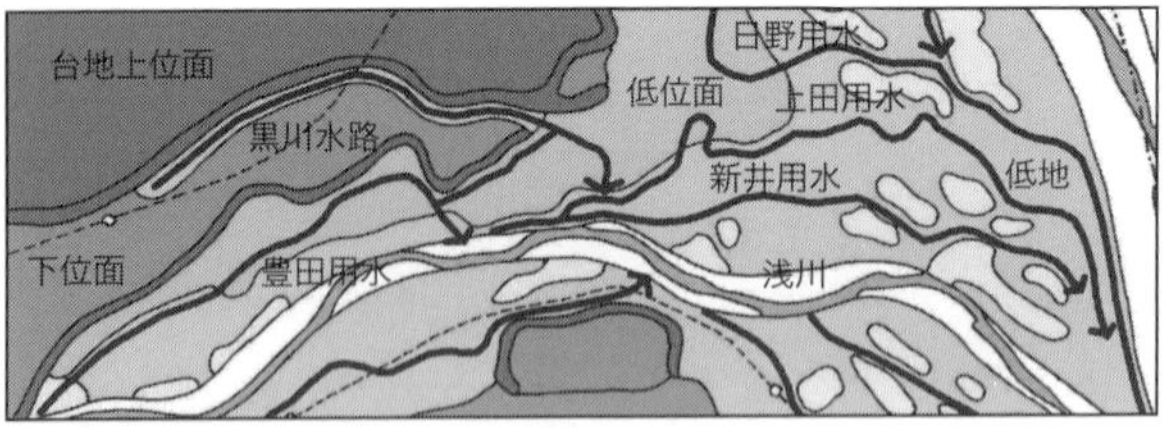

図 1-10　浅川左岸用水網図（新井用水、上田用水は区画整理前）

写真 1-7　市街地の道路に沿う用水（低地の両岸フラット）

写真 1-6　地形境に沿う用水（高い面が集落のある低位面）

浅川左岸（黒川水路、豊田用水、上田用水、新井用水、川北用水、上村用水）

日野市域の西側は台地であり、そこから浅川と多摩川の二つの河川の氾濫によって削られた河岸段丘が並んでいる（図1―10）。これらの段丘崖には地下水が湧き出ているところがあり、古代から人間が住んでいた痕跡がある。日野台地は標高八〇～一〇〇メートルほどの丘陵で、西高東低の加住丘陵の東端にあたり、広さは東西三キロメートル、南北三キロメートルである。日野台地と浅川に挟まれたそれほど広くない範囲に台地下位面、低位面、低地と浅川に向かって微地形をつくっている。台地の鼻が切れて低地に向かうあたりは、現在でもかつての日野の風景が色濃く残されている。

黒川水路は、日野台地からの湧水を集めて崖線の裾を流れている水路である。豊田用水に流下しながら、上田用水に水量を補

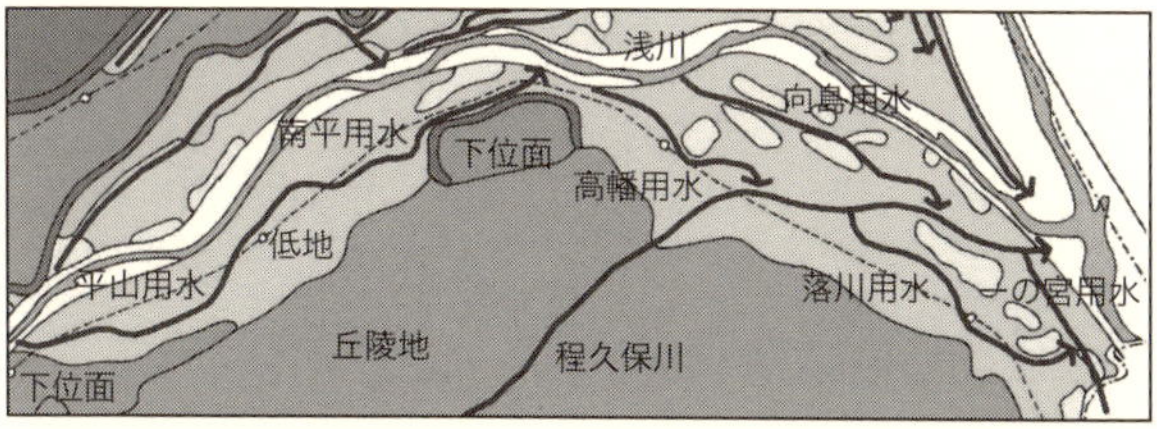

図 1-11　浅川右岸用水網図

写真 1-9　低地を流れる平山用水、両岸はフラット（区画整理前）

写真 1-8　微地形に沿って流れる用水（右岸が高い）

給している。かつてはこの湧水を利用してワサビ田もみられた。

浅川から取水された豊田用水は、台地低位面と低地の境の微地形を巧みに生かしながら流下している。すなわち、低位面が集落形成、低地が水田である。もちろん水は低い方に流れるから、下では低位面も潤すことになる。（写真1―6）

多摩川右岸に連なる低地には、最も北に日野用水、その南に上田用水、浅川沿いに新井用水が梯子状に敷設されている。そのことから、上田が日野の、新井が上田の受け水路になっているなど水網が巧みにコントロールされていることが読み取れる。ここでもそれぞれの用水は関連しながら農耕地を潤している。（写真1―7）

浅川右岸（平山用水、南平用水、向島用水、高幡用水、落川用水、一の宮用水）

浅川右岸は多摩丘陵の裾に山裾型集落が形成されていた、かつての七生村の地域である。多摩丘陵は神奈川県の三浦半島まで続く広域的な丘陵地である。日野市内の多摩丘陵は標高一〇〇～一七〇メートルで、西から東に連なっている。北側低地に、用水が浅川に沿って敷設されている（図1－11）。この地区には現在でも総延長約一二六キロメートルに及ぶ水路が残っており、平山、南平用水は山からの湧水も水源としながら流下している（写真1－8、1－9）。最も下流部低地では程久保川からの取水（落川、一の宮用水）用水もある。農地は減少しているものの、今なお都市農業が積極的に営まれてもいる。この地域には高幡不動、百草園と江戸からの名所があり、いまでも多くの参詣者、観光客を集めている。

四　変わりゆく用水

用水は大きな地形によって大まかにかたちづくられ、そして小さな地形の変化や低地内の自然堤防などの微地形を巧みに利用してその用水網を創り上げてきた。そのため用水は地形に合わせて揺らぎ、その揺らぎが水辺と共鳴して柔らかな風景を創り上げてきたのである。しかし、日野の都市化に伴い押し寄せた開発の波によって、経済的な合理性に基づいて設計された道路は直線となってきた。それと平行する用水もまた単線化し、もはや揺らがなくなっていった。日野のまちがその姿を変えていくにあたっては、地形とともに用水もまた、その流れを変えていかざるを得なかったのである（写真1－10、1－11）。幹線となる用水沿いは、微高地が居住地、低地が農耕地となっている。浅川左岸の微高地は後背に斜

写真 1-10　地形に合わせて揺らぐ用水

写真 1-11　直線化した用水

面林と上部の台地地形を持っており、そこはおもに畑地である。畑地・斜面林・居住地・用水・水田が並ぶ土地利用となっている。この土地利用の多彩な構図も日野の用水沿いの典型的な風景を創り上げている。さらに低地にある水田の向こうには多摩丘陵地の山並みが見渡せる。

写真 1-13　台地、斜面林、微高地の市街地、低地の水田

写真 1-12　市街化された低地の向こうに連なる山並み

写真 1-15　用水水辺が生かされている市街地

写真 1-14　農地と宅地の中にある用水

写真 1-17　台地下位面と低位面を結んでいる道

写真 1-16　市街地

しかし、居住地の密集化、台地や低地の宅地化は、次第にこのような土地利用の特性、多様性を単一のものとし、市街地として平坦化させていったのである（写真1-12〜17）。

3 日野における用水路の分布

水辺環境が豊かな日野では、用水路が減少している現在でも、まだまちのあちこちにその流れをみることができる。市民や行政は、その用水路を望ましい姿で次の世代に受け渡そうという試みを続けており、現在かなりの部分を占めるコンクリート護岸から、かつての景観にあった土の護岸、自然素材による護岸へと改修、親水路や水田公園の整備、用水景観の復元等といった取り組みが行われている。

かつての日野は多摩川・浅川のおかげで、水に恵まれたまちであり、東京一の米どころであった。まちには多くの用水路が走り、そこに面した家々には、洗い場が設けられていて洗濯はもとより野菜も洗っていたという。

それが昭和四十年代に入ると人口が急増し、水田が競うようにつぎつぎと宅地へと変貌していった。その際、用水路がまちを縦横に走っていることで、下水道化への対応が遅れ、用水路は家庭などの雑排水が直接流れ込むようになり、汚濁されていった。これは日野に限った話ではなく、農村地帯の都市化、市街地化に伴って日本全国で見られた現象であった。その後、区画整理や都市計画道路の工事が進み下水普及率が高まるとともに、一九七六（昭和五一）年には日野市に先進的な清流条例ができ、一九七八年には水路清流係がおかれた。十月から三月の水を使わない時期も通水することによって、用水の水

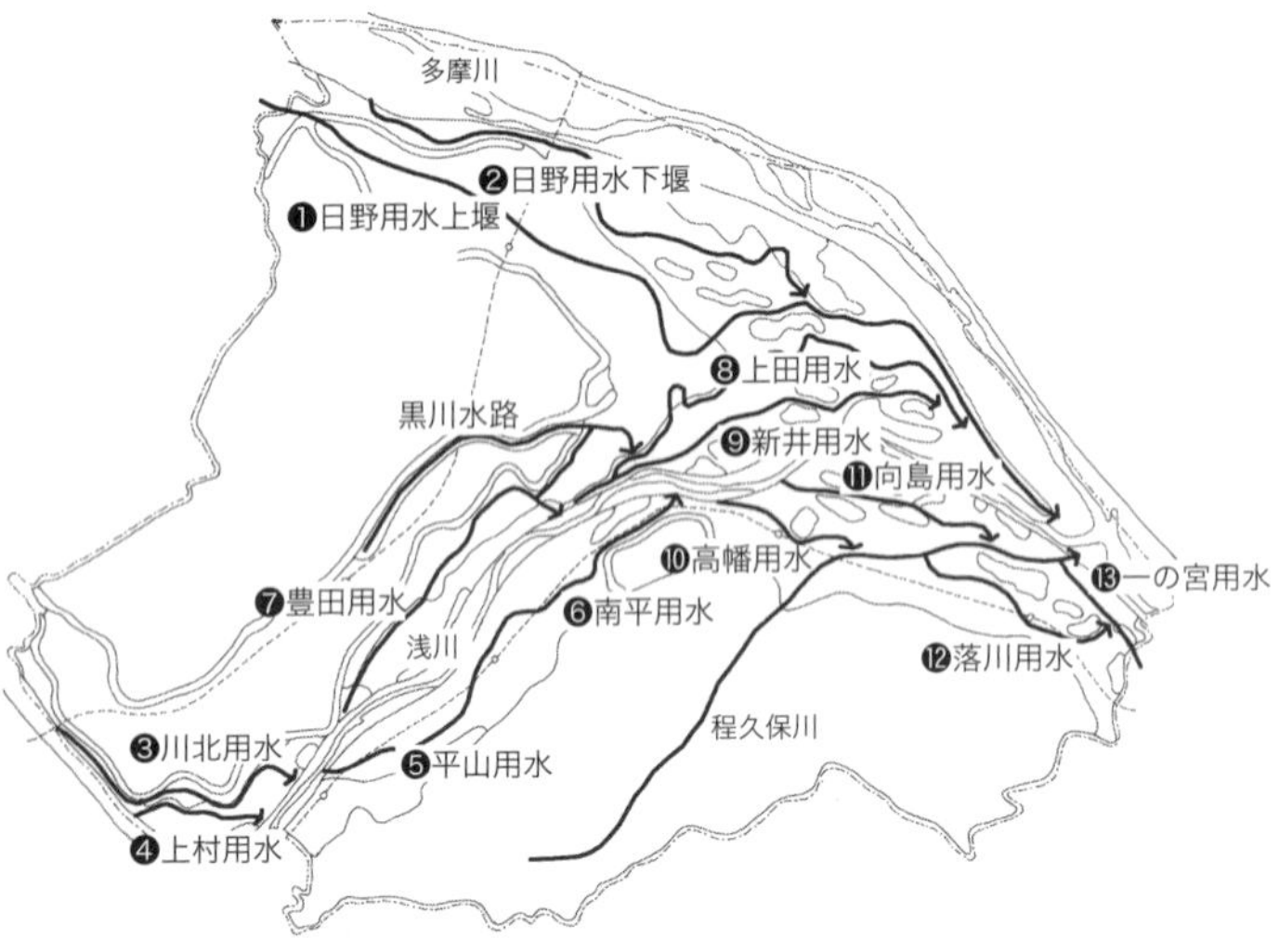

図1-12　日野の用水路図（新井用水、上田用水は区画整理前）

質は改善され、場所によっては小魚も戻ってきた。今でも幹線・支線を含めて約一二六キロメートルの用水路が残っており、水質がさらに良くなっている場所もある。では、このように日野市内の幹線・支線含めて数多く流れる用水路が現在どのように分布されているか見ていく。

多摩川からの取水である①日野用水上堰《かみぜき》、②日野用水下堰《しもぜき》。そして浅川からの取水である③川北用水、④上村用水、⑤平山用水、⑥南平用水、⑦豊田用水、⑧上田用水、⑨新井用水、⑩高幡用水、⑪向島用水、それに程久保川からの用水である⑫落川用水、⑬一の宮用水を加え計十三本の幹線用水路について見ていく（図1−12）。用水路を見る際には、その水路の特徴だけではなく、周辺環境との関係性についても考える必要がある。

現在市内を流れている日野市の用水路のほとんどは、コンクリート護岸である。また、大きな河川に向かう水路は、下流に向かうほど堀が深くなり、堅固なコンクリート護岸になっている。ただ、

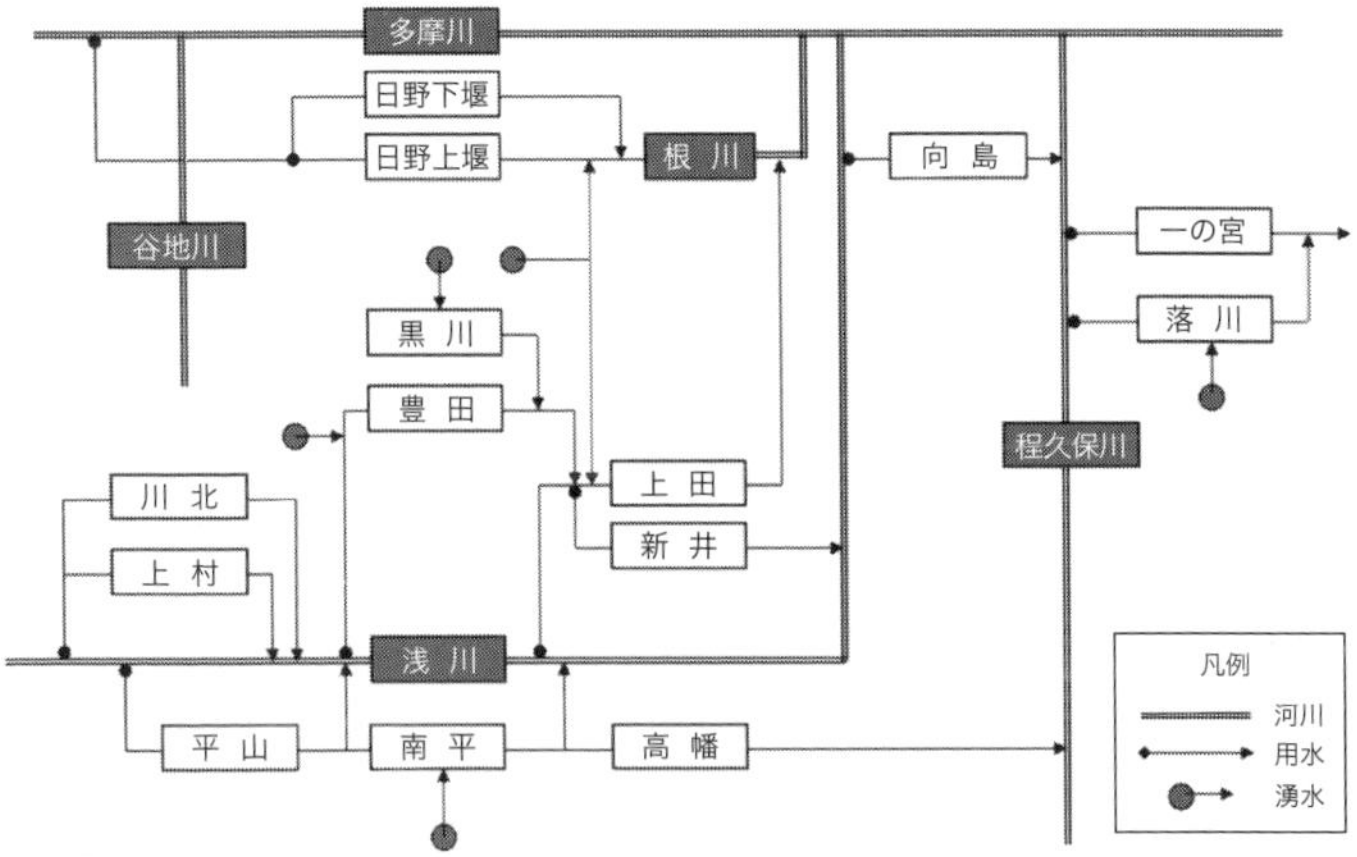

図1-13　日野市用水路模式図

同じコンクリート護岸でも、周辺環境との兼ね合いでは違った水辺の景観をかたちづくることにもなる。

一　各用水の様子

日野のおもな用水は、図1-13のような経路構成になっている。多摩川の支流として浅川と程久保川二川があり、浅川から八用水、程久保川からは二用水が引かれている。このように水田への給水は末広がりに行われており、その上で河川に戻されている。

それぞれの用水を個別に見ていこう。まず、日野においてもっとも歴史のある用水として、日野用水がある。日野用水は、八王子市平町の多摩川右岸で取水し、八王子市小宮町を経て、日野市内を流れ、準用河川・根川となって多摩川に注いでいく。幹線の長さは約六キロメートルで、かつては上堰・下堰の二カ所の取水口があったが、洪水

写真 1-18　よそう森公園

による取水不能などを経た結果、現在の取水口は八王子市平町の日野用水堰㉕（平堰）一カ所となっている。

日野用水には、用水路を活かした親水空間として「よそう森公園」がある（写真1-18）。幅三メートルほどの中に三つの水路が流れている。附近の農家から管理がしやすいようにと水路をコンクリート化する要請があったが、行政の主導と市民の協力により定期的な水路の清掃や草刈りなどの協力活動が行われるようになった。公園内の水田は、近隣の小学校と公民館で主催する農業体験学習講座で維持運営されている（小笠、二〇〇七）。

①日野用水上堰

上堰の幹線はほぼ変わらず残っているが、水田の減少とともに、支線は大幅に減少した。用水路中盤で水路が、たびたび隠れて存在が薄くなっている部分がある。その部分には、水路に橋を架けアプローチするタイプの住宅が立ち並んでいる。

その部分以外のところには橋が密集していないことから、建物を挟んで水路とは反対側に道があることがわかる。上堰が根川と名称を変えてから護岸はコンクリートのみになる。また、柵も植物柵等ではなく、一般の金属柵が隙間なく設けられている。水面までが急に深くなったのだということが想像できる。さらに多摩川への合流地点が近づくと周辺が森林に囲まれ、柵がなくなり、植物が繁茂していることから、水路に近づけない状態になっていることが分かる。

②日野用水下堰

下堰は、上堰の東光寺の薬師堂南側から分岐し、多摩川沿いを通って、日野本町から万願寺へと至っている。区画整理事業の進行により、幹線のルートが大きく変わりつつある。水路沿いを通る道路には必ずといっていいほど柵が設けられている。また、水路に隣接する建物にも一部を除いて柵が設けられている。そのことを考えると水面までの深さが深く、または流量が多いということがわかる。しかし、護岸が自然石であるところも多く、植物柵や木柵のところもあることから、親水性の高いところも存在しているといえるだろう。この用水路は排水路化している部分があることから、宅地化が進んでいるということもわかる。

③川北用水

浅川からポンプアップで取水。上流から下流まで全体的に畑や水田といった農業を行っている土地が目立つ。また、この用水路周辺では農業が今も盛んである。上流にある樹林地帯を抜けたあたりから右岸側は農業地域になっている。それに対し左岸側は右岸側と比べると明らかに建物の割合が大きい。これは水路の流れる方向を考えるとわかる。水路は西から東に向かって流れているので、左岸側が北になる。よって陽のあたり方を考えると右岸側に建物を建てて、左岸側に農地を残す方が、どちらにも陽があたりやすく効率良いことがわかる。そのような考えから、とくに左岸側を主に宅地化する結果となったのだということが推測できる。

④上村用水

河川の堤防工事により水門が消失、川北用水から分水している。上流は農地に囲まれた状況が続いている。中流に入ると建物の割合が増えている。これは下流部に学校があることから、宅地化が進んだためだということが想像できる。そのため、上村用水は居住地上流と下流で環境が大きく異なる用水路となっている。移り変わりの激しい地域の一つである。

写真1-19　南平用水

⑤平山用水　⑥南平用水

平山用水は日野市と八王子市の境にある浅川内の導水路から取水し、下流で南平用水となる。上流から下流までは水路の材料がたびたび変わってきている。近自然河川工法を導入した水辺ビオトープが形成されている部分もある。しかし中流の水路が二〇〇メートル程地下に隠れている部分を超えると、護岸の素材がコンクリート一色になっている。また、道路沿いや、建物周辺は必ずといっていいほど柵が

写真 1-20　豊田用水

設けられていることから、堀が深くなっているか、もしくは水量が多いために護岸の安全対策を重視したのではないだろうかと推測できる。南平公園では親水性の高い水路が造られている（写真1-19）。

⑦豊田用水

浅川左岸から取水している。長さは日野用水上堰に次ぎ、湧水も流入することから日野でもっとも水質が良好な用水ともいわれた。水路には学校の敷地に着くまで切れ目なく柵が設けられている。水路の隣を通る道路では一般柵、反対側の柵には植物柵が際立ってみえる。つぎに、道路沿いから見える水路の材料が自然石である割合が高い。この水路は全体として自然景観を意識しようとしていることがわかる。水路自体の堀も深くない状態である。道路は地域の主要道路で車の通りが激しい。全体を通してみると分かるが、地下に水路が長い距離隠れていると、その前後で明らかに環境

写真 1-22　上田用水

写真 1-21　豊田用水

が違ってくる。

また、水辺へのアクセスでいうと、住宅から水辺に直結する形で、用水を洗い場利用していた場所もわずかながら残っている。今も飛び石が洗い場に向かって伸びていることから、よく使われていたことが想起される。昔は、各家庭で水路に降りて、食器・野菜のすすぎ、衣類の洗濯などに利用していた姿が浮かび上がってくる（写真1－20、1－21）。

⑧上田用水

浅川から取水しており、途中で豊田用水も流れ込んでいる。水路の始まりから中流の水路が地下に隠れるまでの間で、柵の種類に変化が見られる。しかし、水路が地下から出てきた下流は、周辺環境に景観変化があるのに、柵の種類や護岸の素材には変化がまったく見られない。また、水路に道が沿うかたちの防護柵は、道沿いの柵と護岸を一斉に工事し、整備したのではないかと思われるほどである。上流・中流・下流でそのかたちを大きく変える用水の一つである（写真1－22）。

⑨新井用水

かつてあった樋門は撤去され、上田用水から分水している。上流部分の護岸には、自然の石材が多く使われており、さらに水路に隣接する道路には柵がないところも目立つ。堀が浅く親水性の高さが感じられる。一九九五（平成七）年度から一九九六年度にかけては新井用水ふれあい水辺が整備されている。

それに対し万願寺地区の下流部分では、同じ用水路とは思えないほどの変化が見られる。護岸はがっちりとコンクリートで固められ、柵は一般柵が設けられていることから、堀が急に深くなったのだというこが分かる。また新井地区は区画整理によって用水組合の組合員の水田が無くなり、組合が解散した地区でもある。

⑩高幡用水

南平用水から分水するとともに立体交差している。道路沿いの水路では、必ず柵が設けられている。また、一般的な用水路では、道に接している状況のとき、見やすい反対側の護岸や柵などを変えるなどするが、この水路ではそれがない。大まかにここはコンクリート、ここは石材と決めているように感じる。一部が向島用水に流入している。水田は無く、すでに用水組合は解散している。

⑪向島用水

この用水は日野市新井の「ふれあい橋」上流浅川右岸で取水し、潤徳小学校の北を流れる。河床が下がったことや築堤のために、一九四二（昭和十七）年に支流が現在の場所に移動した。その流れは浅川へ入るが、幹線は程久保川に入っている。南新井、南石田、中島などの水田に給水していた。今でも、都道一五四号より下流は田が残り、素堀の水路があり、かつての農業用水路の面影をよく留めている。

写真 1-23　向島用水親水路

写真 1-24　向島用水、農地の中を素堀の水路が流れる

写真1-25　落川公園（生態系に配慮した区画整理地内公園）

潤徳小学校の裏は一九九二（平成四）年度から一九九五年にかけて「向島用水親水路」として整備され、「潤徳水辺の楽校」のフィールドとなっている（写真1-23）。上流の樹林に囲まれた部分は、水路の構成素材や柵の種類から見て親水路として計画されたものであることが分かる。

農地と隣接している水路では、構成素材が土のままであったり、木の素材であったりと、かつての工法を残していることが分かる（写真1-24）。昔の風景を残した水路となっている。

⑫落川用水

落川用水はかつて自然勾配で取水していたが、現在は程久保川からポンプアップで取水している。京王線の北側を流れ百草駅の西で、南に越えて東流し一の宮用水に合流する。農地はほとんどなく、用水は住宅地の中を流れている。水路は、はじめ河川と平行して流れ、住宅地へと入る。住宅地に入ると水路の素材は自然石へと変わっている。住

写真 1-26　多摩市の水田に供給されている一の宮用水

宅地内には一部柵が無いところもあるが、その部分以外はほとんど柵が設けられている。したがって、住宅地自体は自然護岸的要素をもちつつ景観を意識しているが、柵の構成面からは景観上の配慮が弱いということがわかる。

二〇〇三（平成十五）年度には用水の親水性に配慮した落川公園の整備が行われた（写真1―25）。

⑬一の宮用水

一の宮用水は、程久保川最下流の百草と落川の境付近右岸から取水している。ただし、程久保川の改修により用水が高くなったので、ポンプアップしている。一の宮用水の多くは、日野市に隣接する多摩市の水田のために使われている。その管理も多摩市の水利組合が行っている。取水口からは南東に流れて、多摩市に入る。落川用水が合流しているので水量はあるが、下流には濁った水が流れている。

住宅地の水路素材は石造りだが、土を用いたところも多々あることから、素堀の風情を残している（写真1―26）。それらを見てもこの用水路自体の堀の深さは浅いということがわかる。また柵が設けられていない部分も多い。右岸に至っては、距離の半分以上柵が設けられていない。しかし、分布図では、道路に隣接する。

全体を見ると、用水路の暗渠化が目立たないのが、上村用水、向島用水であり、相対的に水面が多く残されている。それ以外は、総延長の中のどこかに暗渠部分を含んでいる。道路横断が集中しているのが、下堰であり、平山や南平、豊田、新井は、万遍なく道路が横断している。いずれもコンクリート護岸がかなりの部分を占めている。それに対して植物の緑や畑の土がとくに多く感じられるのが向島用水である。

二　用水の親水性のかたち

親水性に配慮した用水とはどのような手法によるものだろうか。例えばまず水路そのものに遊歩道を近づけ、水路を日常から身近なものにしようとする手法が考えられる。また、安全で自然豊かな遊歩道を造ることで、子供の遊び場も増え、環境に対する意識が高まることが想定できる。さらに建物に囲まれた用水路に親水路を設けることで、使用できないスペースであった水路を共有スペースとする。そうすることで人とのかかわりが増すだけでなく、水路の存在をあらためて人々に意識させることにもつながることが期待される。各用水を見てみよう。〈上堰、新井、高幡、向島、落川、一の宮〉の用水では護岸における親水性が高く、その中でも〈新井〉では引き護岸、〈一の宮〉では素堀が見られた。柵では、〈上村、豊田、新井、一の宮〉で景観配慮が高く、〈豊田〉では住宅地の柵に植物が使われ、水路を

写真 1-27　向島用水　水田の傍らに素堀の用水が残されている

写真 1-28　落川用水　民家の生垣と用水が一体となり景観を構成している

彩っている。〈上村、新井、一の宮〉では柵の量を最低限に抑えることで、親水効果を高めている（写真1-27、1-28）。同じコンクリートの護岸でも、植栽で彩られることによって冷たいイメージが緩和されている。

4 都市化とは何だったのか

I章はここまでおもに日野を取り巻く地形や水系、現在の農業用水路の分布について見てきた。そこには、水田とそれに沿うかたちで用水路が縦横に張り巡らされた農村だった日野が、人口およそ十八万人を抱える市街となった経緯が見出された。こうした日野の大きな変化を象徴するものとして、〝都市化〟や〝郊外化〟といった現象があげられるだろう。本節では、「用水のあるまち」日野がいかなる変遷を遂げていったのか、〝都市化〟や〝郊外化〟とはいったいどのような現象なのか、日野にとって何をもたらしたといえるのか、視点をもう少し拡げて検討してみる。

一　都市化と郊外化の帰結

二十世紀とは都市的生活を豊かさの象徴と見立て、農山漁村から都市に人々が集り暮らす〝都市化の時代〟であった。この世界に類例を見ない未曾有の都市化は、新市街地を母都市の外側に拡げ、田園風景を一新させる〝郊外化の時代〟を招来させた。

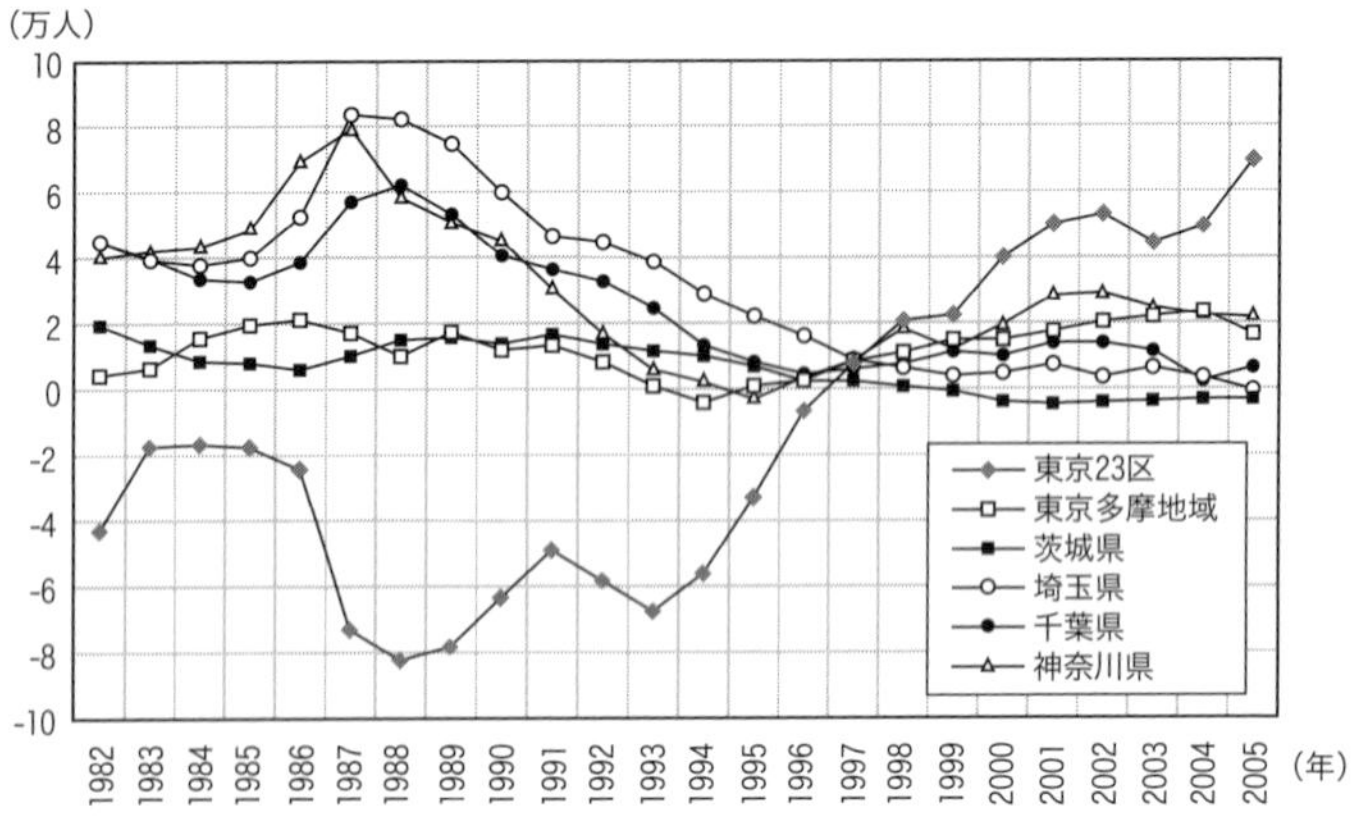

図 1-14　東京圏の郊外化の収束と都心回帰
東京圏の郊外化は、第一のピーク後も進展し、1980～90 年代後半の第二のピークを迎える一方で区部の空洞化を招来させた。しかし 90 年代の末に至り郊外化は収まりつつあり、逆に都心回帰に反転した。郊外で増加がやまないのは、神奈川県と多摩地域に留まる。

東京圏の郊外化は関東大震災（一九二三年）以降に始まるが、高度経済成長期を間近に控えた一九五〇年代の後半より本格化した。その傾向は東京圏に限らず関西や名古屋圏、そして地方中枢・中核都市圏にも波及した。こうして二十世紀末には八割にもおよぶ国民が都市居住者となり、その過半数強が郊外に暮らす。東京圏の九割を占める人々が〝郊外居住者〟となり、今日私たちが目の当たりにする郊外の現状がかたちづくられた（図1―14）。

二十世紀の都市計画は何よりも急いで計画的・面的な新市街地の形成と新たな都市施設の整備に意を注いだ。都市に向かう人々の新たな住まいづくりが急を告げ、住宅団地の建設、中小規模の住宅地開発、さらにはニュータウン開発、これと平行して鉄道建設や道路・河川整備など基幹的な都市インフラの整備が営々と国や都県市などの公共セクターにより、さらには民間デベロッパーが加わり精力的に進められた。まさに〝郊外大開発の時代〟だった。便利で効率的ではあるが、過密な暮らしとは異なるいわゆる〝郊外居住〟を定着させた戦後五十年であった。日野市も、東京圏の郊外地域に位置する一三〇数都市の一つとして、時間差を除けば他の都市と同様の歩みをたどった。この郊外化は現在、収束の方向に向かいつつあり、このままではいずれ、一九九〇年代に顕在化した地方都市の中心市街地問題を越えて、都市の維持さえ困難な深刻な局面を迎えることとなろう。

二〇〇六年十二月に国立社会保障・人口問題研究所が公表した将来人口推計では、二〇〇五年をピークとして急激な人口減少社会が訪れ、半世紀後の二〇五〇年には日本全国の人口は約九〇〇〇万人となると予測されている。つまり東京圏の人口規模を上回る三八〇〇万人が減少する時代を迎えるのである。ここでの問題は、どのような都市が転出超過によって衰退の憂き目を見るのかということである。住み続けられない都市はもとより住みたくない都市が、その代表格となる。国の予測では農山漁村や地方の中小都市が大幅な人口減となり、東京圏は総じて二〇一五年頃までは問題なしとされているが、日野のような大都市近郊の都市が今後どのような変化をたどり、人々がその中でどのような選択を積み重ねていくのかが注目される。

二　日野市を含む隣接地域の都市化と郊外化

今から一〇〇年ほど前までの日野は、江戸初期に設置された甲州街道の日野宿のほか、豪農の家屋敷が樹林地や田畑に覆われたまばらな農村集落地であった。初めて国勢調査が開始された一九二〇年の旧日野町[26]の人口規模は八一五〇人・世帯数一四四〇戸程度であった。世帯当たり五・六八人という規模か

写真 1-29　日野駅西側　1977（昭和 52）年

ら見ても、純農村であったことがうかがえる。

この日野とその周辺地域が変貌を遂げるきっかけの大きな一つは、甲武鉄道（現ＪＲ中央線）が開業（一八八九年）したことと、東京府に編入（一八九三年）されたことであろう。さらに同年四月には新宿〜立川間に、八月に八王子まで鉄道が開業したことで多摩地域と東京府内とが直結し、その結びつきを強めたことも大きかった。しかし東京圏の郊外化の第一段階となった関東大震災（一九二三年）後においてもさしたる変化は見られなかった。一九五八（昭和三三）年には新生日野町が誕生し、発展の母体となった。後述する多摩平（豊田土地区画整理事業）が一九五七年に日本住宅公団によって開発されたこともあって一九六三年に市制を施行することとなった。

前述したように甲武鉄道の開業は、近現代に押し寄せる都市化と郊外化の契機となったが、開業当時（一八八九年）の駅は中野・武蔵境・国分寺の三駅ほか立川と八王子のみであった。しかし

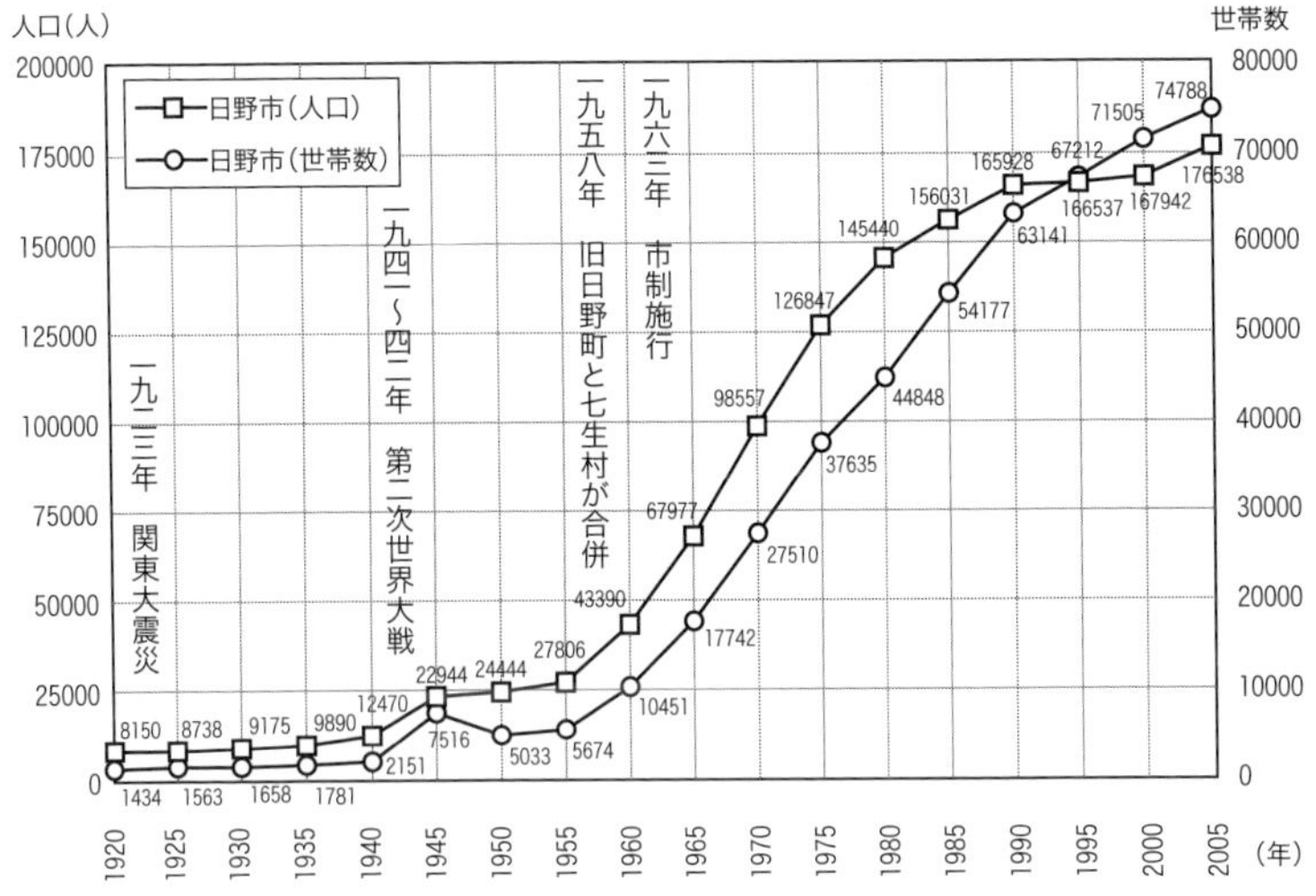

図1-15　日野市の人口動態

翌一八九〇（明治二三）年に日野駅が、一九〇一（明治三四）年には日野の隣に豊田駅が開設される。比較的早い時期に開業したことは、この地域一帯が養蚕と稲作の盛んな土地であったことと無関係ではあるまい。戦前の都市化とは、電化区間が立川までであったこともあって多摩川以東に止まるものであった。多摩川を越えて日野以西に郊外化がおよぶのは、戦後になってからである（写真1‐29）。

いずれにせよ戦前の日野町は明治以降三十数年の間、武蔵野の原風景ともいえる農家が散居する集落地で、戦国末期から江戸期にかけてかたちづくられたとされる農業用水路が網の目のように張り巡らされた低地部の田畑と台地部の樹林地で構成され、豊かな水と緑に覆われた典型的な近郊農村であった。

人口・世帯数の推移から日野の都市化の様子を図1‐15に見てみる。この図に明らかなように戦前期（一九二〇～四五年）も戦後間もない頃（一九四五～六〇年）も人口・世帯の増加幅は立川以東に比べさほど大きなものではなかった。日野が急激な都市化の波を受けるのは一九六〇年代以降であることがこの図からも見て取れる。

日野では郊外に大量に移住し、それぞれの地に生活の拠点を定め暮らし始めた第一世代が、およそ半世紀の歳月を経て世帯交代期を迎えた。また彼らに二世や三世も加わり、地域住民の世代交代も進みつつある。激しかった郊外化は二十世紀末より収束段階に至り安定した社会に入った。東京において九割強にもおよぶ故郷を異にする戦後市民が育む〝成熟期の都市づくり〟が今まさに問われているのである。

三　拡散型の市街地形成により加速した低密度化

日野市のＤＩＤ（人口集中地区）面積と人口の推移を図1-16から見てみる。一九六〇年のＤＩＤ人口は約一万八三〇〇人であったが、二〇〇五年時点では一七万六三〇〇人となり九・六倍の増加を示した。これに対して面積は二・二平方キロメートルから二四・六平方キロメートルと拡大（十一・二倍）し、人口を上回る拡大量を記録した。しかし両指標の拡大量が急激に進展するのは一九六〇～八五年にかけての二五年間で、その後は微増する人口とは逆に面積は微減する傾向が見られ、確実に市街化圧が鎮まりつつあり、とくに一九八五年以降にはいわば凝縮した市街地形成の第一歩を記したといえなくもないのである。

一方、人口密度の推移を図1-17に見てみると、まず居住密度がピークを示したのは一九六五年であった。隣接する八王子市の一九六〇～六五年の密度は日野の居住密度をさらに凌ぐもので、多くの地方都市がそうであったように、かなりの密度に暮らしていたことを示している。一方、最低密度は一九八

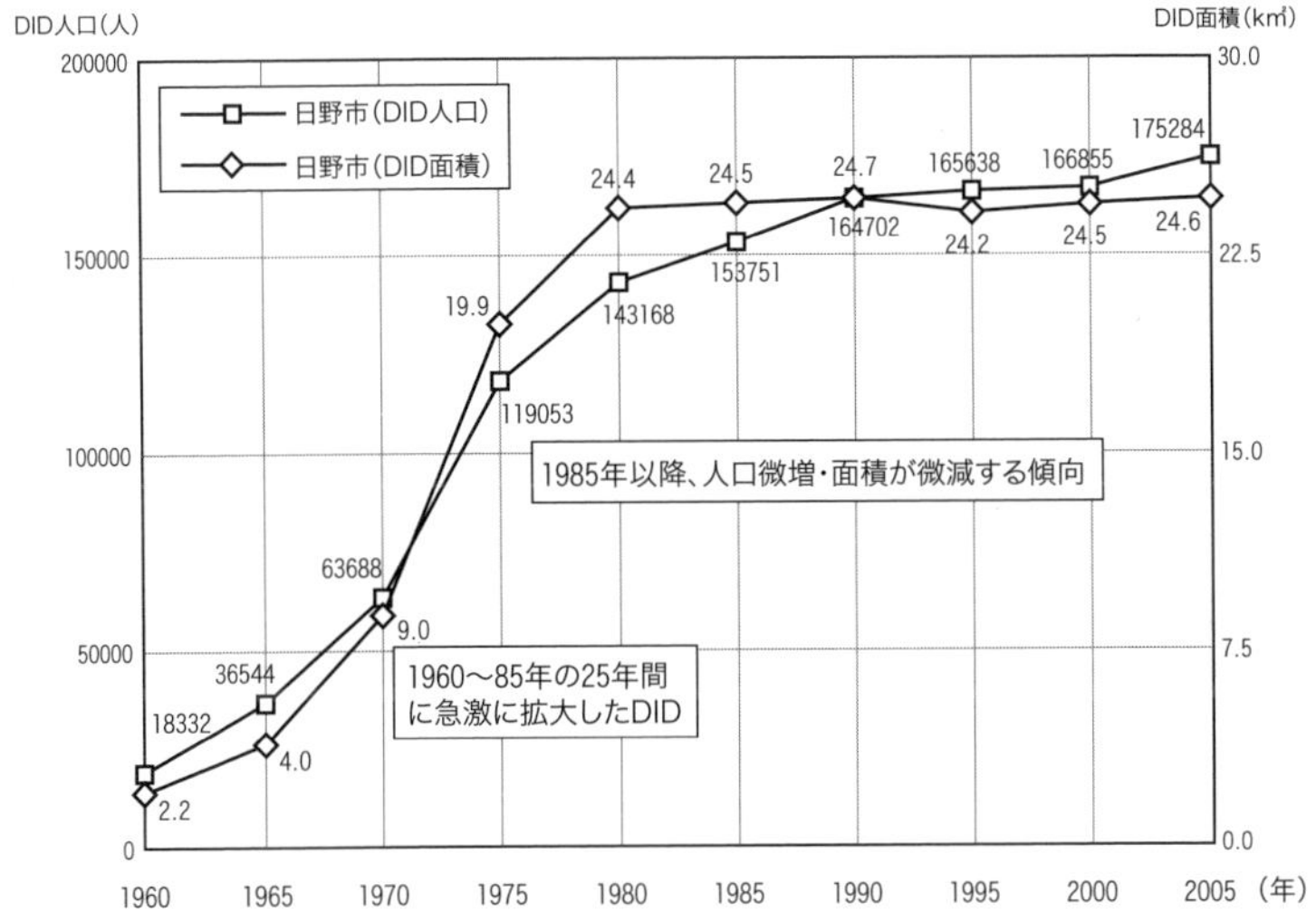

図 1-16　DID 人口・面積の変化に見る市街地の変容

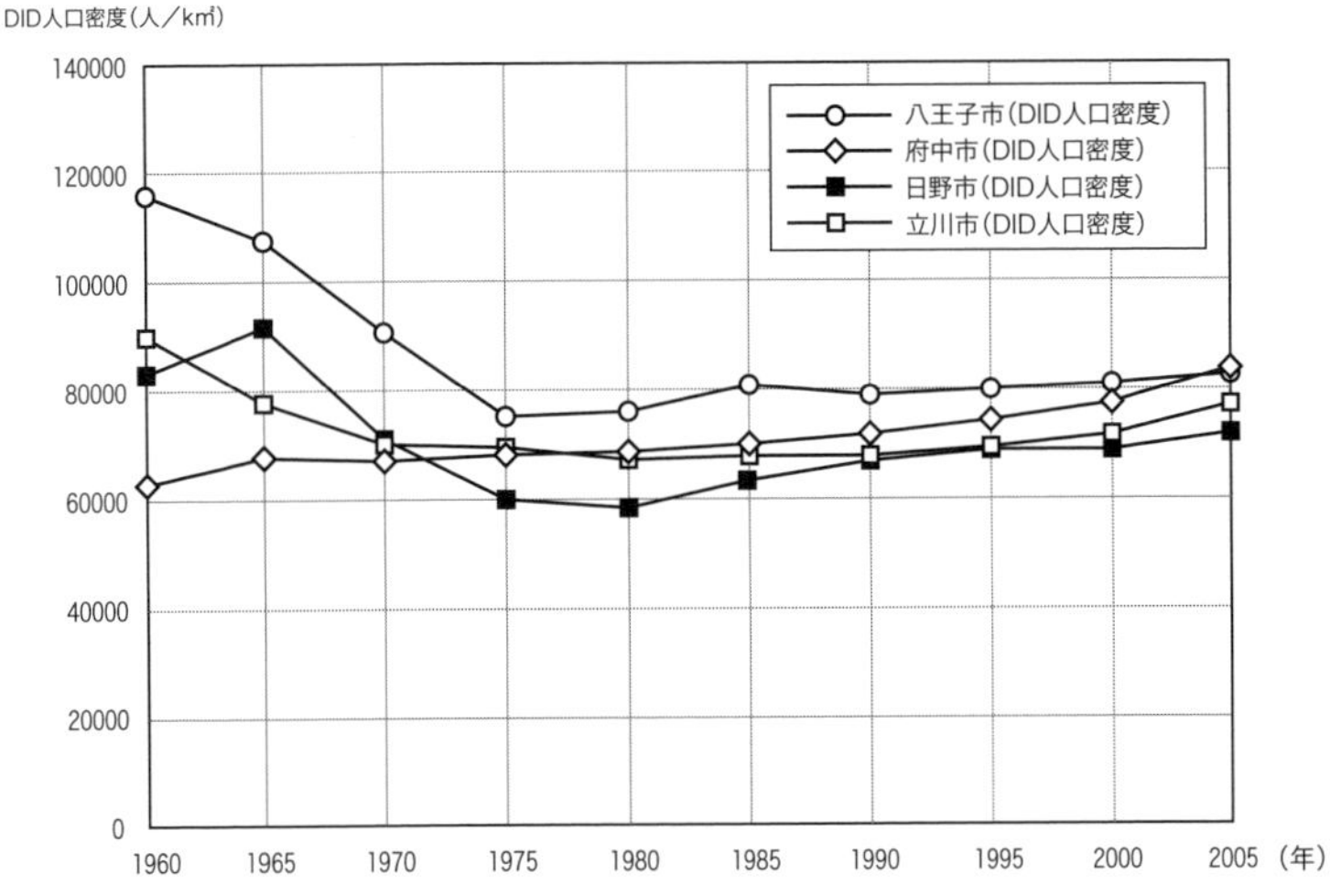

図 1-17　DID 人口密度の変化に見る市街地の変容

〇年であった。つまり、六五〜八〇年の一五年間に低密度化を加速させ、人口増のペースよりもその面積を大きく増加させている。

こうした市街地の急速な拡散化と、環境に負荷を与える低密度化傾向は、一九八〇〜二〇〇〇年の間でやや回復傾向にあるとはいえ、日野がいまだ「拡散型市街地」であることに違いはない。また、このDIDに現在、市民の九九・四パーセントが居住しているが、以前は四〇パーセント程度であったことからも、日野の農村風景の消失ぶりがうかがえる。

四　都市化・郊外化はどこに向かうか／コミュニティ単位での空洞化の兆し

ここで市街地の大まかな規模想定をマクロに試みてみたい。東京圏郊外地域（一都三県）のDIDは現在約二七万ヘクタールでおよそ二二〇〇万人の人々が居住している。前述したように年々低下傾向にあった人口密度はようやく収まり約八〇人／ヘクタール前後で推移している。昨今ではDIDの拡大が和らぎつつあるが、住環境の劣る老朽化した居住区からの退去や小世帯化によってか、一部の地区（コミュニティ単位）で人口・世帯の減少エリアが増加し、市街地の空洞化が進行しつつある。この傾向は現在人口減少社会の到来によって一層加速するものと見ることができるだろう。

また、この問題はたんに居住人口や世帯数の減少に止まらない。これまで主流であった核家族などの普通世帯は減少し、老人のみの、あるいは若年者の一人世帯の増加が市街地のすがたやかたちを大きく変えることとなる。市街地の構造的な変化は否応なく進行を開始したと見て間違いない。さらにマンションの遠隔立地などによる市街地の拡散化の傾向は必ずしも止んでいない。こうした傾向は中心市街地の衰退の一因となる恐れもある。加えて都市農地を分断するかたちで市街地が発展していったことは、営農環境を悪化させ、その存続を危うくさせている点も重要課題である。

五　都市化への対応が残したもの

一九六八年の新都市計画法の施行により、大方の都市は〝都市の器〟といえる市街化区域の設定を行った。いわゆる線引き制度により都市、つまり市街地とすべき土地の空間的広がりを法規定した。表1-1は日野市とその周辺三市の市街化区域の実態である。この表から明らかなように、多くの山林原野を抱えた八王子市以外は七～八割が市街化区域に設定された。市街化区域は今後十年間に市街地にすべき土地であることから、この区域内の農地や樹林地などはいずれ宅地化される運命にあった。当時の農水省の言を借りるなら〝都市にお嫁にやった土地〟であり、都市政策が所掌する土地となった。日野市の場合、多摩川と浅川に挟まれた台地と低地を挟む両岸や多摩丘陵の一部地域を除く地域が市街化を前提とする土地に指定されていった。このことは、一九六〇年代以降の市街化圧の高まりに対応した行政や主たる土地権利者であった農家などの選択の結果でもあり、そのことで多くの人々に対して住宅や宅地の供給が可能となった。

しかしながら、日野市の市街化区域内の人口密度は表1-1に明らかなように二〇〇四年時点で七四・〇人／ヘクタールに止まっている。先にＤＩＤの人口密度を見たが、ピーク時には八王子市で一一五人、日野市で九十人強であったことを考えあわせるなら、戦後五十年は農地を介在させた拡散型の市街地をかたちづくってきたといえる。その原因の一つは〝大きすぎる都市の器（市街化区域）〟を準備したこと」によるものと見ることができる。

六　都市の骨格整備・面的整備と農地の宅地化促進

表1-2から見て取れるように、日野市を中心とした周辺市には、都市計画道路と公園緑地の整備実態及び土地区画整理事業の実績がある。また、都市計画公園と緑地の整備の連携では立川市がかなり高い値を示す。これは立川基地の跡地利用計画に伴う関連事業によって都市計画道路や国営昭和記念公園などが整備されたことによる。日野市の場合、両都市施設とともに中間的な値であることを示す。

さらに、面的整備手法の一つである区画整理事業の実績を見てみると、立川市と府中市は五パーセント未満と低位な値を示す。しかし先の都市計画道路と整備水準を考え合わせ見ると、立川市は三・六キロメートル／平方メートルで都市の骨格の整備が相対的に充足していると理解することができる。一方、日野市の場合、市街化区域の四五パーセント弱のエリアで区画整理が実施された。面的整備率の水準の高さが他に抜きんでて高いことを示している。

日野市の区画整理事業は一九五五年に発足した日本住宅公団の第一号事業として実施された豊田（現多摩平）地区が最初である。

図1-18は、旧都市計画法に基づく当時の日野の都市計画図（用途地域図）である。戦前中の工場疎開によって操業していた日野自動車（一九四一年）、富士電機（一九四二年）やコニカなどの工場が主にベルト状の豊田崖線（現在、東豊田緑地保全地域などに指定）の上手の台地に位置し工業地域に指定され、それ以外は住宅地域に指定されていた。多摩平の事業区域（黒線で縁取られた部分）はＪＲ中央線の豊

表1-1　市街化区域設定に見る「都市の“器”の大きさ」

	都市計画区域（ha）	市街化区域			市街化区域率（%）	DID人口密度の高低差（人／ha）ピーク時(年次)→最低値(年次)
		面積（ha）	人口（千人）	人口密度		
八王子	18,631	7,980	537.7	67.4	42.8	115.4（1960）→75.01（1975）
立川	2,438	1,998	166.0	83.1	82.0	89.7（1960）→66.9（1980）
府中	2,934	2,725	236.9	86.9	92.9	77.3（2000）→62.8（1960）
日野	2,753	2,244	166.0	74.0	81.5	91.4（1965）→58.7（1980）

〈出典〉『2004年度都市計画年報』より作成
注記：市街化区域率は、市街化区域面積を都市計画区域面積で除した数値

表1-2　面的整備率と幹線道路率

	土地区画整理事業（面積）		都市計画道路の整備（延長）		都市計画公園＋緑地の整備	
	施行済み施工中（ha）	面的整備率（%）	改良済み改良中（km）	幹線道路率（km／km²）	共用開始面積（ha）	整備率（%）
八王子	1,766.4	22.1	167.8	2.10	313.0	3.42
立川	92.7	4.6	72.3	3.62	124.7	6.24
府中	113.4	4.2	48.3	1.77	145.4	5.34
日野	975.1	43.5	43.9	1.96	90.8	4.05

〈出典〉『2004年度都市計画年報』より作成
注記：整備率は、市街化区域面積当たりの道路延長と比率

田駅の北西部で進められた。

　本事業は面積一三二・九ヘクタール、計画人口二万三〇〇〇人、人口密度一七二人／ヘクタールで郊外住宅地の一般的な居住密度とされた一〇〇人／ヘクタールから見ればかなり高密度（コンパクト）な開発であった。従前の公共用地率はわずか四・〇パーセントであったが、従後は二二・三パーセントとなり比較的密度の高い居住環境の保持を可能とした。本事業は一九五六年に都市計画決定され、翌一九五七年に事業着手し、一九六五年の四月に換地処分公告を了しているが、住宅・宅地の供給を急ぎ進めねばならなかった当時の実情に対応した事業スピードであったことを物語っている。

　また写真1-30は、完成後間もない頃の多摩平を俯瞰したもので、緩やかな建蔽率と容積率と隣棟間が豊かな緑地空間の創出を可能とし、従前の緑地資源の多くが保全・継承さ

図 1-18　1950 年代の日野市の都市計画図

写真 1-30　完成した 1960 年代初頭の多摩平の俯瞰

れた。

少なくとも日野市の行政判断は市域に転入する人々のために市街地形成を図り、新住民を受け入れようとした。現に目の当たりにする区画整理地区内の用水路を消失した事実への反省は重要ながら、都市インフラの整った市街地に人々を迎え入れようとした努力も忘れてはならないだろう。あえて付言するなら、一九八〇年代後半期あるいはバブル崩壊期を境にした時期、二十世紀的な価値観で進めてきたさまざまな都市計画事業の進め方や造り方、区画整理事業でいえばその設計内容や換地手法などで時代先取りの創意工夫があってもよかったのかもしれない。

七　都市農業の苦渋の選択／営農環境の激変による農家・農地の減少

二十世紀の都市計画とは、一言でいって都市の大膨張に対応するために、その多くのエネルギーが割かれたものであった。大都市圏の郊外では農業的土地利用を都市的土地利用に切り替えることが急務となった。市街地の外周にあった低地部の田んぼ、台地部や丘陵の畑地や樹林地を数世紀にわたり維持してきた農家や林業家は都市化の趨勢の中で苦渋の選択を迫られた。とりわけ市街化区域に編入された、ないしは編入を希望した農家の大方は農地を宅地化する方向に傾いた。しかし制度の趣旨とは異なるものの、都市型農業への転換を図り営農継続を進めた農家も少なからずあった。

東京都の農家戸数の推移を見てみると、戦後間もない頃の一九五〇年には六万四四〇〇戸強あったのが、半世紀後の二〇〇〇年時点では五分の一弱の一万五五〇〇戸弱に減少した。また農地面積の場合は一層深刻であり、一九五〇年に六万四四七五ヘクタールもあったものが八九パーセントも減少し、七四

表 1-3　農地と森林面積の実態

	農地面積（経営耕地面積）(ha)	①都市計画区域面積比（%）	森林面積 (ha)	②都市計画区域面積当りの比率（①+②）（%）	生産緑地の指定面積（市街化区域比）
八王子	1529	8.2	8582	46.1（54.3）	273.0　(3.4%)
立川	438	18.0	21	0.9（18.9）	238.1（11.9%）
府中	415	14.2	8	0.3（14.5）	119.7　(4.4%)
日野	391	14.2	109	4.0（18.2）	138.6　(6.2%)

〈出典〉『2002 年度東京都統計年鑑』及び『2004 年度都市計画年報』より作成

一五ヘクタールとなっている。このうち市街化区域内農地は全農地の七三パーセント（五三六八ヘクタール）に及ぶ。これらの農地は先に述べたようにいずれ〝都市となる土地〟であることに多くの問題を含む。これら市街化区域内農地の七割強が生産緑地として指定され、農地として継続されることとなっている。しかしこれも農業者の高齢化、後継者問題や営農環境問題などを抱え不安定な状況にある。

ここで日野市をはじめ周辺市の現状を表1-3に見てみる。この表に見るように経営耕地面積では、立川、府中と日野が十四〜十八パーセント台で、森林面積を含めたいわば市域の緑量は、当然のことながら八王子が過半強であるのに対し立川と日野は二〇パーセント弱である実態が見て取れる。一方、市街化区域内に指定された生産緑地は右の欄に見るとおり日野市は併せて二五パーセント、つまり市街地の四分の一程度の水準にある。もとより半世紀以前と比べれば激減した状況なのであろうが、その詳細は各種の都市計画事業の進展と併せ考察せねばならない。いずれにせよ、日野では都市化、市街地の拡大が動因となって〝農地の転用〟を促し、今日の市民を計画的に受け入れた代償として、農的資源としての農業用水路の改廃や消失を加速させたと見ることができるだろう。こうしたプロセスをどのように評価するかも併せ、検討していかねばならない。

八　都市化により得たもの、失ったもの

一九五〇年代より半世紀にわたり郊外に居住地を定めた数多くの人々、そして彼らを迎え入れるために新たな都市の器づくりを進めた行政や土地を提供した農業者などは、それぞれの主体ごとに二者択一的な価値観と葛藤し、〝価値の選択〟を行った。その積み重ねが今日の郊外の風景をかたちづくったといえよう。その価値観とは、例えば都心の賃貸住宅を選び集住するよりも、通勤時間に耐えて郊外で一戸建ての持家住宅や分譲マンションを取得したいとする願望を叶えることであった。一方、広大な農地を保有していた農業者は都市農業の継続を標榜し、その継続に努力したが、どちらかといえば農地の宅地転用を選択し実利を得たといえなくもない。生産効率、税制や後継者難などの問題から農業経営の見通しに窮し、宅地化を選択せざるを得なかった構図があった。また行政は押し寄せる市街化圧の要因でもある両者の志向する願望を実現するため、いかにして新住民を秩序良く受け入れるかに意を注いだ。つまり都市インフラの整備や小中学校などさまざまな公益的施設の新増設を積極的に進める施策を選択し、国は人口急増都市への助成などの支援策を講じたのである。

二十世紀を生きた私たちは多くのものを〝得た〟が、他方〝失ったもの〟も少なくなかった。この〝得たもの〟とは、人々が追い求めた物的な生活の豊かさであった。日野市が進めた都市づくりは、押し寄せる市街化圧に対応して、道路や上下水道など都市インフラの整備と土地区画整理事業による面的整備を推進するものだった。とりわけ土地区画整理事業の推進は、台地部に始まり丘陵部や低地部に移行して展開されていったもので、その面的整備率は、多摩地域の他の都市を抜きん出た成果を収めた。市街地の居住環境は整えられ、市域内の公共交通はＪＲ中央線、京王八王子線や多摩都市モノレールな

ど、その駅数は十二駅におよび、二平方キロメートルあたり一駅という水準にあり、市民生活は移動に便利なものとなっている。もとより公共交通に至便なエリアからあふれ出た人々も少なくない。そのことがいわゆるスプロール市街地を生みマイカーへの依存を高めたが、幹線道路の整備がこれを支えた。

しかしその反面、失ったことも少なからずある。それは湧水を涵養する崖線の樹林地の消滅であり、田畑など都市農地や用水路といった田園資源であった。とくに日野の用水路が消失していったプロセスは、その典型例であり、その土地の地域資源、〝水・土・緑〟に覆われた水域を破壊することとなった。崖線の地形や緑地保全のために、都市計画緑地の指定や東京都の自然の保護と回復条例に基づく緑地保全地域の指定も積極的になされてきたが、崖線、湧水、用水路、水田といった日野の景観をかたちづくってきた環境・文化的資源の多くは失われたり、また大きく変貌することを余儀なくされてきた。今の日野のまちの姿は、半世紀におよぶ間の市民や行政と農業者の選択の積み重ねの結果でもある。

〝失って初めて、その大切さを知る〟の例えにあげられるように、今はその見直しをすることの必要性が叫ばれており、それは〝今だからこそ言えること〟でもある。

［註］

1 『日野市史』は、一九七一（昭和四六）年に編纂事業が開始され、以来、一九七六（昭和五一）年に『史料集近代一　行財政編』が刊行されたのを皮切りに、資料編十二冊と通史編八冊が一九九八（平成十）年の最終巻『通史編四　近代（二）現代』刊行に至るまで、二二年の歳月にわたって編纂された。

2　日野は多摩川の中流に位置し、「多摩川及谷地川ノ二流ヨリ来リ、上下堰堀ノ二渠ヲ以テ平田ヲ灌漑ス（『日野宿地誌』史地誌編）」と記されている。

3　例えば明治十一年九月十五日の暴雨で浅川が氾濫し、田畑が大きな損害を被ったことが訴えられている（『日野市史　史料集　近代2』：49—51）。翌年には浅川流域の十九ヶ村から欠損した堤防用水路補修に関する費用の貸付の請願が出されている（『日野市史史料集　近代二　社会・文化編』：52—53）。

4　中世前期の用水路は、近世から現代の用水路と重複することが多く、室町期に用水系の整備が進み、後の用水系の母体となるものが成立したと考えられている。水源としては日野台地麓の湧水が利用されたと推定される。中世後期には水田が拡大され、用水系の整備も進んでいったものと思われる。（『日野市史　通史編二（上）中世編』：225—226）。

5　例えば上流で用水を堰き止め、「掛流ノ法」で灌漑していたところでは、下流では水量が不足し、小用水路では屈曲が多く、到底用水の用を足さない悪水路もあったという。

6　一九〇四（明治三七）年の『南多摩郡日野町農事調査』によれば、農家において養蚕関係の占める割合は農業収入のおよそ三四パーセントを占め、養蚕農家は農家全体七一九戸のうち六八〇戸で七三・九パーセントを占めていたという。当時の養蚕の営みの様子は、『祖父の日記——日野の農家の記録』にも描かれている。養蚕は大正時代には日野市のほとんどの農家が手がけるようにもなっていたが、一九六〇年代になると急速に後退し、一九七四（昭和四九）年には日野から完全に姿を消してしまった。

7　副長の土方歳三は若かりし頃に、日野において家業の農業に従事する傍ら、家伝の〝石田散薬〟の行商をしていた。石田散薬は、多摩川や浅川の水辺に自生する牛革草（ミゾソバ）という野草を、土用の丑の日に採集し、陰干しにして貯蔵し、これを黒焼にして粉末にしたもので、打身・くじきに特効があったという。

8　幕末（一八八六年）から明治末期（一九一二年）まで、およそ半世紀にわたって日野の豪農が書き綴った『河野清助日記』によれば、その頃集落の義務労役として共同の用水作業があり、例えば四月には掘割用水堰の作業、五月には用水の水入れ作業などが定められていた。『河野清助日記』からは日野の農家の一年の暮らしの様子が伝わってくる（『河野清助日記　三　明治七〜十一年』：224—229）。

9 その頃多摩地方では米麦・雑穀・野菜などの栽培と養蚕をおもな生業とする町村が多く、『南多摩郡史』によれば、日野は総戸数の八割以上が農家でそのうちほとんどが専業、七生村は九割近くが農家で、やはりほとんどが専業だったという。

10 三多摩地区とは、北多摩郡、南多摩郡、西多摩郡の三郡から構成された、東京都の二三区と島嶼部を除いた部分を指す。明治初期にはすべて神奈川県に属していたが、一八九三年に当時の東京府に移管された。

11 昭和十一年から十八年の間に誘致された東洋時計（オリエント時計）、東京自動車工業（日野自動車）、六桜社（コニカミノルタ）、神鋼電機、富士電機の五社を「日野五社」といった。

12 この時日野の人口はおよそ五万六〇〇〇人だった。

13 水田地帯はその大半について緑地を兼ねた農耕地として存続させ、丘陵地帯は観光地とする計画が立てられていた（『日野町広報』昭和三三年七月二五日発行）。

14 他にも一九六二（昭和三七）年ごろから上田用水系などの稲作に汚水の影響があらわれ、多摩川・浅川の汚染も悪化したことについて記事が掲載されており、「市内の清流がどぶ化のおそれ」という表現で警鐘が鳴らされている。

15 一九六七（昭和四二）年十一月十七日発行の『日野広報』には、日野市長から「日野市基本的総合計画」についての見解が表明され、その中で人口増による過密都市化について「都心より四十キロメートルにある日野市は、今や人口増の波頭を真向から被ろうとしている」ことが「一自治体である市が防御的規制によって急激な人口増対策をしようとしても効果はあまり期待できない」として強く懸念されている。

16 一九七六（昭和五一）年十月一日発行の『広報ひの』では、日野市内の山林・原野面積が一九六七（昭和四二）年から一九七五（昭和五十）年にかけての九年間で四〇パーセント以上も減ったことが明らかにされている。また同年翌月の十一月一日発行では専業農家数の激減が伝えられている。

17 ナショナル・トラストとは、元々十九世紀のイギリスで開始されたボランティア活動を指す。歴史的な名所や自然環境の景観を守るために、有志の市民（国民）がその土地や歴史的な建造物を共同で買い取ったり、土地の所有者から寄贈や遺贈を受けたりといったかたちで（あるいは自治体が）保全を図る。日本では一九六四（昭和三九）年に神奈川県鎌倉市の御谷地区の開発対象になっていた土地を、住民らが募金活動で買い取った運動に端を発する。一九九二（平成四）年には、全国的な公益法人として日本ナショナル・トラスト協会が立ち上げられた。

18 市の責務として①水路の管理と年間通水②清流維持の努力責任③公共下水道の早期実現が、市民の責務として①水路に処理していない水を流してはいけない②家庭雑排水に「清流フィルター」を設置すること、が盛り込まれた。

19 一九九八（平成十）年に水路清流課は公園緑政課と統合され「環境共生部緑と清流課」となり、「緑と清流課水路清流係」が農業用水路を含めた水辺全般に関する保全活動を担うようになり、現在に至る。

20 例えば一九八三（昭和五八）年には「清流監視指導員」として、日野市内の用水組合の代表者十三名と、用水流域の自治会などの推薦による市民二五名を加えた、計三八名の人々が委嘱を受けている（『広報ひの』昭和五八年八月十五日発行より）。任期は二年。

21 昭和六三年には国が全国一一七の自治体を「河川整備構想策定モデル都市」に指定したが、東京都内では唯一日野市が指定を受けた。また一九九五（平成七）年には、国土庁から「水の郷」の指定を受けている。

22 本書は水路の総延長について、日野市が一九九二年に発行した水路網図と水路台帳における約一七〇キロメートルという数値を基に、二〇〇五年から二〇〇六年にかけて日野市民が行った用水路カルテづくり（用水路カルテについては本書のV—1を参照）のための調査によって出された数値（約一二六キロメートル）を使用している。現在もその数値は移行していることをあらかじめ述べておく。

23 平山学校は当初、一八七三（明治六）年に宗印禅寺の中に置かれていた。

24 明治初期の公図は日野市役所道路課所蔵。作成年代は不明だが、地租改正時に作成したものとされている。

25 一九五九（昭和三四）年に東京都営日野用水土地改良事業として着工し、一九六二（昭和三七）年に完成している。それまでは多摩川の水位が安定せず取水に苦労し、たびたびの水不足に襲われたことが記録に残っている。

26 日野の母体は一八八九（明治二二）年に七か村が合併し七生村が誕生したことにはじまる。この頃は、甲武鉄道が開通した時期でもある。

II

水の郷へ向けたまちの構想と計画

「昔、この地にあった水車小屋も、精進場も、多摩川へ子供達が裸でかけていった畦道も、今はもうありません。そのかわりに新しい町が生まれました。これから、この地は多勢の人々の生活の場となります。失われたものへの感傷もあります。しかしそれは新しいものが生まれた喜びにかえて、一人一人の努力により、より住みよい町をつくりあげていかねばなりません。この努力が実り、この地がみんなの誇りある〝ふるさと〟となったとき、昔のこの地が楽しく語られることでしょう。」

（日野市『日野都市計画四ツ谷下土地区画整理事業しゅん功記念誌』一九七四（昭和四九）年より）

日野市は一九九五（平成七）年に国土庁から「水の郷[1]」に選定された。選定された場所は当初全国で三四カ所で、東京都では墨田区と日野市のみであった。I章において、河川、用水、湧水と日野がいかに水の豊かな地であるか述べたが、それは同時に市民や行政がともに、長年水辺の維持保全再生に努めてきた結果でもある。しかしながら、残された豊かな水資源は常に開発とのせめぎあいにさらされ、現在もそのまっただ中にあるといってよい。今でこそ水の郷といわれ、用水路の価値を見直す動きもあるが、まだまだ用水路があること、日野市が「水の郷」であることを市全体で共有しているわけではない。

それではこれまでのまちづくりにおいて、用水路はいかに行政施策の中で位置づけられてきたのだろうか。本章では、用水路を中心とした「水の郷」へのまちづくりに向けた構想と計画を概観し、その現状と課題を明らかにすることにしたい。

1 日野市が目指す「水の郷」のビジョン——基本構想・基本計画の変遷

一 なぜ基本構想か

日野市では昭和三十年代初めから〝新しい町〟への大転換が行われ、そして五十年以上経た現在も〝新しい町〟づくりは続いている。

自治体には目指すべきまちのビジョンとして基本構想や基本計画がある。一九六九（昭和四四）年の地方自治法改正による総合計画の法制化後、多くの自治体で基本構想が策定されるようになった。これは自治体における行政活動の長期的・総合的な調整という役割を担い、限られた財源の有効活用が目的とされた。基本構想は約十年スパンで策定され、基本計画はその構想実現のための予算編成や実施計画の基礎となり、社会経済的影響に対応すべく五年ほどのスパンで策定されることが多い。日野市も目指すまちの実現のため、一九六八年以来基本的総合計画や基本構想を策定してきた。ただし、一般的に基本構想は理念宣言的で抽象的表現が多く、長期計画であることから市民、行政ともに、関心、認知度も低く[(2)]、また、計画本来の目的や機能を十分果たしているかという疑問の声も多い[(3)]。一方で、行政の管理手法の一つとして、そして市民との協働作品としての意義をもって生き残っているという指摘もある（新川、二〇〇三）。いずれにしても、現在のまちの姿が基本構想とまったく関係ないということはありえない。そして、この構想のビジョンを市民及び行政が具体的なものとして共有することこそが、そのまちの目指すべき姿に近づく方法であることはいうまでもない。

二　基本構想策定とその時代状況

日野市では、一九七一年度の第一次から二〇〇〇年度の第四次まで、四回の基本構想策定を行っているが、一九六九（昭和四四）年の地方自治法改正により基本構想策定が規定される前年の一九六八年に既に一度総合計画を策定している。その総合計画策定にいたるまでのまちづくりの変遷とともに、それぞれの基本構想・基本計画策定の時代状況について述べる（表2-1）。

基本的総合計画〈一九六八（昭和四三）年度〉・第一次基本構想(4)〈一九七一（昭和四六）年度〉

日野市は、一九五八（昭和三三）年に北部の日野町と南部の七生《なない》村が合併し日野町となり、その後、一九六三（昭和三八）年に日野市へと移行した。日野町は立川都市計画区域に、七生村は八王子都市計画区域に属していたが、一九六一（昭和三六）年にそれぞれ除外され、新たに日野都市計画区域の指定を受ける。

戦後に入り大きな変化をとげたのは、高度経済成長期の昭和三十年代からである。一九五五（昭和三十）年、首都建設計画により衛星都市として位置づけられ、豊田に日本住宅公団による四五〇〇世帯の団地建設の誘致をめざした。さらに、一九五六（昭和三一）年には首都圏整備法が制定され、日野町は積極的に市街地開発区域の指定を進め工業の誘致も行った。その後、一九六五（昭和四〇）年に首都圏

表 2-1　構想と計画の変遷〈都市像と時代状況〉

構想・計画名	策定年度	都市像	出来事 （　）内は西暦後半
基本的総合計画 （基本構想・基本計画） ＊地方自治法改正前計画	1968 (S43)	「住みよい都市－日野」 急激な人口増を積極的に受け止め、コントロールしながら近代的な住みよい住宅都市をつくる　(68 年人口 78571 人)	〈日野〉 首都圏整備法改正により近郊整備地帯指定 (65)、カドミウム汚染米検出 (69)、環境保全に関する条例 (72)、日野の自然を守る会発足 (72)、日野市消費者団体連絡会発足 (74)、清流条例施行 (76)、森田市政 (73-97)、浅川利用計画 (80) 〈東京〉 多摩川河川環境管理計画 (80) 〈日本〉 公害対策基本法 (67)、都市計画法 (68)、環境庁発足 (71)、生産緑地法 (74)
第 1 次基本構想	1971 (S46)	・暮らしを守る住宅都市 ・連帯する市民の都市 (71 年人口 100789 人)	
第 2 次基本構想	1982 (S57)	「緑と文化の市民都市」 ・緑と清流と太陽の都市 ・文化とうるおいの都市 ・人間尊重、自治、参加、連帯の都市 (82 年人口 146041 人)	〈日野〉 緑のマスタープラン (82)、情報公開条例施行 (82)、浅川勉強会発足 (83)、河川整備構想策定 (87)、土地利用基本計画 (91)、水辺環境整備基本計画 (91)、住宅マスタープラン (92)、水辺環境整備計画 (93) 〈東京〉 多摩川水面利用計画 (92) 〈日本〉 長期営農継続農地制度 (82)、生産緑地法改正 (91)、環境基本法 (93)、都市計画法改正市町村マス法制化 (92)
第 2 次基本計画	1987 (S62)	5 本の柱： ①生きる喜びを創り出す健康と福祉のまち ②豊かな人間性を育てる教育と文化のまち ③自然と調和する安全・快適なまち ④活気ある産業と豊かな生活のまち ⑤参加と連帯でつくる市民自治のまち (87 年人口 157067 人)	
第 3 次基本構想	1995 (H7)	・第 2 次基本構想の都市像を引き継ぎ総合的な展開を図ることを目的とする ・地球環境問題や少子高齢化など新たな課題を正しく見据え、都市像を新たな観点からとらえ引き継ぐ (95 年人口 163061 人)	〈日野〉 市民参加の推進に関する指導要綱 (04)、「水の郷」選定 (95)、馬場市政 (97-)、環境基本条例施行 (96)、水辺を生かすまちづくり計画 (96)、環境基本計画 (99)、農業基本条例 (98) 〈東京〉 東京都水環境保全計画〈98〉 〈日本〉 河川法改正 (97)、NPO 法 (97)、地方分権一括法 (98)、食料・農業・農村基本法 (99)、都市計画法改正都市マス法制化 (00)
第 3 次基本計画	1996 (H8)		
第 4 次基本構想	2000 (H12)	「ともに創りあげる。住みいいまち、ここちいいまち、いきいきのまち」 ①参画と協働のまちづくり ②日野人・日野文化を育てるまちづくり ③ふれあいのあるまちづくり ④対等の立場で心のかようまちづくり ⑤だれもが健やかでいられるまちづくり ⑥住みやすいまちづくり ⑦気軽に出かけられるまちづくり ⑧自然と人が共生するまちづくり ⑨安心、安全なまちづくり ⑩個性と魅力と活気あるまちづくり (01 年人口 163422 人)	〈日野〉 みどりの基本計画 (01)、日野市情報公開条例 (01)、湧水水辺保全利用計画 (02)、まちづくりマスタープラン (04)、農業基本計画 (04)、清流条例改正 (06)、まちづくり条例制定 (06) 〈日本〉 食料・農業・農村基本計画見直し (05)、疎水百選 (05)
第 4 次基本計画			

整備法は修正され、近郊整備地帯となり、東京都の住宅地域として位置づけられていく。一九六六（昭和四一）年には一九五九年公布の工場誘致条例を廃し、工業都市から住宅都市へと方向転換し、都心に急激に集中する人口の受け皿として公共住宅の建設を進めていく。

一九六〇年代から一九七〇年代の日本は、高度経済成長とともにさまざまなひずみが社会に現れはじめた時代でもあった。四大公害住民運動から開発に対する反対運動、自然保護運動などが活発化し、ナショナルミニマムからシビルミニマムへと生活環境への関心が高まり始めた。このような時期である一九六八（昭和四三）年度に、市制移行五年後はじめてのマスタープランとして市民、専門家、学識者、関係機関など広く意見を集め、日野市基本的総合計画は策定された。

当時の市長（有山崧）は、基本的総合計画策定の意義について理解を求める次のような文書を地主に送っている。

「土地屋と称するブローカーが、腐肉をあさるように土地を求めて暗躍して、無責任な宅地造成業者は後のことを考えずにやっつけ仕事をし、そのため泣かされる市民も数多く、無規制無秩序の宅地造成によって市内は雑乱状態となり、その後始末のために、市は財政負担に喘ぐことになるでしょう。（中略）日野市は今こそ全市をあげて、人口増に対処する根本方針を立て、将来への計画的市づくりに乗り出すべきではないでしょうか。」

（「地主の皆さんへ――基本的総合計画について（マスタープラン）」一九六七年より（原文ママ））

この文書からも急激な宅地開発が地域に切実な影響を与えはじめ、それへの対応が迫られていたことがうかがえる。

基本的総合計画の内容は、首都圏整備法が施行され、工業団地から住宅都市へと転換する中、急激な人口増を積極的に受け止め、近代的な住みよい住宅都市をつくるために、「住みよい都市――日野」を構想のビジョンとした。そして三年後には第一次基本構想が策定された。


第二次基本構想〈一九八二（昭和五七）年度〉・基本計画〈一九八七（昭和六二）年度〉

一九六〇年代からの急激な高度経済成長期から低成長期を経て、都市への人口集中傾向は弱まり、日野市では、一九八〇（昭和五五）年以降、人口増加率は鈍化していく。

第二次基本構想・基本計画は、一九七三（昭和四八）年に誕生した革新系の森田市政下で策定された[5]。一九六〇年代後半から七〇年代にかけ武蔵野市、三鷹市、国立市など大都市やその周辺部で革新自治体が数多く誕生したが、日野市も都内九番目の革新市政となった。基本構想の目指す都市像は「緑と文化の市民都市」とした。

第二次基本計画は、第二次基本構想から五年後に策定された。この間に日本は急激な円高による余剰資金が不動産や株式へと流れ込み、異常な地価高騰を招き、いわゆるバブル景気を迎えていた。地価の高騰によりミニ開発や宅地の再分割、中高層マンションの建設が進んでいた。

第二次基本計画は、一九八七（昭和六二）年度から一九九三（平成五）年度までの基本構想実現のための必要な基本施策を体系化し、計画化したものである。総合的な行財政計画として「実施計画」の策定や予算編成の基礎という位置づけとした。策定時に計画化できない事業については「施策の方向」に基本的考えを示している。

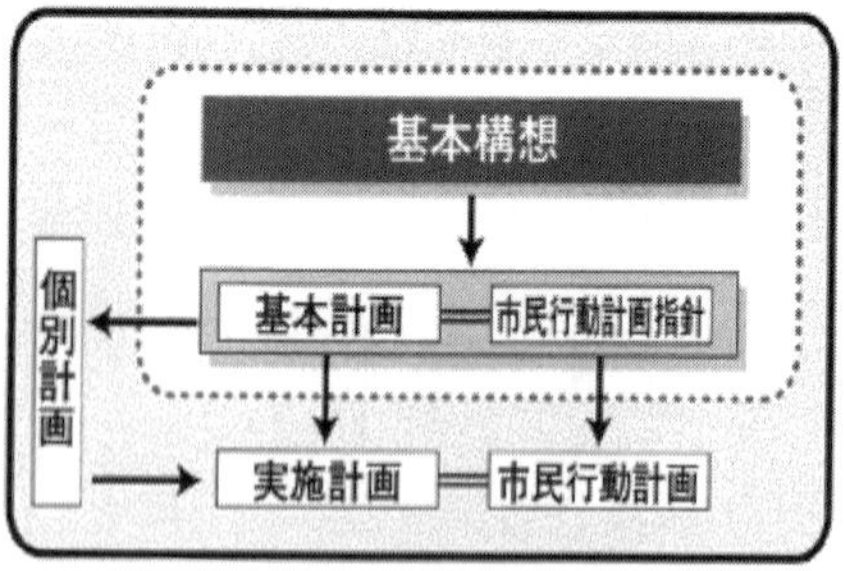

図 2-1　基本構想・基本計画の位置づけ
（「第４次日野市基本構想・基本計画　日野いいプラン2010」より）

第三次基本構想〈一九九五（平成七）年度〉・基本計画〈一九九六（平成八）年度〉

一九八〇年代後半に始まったバブル経済が一九九〇年代始めに崩壊し、多くの金融機関や企業が莫大な不良債権を抱え、まちづくりや行財政にも大きな影響をもたらした。少子高齢化など新たな課題も浮き彫りとなり、高齢者対策、福祉対策が強く求められるようになってきた。一九九二年には地球環境サミットが開催され、地球環境問題への関心が高まり始めた。同年、都市計画法の改正に自治体における市民の意向を反映した市町村マスタープランが規定され、各地で市民参加の計画づくりが行われ始め、日野においても市民による「市民版まちづくりマスタープラン」がつくられた。一九九四（平成六）年には市民による環境基本条例の直接請求が行われ、一九九五（平成七）年に環境基本条例が制定される。その後、行政計画づくりに市民が参加していくことになる。

日野市が目指す都市像としては、基本的に第二次基本構想を引き継ぎ、総合的な施策の展開を図ることがあげられている。まちづくりについての変化は、環境問題を地球規模で考えるという視点が加わったことである。

第四次基本構想・基本計画（日野いいプラン2010）〈二〇〇〇（平成十二）年度〉

バブル経済崩壊後の長引く経済の低迷は、市財政への影響や工場を多く抱える日野市において、工場移転などによる跡地の利用問題を招いた。少子高齢化、地球環境問題はさらにクローズアップされていく。一九九八年には特定非営利活動促進法が制定され、市民活動への期待が高まる。二〇〇〇年には地方分権一括法の施行により、条例制定など地域独自のまちづくりの動きがはじまった。ただ税源委譲は進まず、国からの補助がないと基本的にはハードの整備は進まないという現状がある。

このような中で、第四次基本構想は、六期続いた革新系首長に代わり、一九九七年に当選した保守系の首長によって策定された。これまでまちづくりの課題が解決しないまま推移し、しかも新たな課題が増え、行政運営が各部局の個別施策を中心に縦割りで進められてきた傾向があることなどから、策定スタイルも含め大幅な変更がなされた。計画づくりの原則には、①つくる過程を大切にした「できごと」としての計画、②市民と行政との協働による行動計画、③総合的視点と連携の視点にたった計画の三点をあげた。なお、計画期間は二〇〇一（平成十三）年から二〇一〇（平成二二）年までの十年間とした。

基本計画は、基本構想実現のための基本的施策を示すとともに行財政運営の基本的指針であり、諸活動の行動指針としての役割をもつ。計画の体系化と優先事業を示し、施策と事業のわかりやすさを目指している。また、市民の役割を明確にした「市民行動計画指針」を示した（図2-1）。

三　土地利用——区画整理事業と農業振興

ここまで基本構想・基本計画の時代状況と概要を見てきたが、次に、基本構想・基本計画の土地利用と農業振興について見ていく。

区画整理事業と農地

はじめに、区画整理事業と農地が計画の中でどのように位置づけられ、方針や施策が示されてきたかを概観する（表2-2）。

区画整理事業は〝近代的な町〟を目指し積極的に進められ、今日もなお都市基盤整備や市街化形成など面的まちづくり手法として最も優れたものとされている。一九六八（昭和四三）年度の基本的総合計画では「区画整理事業は市民運動により推進され、街路網は整然とし、公共用地は確保され過密化による弊害は市民自らの手により排除される」とあり、新しいまちづくり手法への期待がうかがえる。日野町時代の一九五七（昭和三二）年から始まった日野市の区画整理事業は、車社会の到来に備え、近代的合理的、そして画一的な街並みを目指した。

しかし、第三次基本構想以降、区画整理事業の整備方針に変化が見られはじめる。その背景には、区画整理事業により水辺や緑、そしてかつての田園風景が消え、画一的なまちへの変貌に一部の市民の批判が高まったことや、市民活動団体による緑地保存や道路変更などの請願や陳情なども出されていたことがあった。そして、農家からも、区画整理事業により水田が場所の悪いところへ纏められたなどの不満や、長期化する事業により生活設計が立てにくいなどの不安の声が挙がっていた。

また、区画整理事業の変化を農地との関係にもみることができる。そもそも、区画整理事業は市街化や宅地化のための事業である。当初日野市は人口が二〇万人を突破すると予測し、それをもとに一九六八（昭和四三）年度に基本的総合計画を策定し、区画整理区域からはいずれ農地がなくなることを想定していた。同年、都市計画法が施行され、「線引き」といわれる市街化区域と市街化調整区域に区分す

表 2-2　構想と計画の変遷〈土地利用〉

構想・計画名	策定年度	土地利用 (区画整理・農地〈農業〉)
基本的総合計画 (基本構想・基本計画) ＊地方自治法改正前計画	1968 (S43)	・区画整理事業を積極的に推進　・優良な宅地造成企業による開発 ・農業者による区画整理組合の結成を指導育成 ・農地の集約、市街化調整区域、農業地域の設定　・水田から畑への転換 〈都市と共存する農業の確立〉
第 1 次基本構想	1971 (S46)	・区画整理事業の積極的に推進．組合、共同施行の普及 ・用途地域の指定の合理化と純化 ・丘陵地、平地の地形的制約と都市施設の配置を考慮した市街地開発 ・規制と誘導による良好な住宅団地造成 ・農業者の協同による都市開発、農地の集団化、生産緑地の設定などの誘導 〈都市と共存する農業の確立〉
第 2 次基本構想	1982 (S57)	・多摩丘陵、日野緑地、多摩川、浅川など自然環境と調和した土地利用 ・土地利用の純化　・緑と清流、景観を重視した市街化 ・区画整理事業や再開発事業など多様な手法による都市施設の適切、効率的な配置 ・住環境の整備を伴わないミニ開発の抑制 ・農地の生産緑地への指定を進める 〈時代にふさわしい農業の振興〉
第 2 次基本計画	1987 (S62)	・地域別土地利用の位置づけ　・地区計画制度の導入　・優良集団農地の保全 ・区画整理の更なる推進．自然と調和する安全・快適なまちづくりの推進 ・「住みよいまちづくり指導要綱」による指導 〈農業経営の安定化・経営基盤の確保・ふれあい農業の促進〉
第 3 次基本構想	1995 (H7)	・画一的な土地区画整理事業から地域の環境、地形を考慮した自然にやさしい工法を採用 ・地権者の土地利用の意向を反映した土地区画整理 ・丘陵地の無秩序な宅地化の防止 〈地域住民と共に育てる農業の推進〉
第 3 次基本計画	1996 (H8)	・土地利用計画の具体化と地区別計画の推進 ・景観形成ガイドラインの策定　・水と緑をいかした特徴ある区画整理 ・“農と住の調和のとれたまちづくり”を推進 ・生産緑地指定による農地保全　・農地樹林地の計画的保全 ・町名地番の整理 〈都市農業推進計画の推進〉
第 4 次基本構想	2000 (H12)	・見直しも行うなど柔軟で段階的な区画整理事業 ・地形条件、環境負荷も考慮した都市基盤整備や土地利用の適正な誘導をはかり持続可能なまちづくり 〈農あるまちづくりの推進〉
第 4 次基本計画		・緑や清流を活かし地形、景観に配慮した区画整理事業や開発の推進 ・広く市民意見の反映を図った区画整理事業の仕組みづくりの確立 ・広域的な事業調整を図った区画整理事業のあり方を再検討 ・農地と用水を生かした計画的なまちづくり ・地区計画によるまちづくり推進　・地域ごとのまちづくり計画検討 ・市民ボランティアによる緑地の維持管理の推進 ・市民による地名地番の整理や、古くからの地名を生かしたまちづくりの推進 ・まちづくり条例の制定 〈市民農園づくりの推進〉〈援農ボランティアの制度化〉〈農家と市民の交流の場の設置〉

る制度が決まった。できるだけ農地は集約し、市街化調整区域として調整することが企図されていたが、一九七一（昭和四六）年時点で市街化調整区域は丘陵地の一部や河川のみであり、市域の八〇パーセント以上が市街化区域となり、その中に農地が二五パーセント含まれることとなった。東京では全農地の七割が市街化区域に編入されたが（深澤、二〇〇六：四四）、当初期待していた農地の集約化は進まず、調整区域の指定もできなかったのである。その要因は農地転用ができないという条件や調整区域指定のためのまとまった面積が必要だったことなどがあげられる。

そこで市街化区域内農地の宅地化を促進するために、一九七三（昭和四八）年、農地に宅地並み課税が実施されることになった。日野市でもこの宅地並み課税に対しては、農家などの反対の意見も見られた[6]。そして、一九七四（昭和四九）年に生産緑地法が可決し、生産緑地の宅地並み課税が免除されることになった。また相続税についても、農業を継続する限り相続税を猶予する制度が創設された。さらに、一九八一（昭和五六）年には長期営農継続農地制度により、生産緑地でなくても一定の条件で宅地並み課税が免除される制度が始まった。これらはひとまずは農業継続の基盤確保に繋がる制度であった。

しかし、この長期営農継続農地制度は十年間で廃止となり、一九九一（平成三）年、生産緑地法が改正され、農家は生産緑地にするか宅地にするかを選択せざるを得なくなった。たとえ農地を生産緑地に指定したとしても相続が発生した場合は、宅地（倉庫や作業場も含む）への課税や、兄弟姉妹がいれば土地を売って遺産配分するなど農地を切り売りして賄うしかなくなる。つまり、結局、農地は減少していくことになる。そして、農地の集約は進まず、区画整理地内には農地が散在することになったのである。そこで日野市では、第三次基本構想において「農と住の調和」を掲げ、そして第四次基本構想では「農あるまちづくり」として区画整理地内の農地を位置づけていくことになる。このように、農家に農地を宅地化せざるを得ない制度や状況をつくりながら、一方では都市農業を守っていくというアンビバレントな施策の結果が、今日のまちの姿へと導いていったといえる。

基本構想・基本計画の変遷と農業振興

さて、農地や用水路を残すためには農業振興など農業施策が鍵となるが、次に基本構想や基本計画における農業振興に関する方針をみてみよう。

基本的総合計画が策定された一九六八（昭和四三）年頃は、都市化とともに農地の蚕食が進み、農業の振興を阻まれる傾向にあったものの、まだ市域の四〇パーセントが農地であり、営農存続希望者も二〇〇戸に及んでいた。したがって基本的総合計画では、生産と緑地を兼ねる「都市と共存する農業」の確立に努め、農業生産物の消費者への直結など流通機構の整備も推進するとしていた。また将来的にできるだけ農地は集約化し、市街化調整区域の指定とともに残る農地を選定して農業地域を設定することを検討していた。

次に、基本構想・基本計画の変遷と農業振興との関係を見ていこう。一九七一（昭和四六）年度の第一次基本構想では、都市農業の自立化、企業化を進めるとともに、都市との共存として「農業レジャー公園」の設置検討がなされた。一九八二（昭和五七）年度の第二次基本構想では、地域への新鮮な農産物の供給、生産緑地としての緑の保全、緊急用の緩衝地、そして児童、青少年の人間形成に必要な教育的効果といった役割をあげ、時代にふさわしい農業のあり方を目指し、都市農業としての条件を有利に活かした観光や「余暇農園」の可能性を探ろうとしていた。

一九九五（平成七）年度の第三次基本構想でも、農業については生産機能だけでなく、環境維持、安全で新鮮な食生活を保障し、子どもの農業体験や教育など多様な機能があるとして、農家の生活を安定させて魅力ある産業とするために皆で育てることが大切だとしている。また農業の推進に関連して、一九九七（平成九）年には第一次農業振興計画を策定しており、地域に根ざした農業を推進するため、直売所、産直の推進、学校給食への活用、市民農園の整備や体験農業の普及などをあげている。

このように、農業施策については「都市農地不要論[7]」が言われていた時代においても、日野市では農業をまちづくりに位置づけてきた。そして、一九九八（平成十）年には全国に先駆けて農業基本条例を制定、平成十六年には公募市民参加で第二次農業振興計画・アクションプランを策定する。これらの条例や計画には、農業用水路の維持保全についてもしっかりとその推進を掲げてきた。しかしながら、Ⅳ章で詳しく見ていくように、現実は農家の高齢化、後継者不足により、農地や用水路は減少し続けているのが現状である。

四　環境保全――水・緑・用水路の取り組みの変遷

次に農村から都市へと変化していく中で、基本構想・基本計画において、緑や水そして用水路はどのように位置づけられ、方針や施策が示されてきたか概観する（表2-3）。

まず〝緑〟についてであるが、一九六八年度の基本的総合計画から二〇〇〇年度の第四次基本構想まで、一貫して〝緑〟の保全や緑化推進を掲げている。しかし、その保全対象とする〝緑〟の範囲や、〝緑〟を含む自然の考え方には変化が見られる。第一次基本構想までは主に丘陵地の緑地が保全対象であったが、一九八二年度の第二次基本構想では崖線の日野緑地や農地も加わる。一九八七年度の第二次

表 2-3　構想と計画の変遷〈環境保全〉

構想・計画名	策定年度	環境保全（緑・水・用水路）
基本的総合計画 （基本構想・基本計画） ＊地方自治法改正前計画	1968 (S43)	・丘陵地の緑、多摩川、浅川など恵まれた自然の景観を保護 ・歴史的に育まれた風土を温存 ・用水路の整理統合、農業用水は機械揚水による地下水使用を推進
第 1 次基本構想	1971 (S46)	・都市計画により公園、緑地を配置 ・緑化運動を推進　・団地造成者には街路樹と傾斜地の緑化を指導 ・排水路と化している用水路は改修し、維持管理し活用
第 2 次基本構想	1982 (S57)	・多摩川、浅川を多摩丘陵地、日野緑地、農地、公園、並木まで含んだ都市親水公園として治水も考慮して整備 ・浅川自然公園計画の推進
第 2 次基本計画	1987 (S62)	・河川や水路を清流として復活　・水質浄化や下水道の整備 ・湧水保全のため地下水の涵養 ・緑地や史跡などとも有機的につなぐ「緑と水のネットワーク」の構築構想 ・河川整備構想に基づく整備　・水辺環境基本計画を策定し親水路を整備 ・樹林地の公有化や緑地信託制度を採用　・緑化基本計画策定 ・野生動植物の保護 . ホタルの飼育　・緑化運動の推進、緑の愛護運動の推進
第 3 次基本構想	1995 (H7)	・河川や水路など水辺空間を活かし、生態系に配慮した人と自然とが触れ合える場の創出 ・水辺と公園緑地を一体化したビオトープのネットワーク化 ・市民の自主的な維持管理への参加システムの検討
第 3 次基本計画	1996 (H8)	・水辺環境整備基本計画に基づき水系の特性や自然環境を活かし、生態系に配慮した多自然型親水路の整備 ・水辺と水田が一体となった農業公園の整備　・河川自然公園の整備・保全 ・湧水地の保全、湧水量の確保　・水路浄化の推進　・浸透施設の推進 ・用水路の管理確立　・ボランティアや環境教育の推進 ・川辺のプロムナード、散策路の整備　・信託緑地の拡大と公有地化 ・斜面緑地の都市計画緑地指定の推進　・環境保護思想の啓発・普及
第 4 次基本構想	2000 (H12)	・循環型まちづくり ・日野の地勢、地形がつくる水辺、みどりを次の世代へ引継ぎ、それらを活用したまちづくり ・環境基本計画の具体化による推進
第 4 次基本計画		・日野の個性豊かな風景であり 400 年を越える歴史のある用水を日野の財産として保全 ・「みんなの用水づくり」として協働で整備計画を作り保全 ・生き物に配慮した用水整備 ・用水の「里親制度」の推進 ・湧水、用水、河川などをつなぐ生態系に配慮した水の回廊づくりの推進 ・水循環システムの保全のため農地、緑地の減少を防ぎ浸透面の確保など地下水涵養地を進める ・流域としての取り組みの推進 ・湧水のメカニズムを調査、保全計画の策定 ・農地の多面的機能を考え、緑地保全を全庁的に取り組む ・環境基本計画、みどりの基本計画の推進 ・環境マップの作成

基本計画では農地空間や緑が生活環境に潤いを与え、水路も水と緑に親しむ空間づくりに役立つとしている。さらに野生の動植物の保全保護も加わる。

一九九五（平成七）年度の第三次基本構想からは〝地球規模の環境問題〟や〝生態系〟という視点がでてくる。愛護的な保全保護という考えではなく、人間も含め物質的に全て繋がっているという考えである。農地についても環境を維持する機能も含めた〝多面的機能〟について触れている。

次に〝水辺〟については、基本的総合計画では多摩川、浅川を恵まれた自然景観の一つとして保護されるべきものとしているが、第一次基本構想も含め、具体的施策は見られない。その理由は、河川に関する施策や方針は国や都の範疇であったためであると考えられる。第二次基本構想では、多摩川、浅川、多摩丘陵地、崖線緑地、農地など含めた「都市親水公園構想」や浅川自然公園計画の推進の方針が示される。この背景には、一九八〇年策定の「浅川利用計画調査報告書」（以下、「浅川利用計画」）において日野市における浅川の位置づけや〝親水〟が強く打ち出されたことがある。[8]

基本的総合計画（一九六八年度）策定時は、用水路＝排水路であり、水質が悪化し農業用水としては適さなくなっていることから水田が減少し、用水組合も縮小傾向となっていた。そのため、用水の維持管理にともなう経費が増加しているとして、農業用水としては機械による地下水利用を推進していた。また用水路は下水道整備にともない整理統合し、水田は畑作への転換を促している。その後、一九八〇年には全国的にも珍しい、排水路化した用水路の浄化や年間通水を目的とした「公共水域の流水の浄化に関する条例（清流条例）」が制定された。用水路は、第二次基本計画から〝水辺〟として位置づけられ、都市化にともない、河川や水路は親水空間としての役割が期待された。そのために水質浄化や下水道の整備、湧水保全のための地下水の涵養などを掲げ、清流を復活させることをまちづくりの課題とし

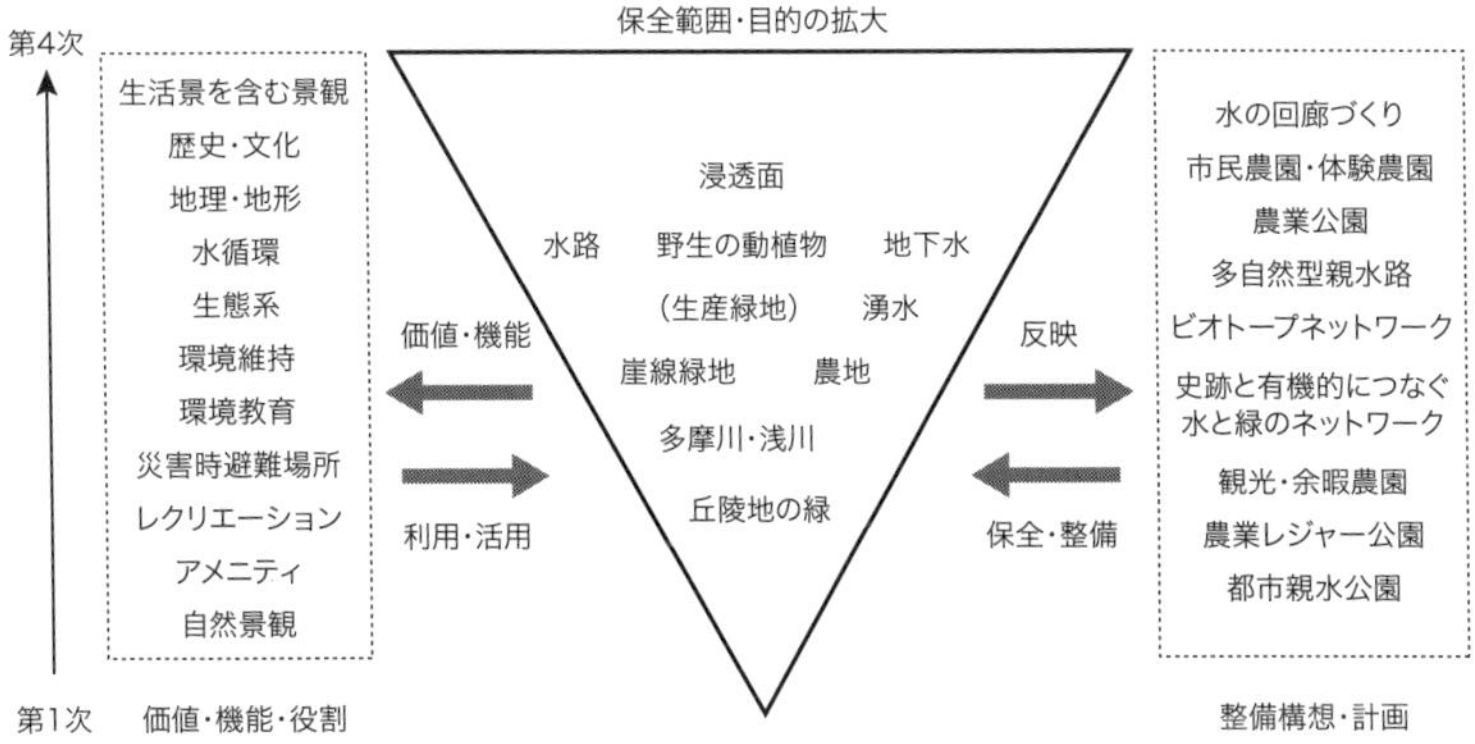

図2-2　環境保全（水・緑）の拡大

た。しかしながら、当時もまだ河川も用水も汚染が酷く、市民活動団体による石けん使用推進運動や水質検査など水質浄化運動が始まっていた。また、第二次基本計画では「緑と水のネットワーク」を構築し、緑地や史跡なども有機的につなぐ構想も掲げ、「日野市河川整備構想」に基づき整備するとした。

第三次基本構想（一九九五年度）から出てくる〝生態系〟という視点においては、水辺では「水系の特性自然環境を活かし、生態系に配慮した多自然型親水路の整備」を掲げ、水辺と公園が一体となったビオトープのネットワーク化や水辺と水田が一体となった農業公園の整備を検討するとしている。また「日野市水辺環境整備計画」に基づき、当市の歴史的、環境的財産である水路網を将来に渡ってまちづくりの中で保全・再生していくことが重要だと述べ、そして第四次基本構想（二〇〇〇年度）では用水路の位置づけはさらに強調され、歴史的価値や風景要素としての用水が明確に価値付けられている。

第四次基本構想では〝みんなの用水づくり〟として、はじめて市民と行政との協働による用水路の保全・整備計画づくりや維持管理の推進を打ち出した。さらに、水循環の適正化と流域での取り組みも盛り込まれた。これは一九八〇年の浅川利用計画でも示されていた内容であるが、二十年経てようやくまちづくりのビジョンとして基本構想に加えられた。

こうして用水路環境や考え方が変化していく中で、用水路が排水路だった時代に制定された一九八〇年制定の清流条例は、二〇〇六年に全面改定され「清流保全—湧水・地下水の回復と河川・用水の保全—に関する条例」となった。このように水や緑に対する価値や機能、役割が増えるとともに、保全対象も拡げられていく。そしてそれに伴い整備や保全の在り方が変化していく（図2-2）。これは今後行財政が厳しくなっていく中で、だれが維持や保全を担うのかということを考えれば、市民のかかわりの拡大にもつながることでもある。

五 「市民参加」の方針や施策の変遷

これまで土地利用や環境保全についてみてきたが、最後に「市民参加」についてみていきたい。

表2-4で示したように「市民参加」に対する方針や施策の流れをみていくと、「市民参加」の定義が定まらない中、その意味合いの変化が見受けられる。初期のころは理念先行で具体的施策はなく、その理念からは当時、議論となり始めた「市民参加」に対する幻想や期待が感じられる。つまり市政への参加を掲げ、「区画整理事業を住民運動で」と呼びかけたように、行政が進める開発や区画整理事業への協力が行政のいう「参加」であったと考えられる。しかし、現実の「市民参加」は利害や意見の衝突の場である。そのため二次基本構想には「合意形成のためのシステムを検討」が出てくることとなる。多

表 2-4　構想と計画の変遷〈市民参加〉

構想・計画名	策定年度	市民参加・協働
基本的総合計画 (基本構想・基本計画) ＊地方自治法改正前計画	1968 (S43)	・計画の実現は積極的な市民の市政への参加する熱意により達成 ・市民同士が学び合い、語り合い、連帯意識を持つことで豊かな市民生活が確立 ＊具体的施策計画はない
第 1 次基本構想	1971 (S46)	・豊富で正確な情報提供 ・市民の市政への関心と理解を深める市民意識の醸成 ・市民意見の市政への反映の機会の用意 ・市民施設を適切に配置し、市民の交流を活発にし、連帯意識の浸透をはかる
第 2 次基本構想	1982 (S57)	・多様な市民参加のシステムと行政に関わる機会の創出 ・広報・公聴活動の質、量の発展 ・市民自治学園など討論と実践の場づくり ・運動的な住民組織、スポーツ・文化組織などとの相互の連携 ・地域性を考慮した住民組織づくり
第 2 次基本計画	1987 (S62)	・市民自治の強化 ・広報・公聴活動の推進 ・行政情報の公開・提供の推進 ・参加の機会の保障 ・合意形成のためのシステム検討 ・意識啓発、コミュニティ施設の設置、リーダー育成、地域情報の提供、コミュニティ活動支援、市民組織、ネットワークづくり ・勤労者の行政参加のシステムをつくる ・勤労者の専門的知識活用のための人材バンクの設置検討
第 3 次基本構想	1995 (H7)	・市民が自ら参画し権利と義務を明らかにし、自らの生活向上を図る ・行政は市民要求の行政計画への反映とともに市民活動を育成 ・価値観の異なる市民同士の合意形成を図る場づくり
第 3 次基本計画	1996 (H8)	・市民自治学園の発展 ・地域住民の参加と合意形成システムの確立 ・市民参加の施設づくり ・まちづくりに関する検討会設置 ・広報・公聴活動の強化 ・コミュニテイの基礎作り、促進、場の提供 ・「わがまち」意識啓発事業や地域生活環境診断書（コミュニティカルテ）の作成
第 4 次基本構想	2000 (H12)	・参画と協働のまちづくりの推進 ・行政評価システムの導入 ・議会への関心を高め、議会と市民との交流や懇談会の場の検討
第 4 次基本計画		・自治基本条例、市民参加条例の制定 ・市政情報センターの設置や情報公開制度の充実 ・市民意見の反映の場としくみづくりの確立 ・連携プロジェクトなど職員参画のしくみづくりの推進 ・市民活動団体の支援 ・人材活用システムの整備

種多様な異なる市民意見の調整が、行政にとって市民参加の課題となっていたのである。とくに開発や区画整理が盛んに行われていた時期であり、開発か自然保護か、といったさまざまな意見の軋轢の中で「市民参加」の困難さに直面している姿を想像するのに難くない。このことが基本構想や基本計画に市民参加を唱えながらも、市民意識とのズレを生み出していくことになる。

「市民参加」の現実と理想のズレは第三次基本構想策定時にも現れる。第三次基本構想策定に合わせ、市民から基本構想へ反映させるために「提言」（市民版まちづくりマスタープラン）が提出されたが、それらが反映されたかわからずじまいであった。「提言」づくりも市政への不満から反対や抗議するだけでなく市民自ら計画をつくるという、まさに行政が期待する自治を担う市民の主体的行動であったと思われるが、その提言は受け入れられなかった。一九九四年の環境基本条例の直接請求においても、当時の革新系市長は「時期尚早である。組織再編には金がかかる」（環境基本計画市民連絡会、二〇〇一）と市民の主体的行動に対し消極的対応であった。つまり行政の「市民参加」は、アンケートや意見聴取、公聴会などに留まっていた。

このことを反省し、第四次基本構想・計画策定（二〇〇〇年度）においては市民、行政との協働による計画策定となった。しかし、市民参加を制度化するための条例や住民自治を市の法制度の中で位置づける自治基本条例の制定を掲げたが、計画策定から十年経った現在もまだ、制定されてはいない。

六　基本構想・基本計画の課題

基本構想・基本計画の変遷から、日野市がどのようなまちを目指してきたのかをみてきた。その変遷はその時代の社会的状況や価値観、そして上位機関の政策や個別計画、そして市民の意見も反映していることがうかがえた。しかし、前述したように基本構想・基本計画はその本来の目的を果たしていないという指摘もある。つまり計画には方針や施策が示されてもその実現には多くの課題がある。

その理由はいろいろあるが、次のような問題もあると考えられる。

基本構想・基本計画の範囲は、市政における全ての施策に及ぶため総花的な内容となりやすい。例えば土地利用の変遷で見てきたように、自然環境や環境保全を掲げながら一方で宅地化や区画整理事業など開発の推進も盛り込まれる。ゾーニングで明確にこれらが区分けされているわけではないので、この両方に配慮し〝農と住の調和〟〝自然と調和した開発〟という施策になる。都市化と農地も含めた環境保全のバランスをいかにとるかは、日野市にとって重要なテーマである。区画整理を積極的に進めながら農地や自然保全を呼びかけるというといういわば相反する施策や計画は、結局はその時々の社会経済的、政治的判断で優劣が決まりやすい。次にその相反する施策の〝調和〟の判断基準の問題である。これまで基本構想や基本計画を振り返ってみても保全対象の〝緑〟や〝水〟もその対象範囲が時代とともに変わっていく。〝調和〟の対象が変化していく場合の判断基準も決して絶対的ではなく、時代とともに変りゆくものとなる。そうすると、その〝調和〟を誰がどのように判断するかということが課題となる。基本構想や計画には〝調和〟と書けばすむわけだが、その〝調和〟をいかに具体的なものとして、共有していくかが鍵となる。しかし、その方法については未だ模索中だといえる。

そのような曖昧な計画とせざるを得ない原因として考えられるのが、上位機関の政策との関係である。例えば、都市農業は早くから維持保全を掲げ基本構想にも位置づけていた。しかし、農地の宅地並み課税や線引き制度、農地を宅地化にするための政策など、農家には次々と〝非情〟な仕打ちが襲った。基本構想や基本計画には素晴らしい文言が並び、農あるまちづくりを何十年も掲げながらも、宅地並み課税という国の制度や政策の前にはなすすべもなく、そのため農地は減少し、農業も衰退していくのである。それでも日野市は宅地並み課税に対する税の補填をいち早く実施し、なんとか農地を残そうとしていた。

さらに、計画書に記載されることによって、将来の事業や予算の確保を目指す正当化の機能が過大に評価され、そのために、形式としての計画を作ること自体が自己目的化しているという指摘もある（森田、二〇〇三：一一）。このように基本構想・基本計画の実行性について課題は多いが、二〇〇五年から基本構想・基本計画と第三次行財政改革大綱などから事業を選定しＰＤＣＡサイクルに基づく行政評価システムが行われている。二〇〇六年からは市民による評価も始まった。市民評価委員の目的は「選択と集中のまちづくりを基本に評価の客観性、信頼性、透明性の維持を心がけ、市民目線による事務事業の目標、手法、成果等を検証」することにある。行政により選択された事業を所管部、本部、市民の三部門により、効率や効果の低い事業をみなおしていくいわゆる事業仕分けである。

市民評価は行政が選択した事業のみである。平成二十年度は五一事業を市民が評価している。評価方法は事業の必要性、効率性、有効性の各五点満点で評価し、さらに付加点で調整する。それらの合計点で拡大・充実、維持・継続、見直し、抜本見直し、休止・廃止の五つに振り分ける。この評価システムもまだ確立しているわけではない。市民委員から事業選定の問題や効率性だけで図れない事業をどう評価していくかなど課題があげられている。しかし、行政職員や議員、首長以外に、事業継続あるいは中止などについて市民が意思表示を示す機会が設けられたということは、市民参加のステップアップにつながる出来事だと思われる。

2　水辺行政・用水路の維持保全に関する計画

一　日野市政における用水路保全の位置づけ

日野市の用水路の保全、整備、維持管理は、Ⅱ-1で述べた日野市基本構想・基本計画をはじめ、数多くの計画や制度が関係している（図2-3）。二〇〇六（平成十八）年には用水の維持保全を明確に打ち出した「清流保全―湧水・地下水の回復と河川・用水の保全―に関する条例」が制定された。その他に環境基本計画、まちづくりマスタープラン、みどりの基本計画や農業振興計画、観光基本計画、湧水・水辺保全利用計画など用水路の保全のあり方や管理、整備についても方針を示している。計画でも法や条例など制度的根拠を持つものから議会の議決事項となっている計画、区画整理事業や観光事業のために作成された個別事業としての計画などもある。

二　初期の水辺計画と用水路

河川に関する計画も用水路には大きく影響する。古くは一九八〇（昭和五五）年の「浅川利用計画調査報告書」や一九八八（昭和六三）年の「日野市河川整備構想」がある。これらの二つの計画は、日野市において用水路も含む水辺関連の計画で最も古い個別計画である。前者は学識経験者を中心とし、後

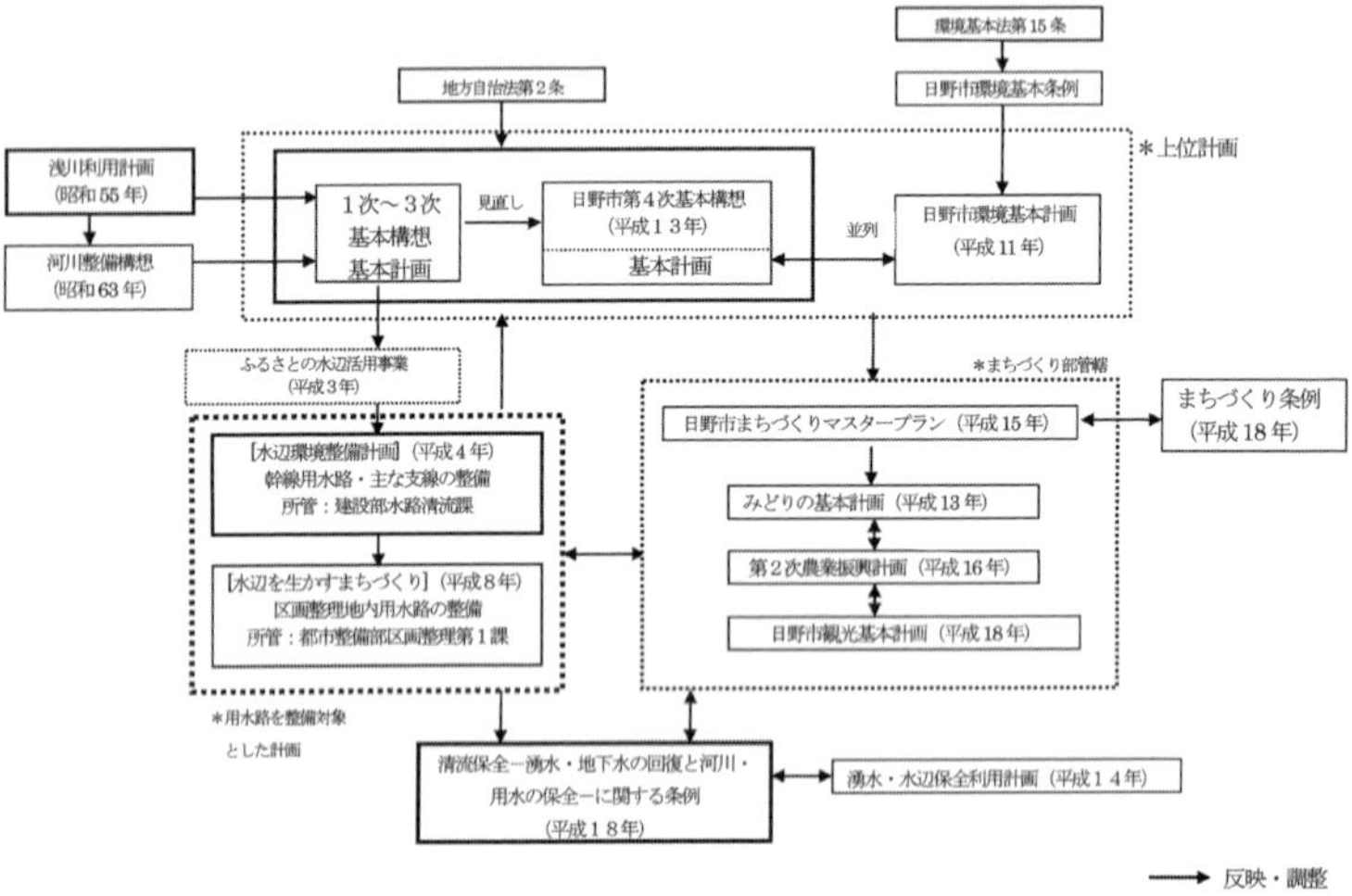

図 2-3　日野市の用水路保全・整備にかかわる計画関係図

者は当時の建設省も含む行政職員により策定された。基本的に浅川の保全や活用を目的としているが、用水も計画の対象に含まれている。これらの計画の方針は、後の日野市の水辺行政に関する基本構想にも盛り込まれていくという意味で先駆的であり、現在の施策にも影響を与えていることがうかがえる。（表2-5）

浅川利用計画調査報告書（一九八〇年）

この計画の目的は、日野市を東西に貫流する浅川の位置づけ、「浅川の保全と活用」を基本方針としている。学識経験者（高橋裕、西谷隆亘、加藤辿、進士五十八ほか）とコンサルタントにより調査報告書として作成されている。前年に「多摩川河川環境管理計画」（河川環境管理財団）も策定されており、その関連で主に河川敷の管理活用とともに浅川の都市河川座標軸としての位置づけや「浅川親水計画構想」が提案された。

この計画づくりの背景には、一九七〇年代初めからの利水、治水を目的とした河川管理のあり方に加え〝親水〟という新たな価値が時代的に求められ、河川管理の第三の柱として位置づけられたことがあげられる。計画書の中で、水循環と生態系の関係を、生きた水空間の創出のためには、河川や台地や流域をそれぞれ全体として保全しなければ成り立たないと示し、水辺環境管理の体系的施策の必要性が報告されている。用水路網については、浅川、崖線の緑地と帯状形態で保全していくことは防災、環境保全機能の充足のために重要であるとし、はじめて用水の灌漑以外の機能、価値が指摘された。

また、浅川を軸にした景観評価に基づく開発規制や修景計画、上流域市町村との協議への期待や、水と緑、歴史と文化が有機的に結びつくことが日野のイメージを醸成していくことに繋がると述べている。

表 2-5　日野市の水辺行政の変遷

年	日野市の水辺関連制度・計画・出来事
1968 年（昭和 43 年）	・基本的総合計画策定
1971 年（昭和 46 年）	・第 1 次基本構想
1972 年（昭和 47 年）	・環境保全に関する条例
1975 年（昭和 50 年）	・緑化及び清流化推進に関する条例
1976 年（昭和 51 年）	・公共水域の流水の浄化に関する条例（清流条例）施行→ 2006 年全面改定
1980 年（昭和 55 年）	・浅川利用計画調査報告書 ・清流監視指導員指導要綱施行 ・水路清流週間事業開始
1982 年（昭和 57 年）	・第 2 次基本構想 ・緑のマスタープラン
1983 年（昭和 58 年）	・水路清流課設置 ・水辺の水質調査開始
1987 年（昭和 62 年）	・第 2 次基本計画
1988 年（昭和 63 年）	・河川整備構想
1989 年（平成元年）	・『清流ニュース』創刊 ・ふるさとの水辺活用事業（平成 3 年まで） ・湧水現況調査開始
1990 年（平成 2 年）	・湧水・地下水位定点観測調査開始 ・水生生物調査・水収支調査開始
1991 年（平成 3 年）	・水辺環境整備基本計画（建設部水路清流課）
1992 年（平成 4 年）	・向島用水親水工事着手（1995 年竣工）
1993 年（平成 5 年）	・水辺環境整備計画（建設部水路清流課） ・水路清流月間に拡大／・浅川・程久保川合流点ワンド竣工
1994 年（平成 6 年）	・平山ふれあい水辺整備工事完成 ・清流監視委員指導要綱制度を清流監視委員制度に改正 ・農あるまちづくり計画策定調査報告書（都市整備部区画整理第 1 課）
1995 年（平成 7 年）	・第 3 次基本構想 ・農業用水景観整備事業業務委託報告書（都市整備部区画整理第 1 課） ・国土庁「水の郷」選定（全国 34 カ所）
1996 年（平成 8 年）	・第 3 次基本計画 ・普通河川等管理条例 ・水辺を生かすまちづくり計画（都市整備部区画整理第 1 課） ・環境基本条例
1997 年（平成 9 年）	・新井用水ふれあい水辺整備事業完成
1998 年（平成 10 年）	・農業基本条例 ・環境共生部緑と清流課に移行
1999 年（平成 11 年）	・環境基本計画策定
2001 年（平成 13 年）	・第 4 次日野市基本構想・基本計画（日野いいプラン 2010） ・みどりの基本計画策定 ・よそう森水田公園整備開始（2003 年竣工）／・水辺の楽校スタート（潤徳小・滝合小）
2002 年（平成 14 年）	・用水守制度開始
2003 年（平成 15 年）	・まちづくりマスタープラン策定
2004 年（平成 16 年）	・第 2 次農業振興計画 ・湧水・水辺保全利用計画 ・東京の名湧水 57 選に選出／・川北・上村用水統廃合（市が水利権取得）
2005 年（平成 17 年）	・環境情報センターかわせみ館開設
2006 年（平成 18 年）	・清流保全―湧水・地下水の回復と河川・用水の保全―に関する条例改定 ・まちづくり条例策定 ・観光基本計画

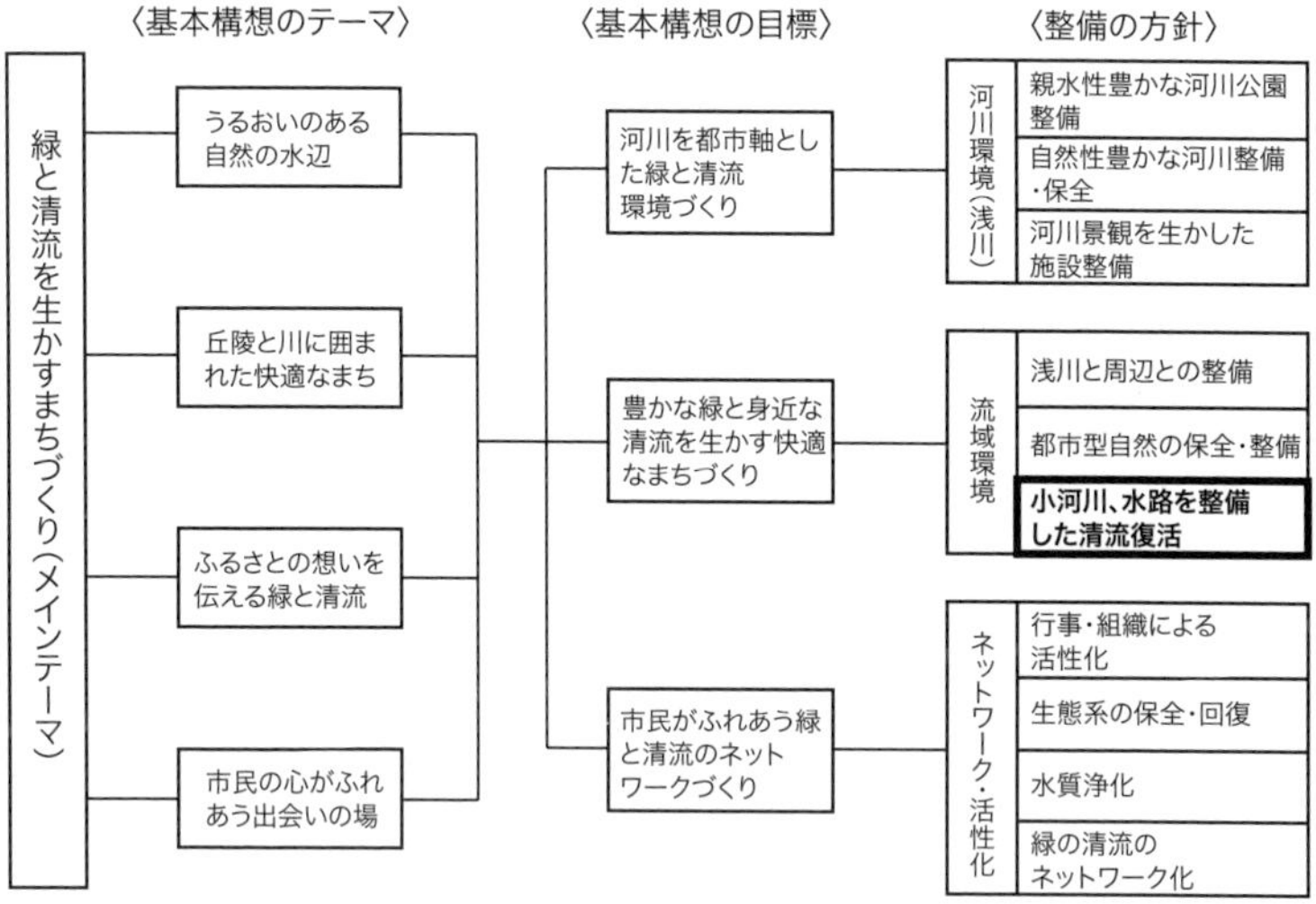

図 2-4　河川整備構想のフレーム

豊田用水をモデルに、市民に親しまれる用水路デザインの指針も示されている。

この計画は浅川の保全と活用が目的ではあるが、水辺がさまざまな側面で見直されはじめた時代のその新たな価値や考えを盛り込んだもので、水辺だけなく日野のまちづくりの指針を示した、当時としては画期的な計画だといえる。

河川整備構想（一九八八年）

河川整備構想計画は、国や都による河川の治水工事と日野市の第二次基本構想「緑と文化の市民都市」の実現のために調整を図る目的で策定された。構想の検討会は、建設省関東地方建設部京浜工事事務所、東京都河川部、日野市の行政関係者で構成されている。

河川環境整備計画の基本的な方向性は、治水・利水機能と環境機能との調和のとれた豊かな河川環境を作り出すことである。

用水路についての整備方針は、小河川、水路を整備した清流復活の施策メニューとして、①水路の保全・整備、②魚類生息用施設の整備、③環境維持用水の確保があげられている（図2-4）。具体的には、景観に配慮し環境護岸などを取り入れたり、水に親しめるいこいの場の整備を推進するとして、数値目標をあげている。また、清流を復活させるゾーンを決め、湧水を活かした公園の整備や用水路にメダカやフナが泳ぐ姿が見られるような水質に浄化するとしている。

三　用水路の整備方針を具体的に示した計画

次に、現在の日野市内の用水路整備の根拠となっている計画を見ていこう。

「ふるさとの水辺活用事業」は、水辺の保全と活用を目的として、生態系に配慮した親しめる水辺がどのようなものかを検討した。また、「水辺環境整備基本計画」では生態系的視点だけでなく景観、歴史性、風土性などを考慮した水辺の在り方、とくに用水路について検討された。そして「水辺環境整備計画」は、用水路の総合的計画として策定され、この計画に基づき、一九九二年頃から生態系に配慮した親水性のある用水路が整備されていく。

ふるさとの水辺活用事業（一九八九年～一九九一年）

東京都市町村活性化事業交付金を受け実施された「ふるさとの水辺活用事業」は、第二次基本計画（一九八七年度）の中の「水と親しめるまち」推進のために行われた（図2-5、2-6）。基礎調査的な位置づけとして、①水辺に対する住民の意識の把握、②水辺資源の現況把握、③住民が望む水辺環境の検

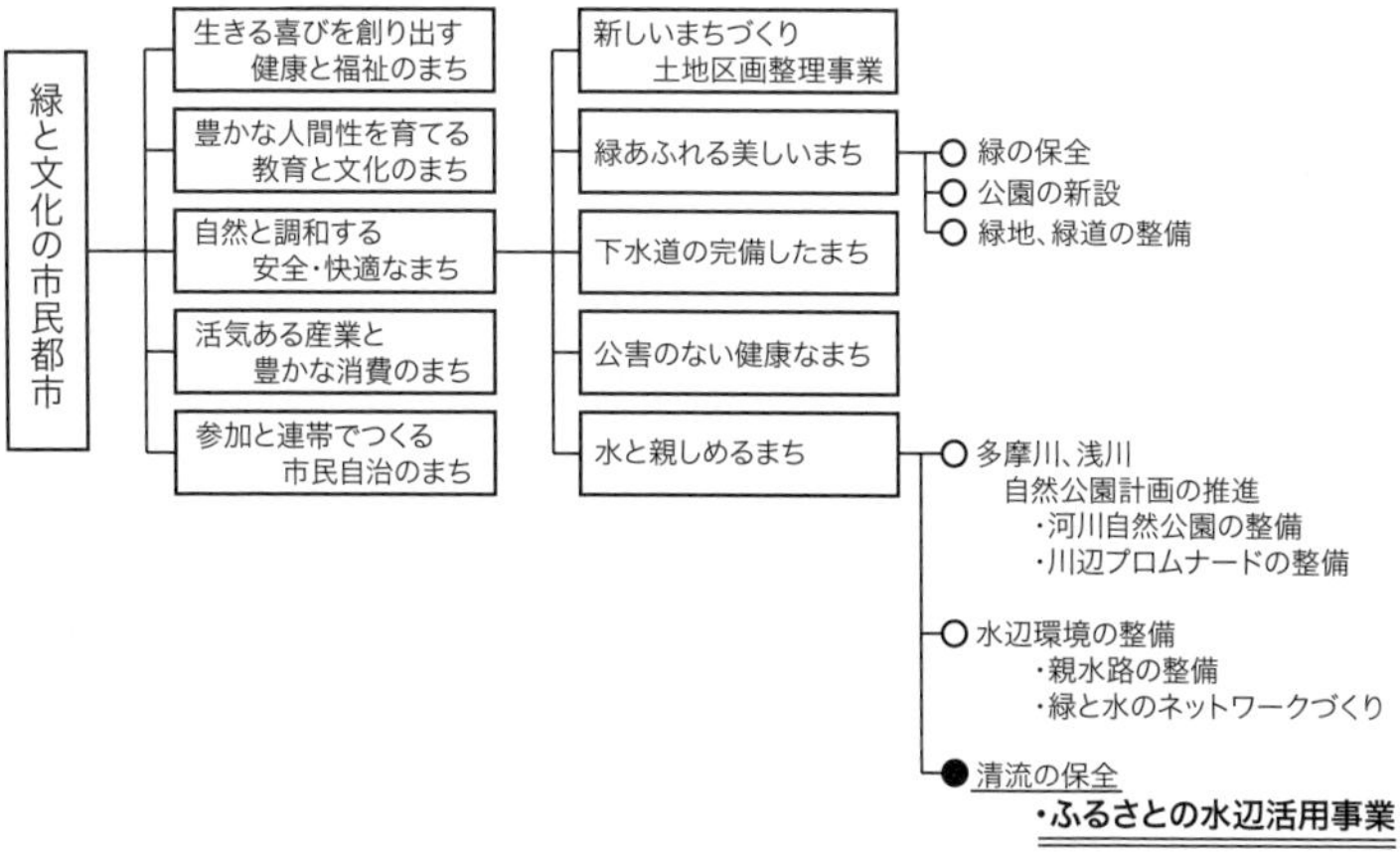

図 2-5　第 2 次基本構想・基本計画における「ふるさとの水辺活用事業」の位置づけ

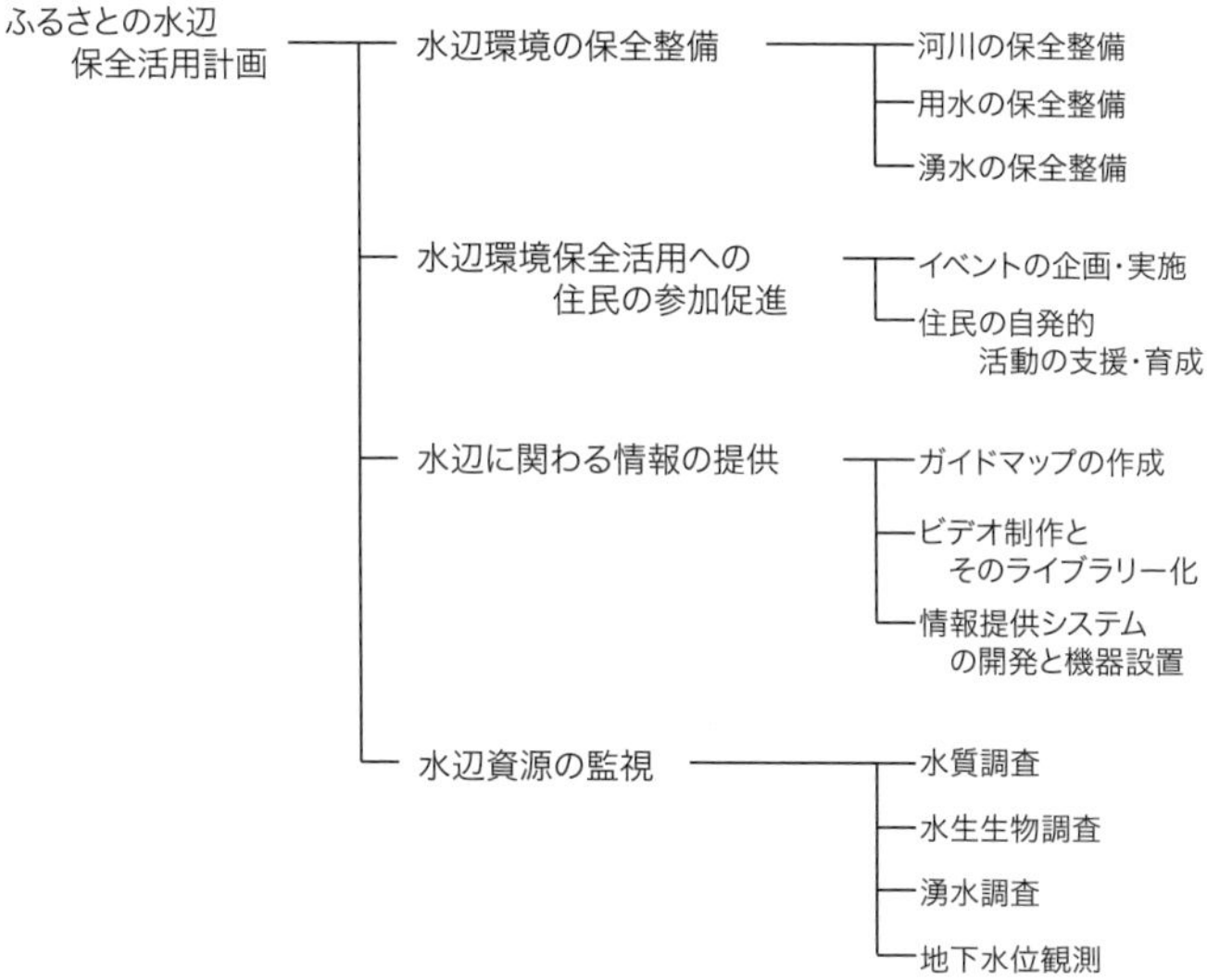

図 2-6　ふるさとの水辺保全活用計画

討、④住民参加促進の検討、⑤水辺環境整備の方向性を提示、⑥水辺情報の提供が行われた。

これらの調査から、(9)多くの住民が自然とのふれあいの場としての水辺の利用を望み、そのため水質の保全・向上とともに水生生物をはじめとした動植物の生息環境の保全と、それらを観ることができる水辺環境の形成が求められるとして、用水路の保全整備を具体的に示した。

この事業では、住民が市内の水辺環境の価値を理解し、日常生活の中で活用することが望まれた。そのため、日野水辺ガイド「水の郷めぐり30景」と日野の河川、用水、湧水を紹介するビデオも製作し、さらにパソコンとテレビを繋ぎ水辺情報を提供するシステムも開発された。

水辺環境整備基本計画（一九九一年）

「ふるさとの水辺活用事業」では、自然や生き物とのふれあいが水辺環境整備の目的であったことから、本計画ではアンケート結果を再度見直し、水辺に対するニーズや意識構造を把握した上で、景観、環境、管理、歴史、風土性を考慮している。

この計画において、日野の用水及び用水沿いに点在する石造物、祠、神社等歴史的遺産は日野市民の財産のみならず、国民の遺産でもある、とはじめて用水路の歴史的文化的価値が示され、土地区画整理によって簡単に移動、変更、消失させるものではないと指摘された。

計画の内容は、日野、高幡、豊田をターミナルに農業公園と水のポケットパークを拠点にネットワークで結び、オリエンテーリングコースとして日野のアイデンティティを生み出す資源、歴史・文化の理解を助ける資源、まちの活性化の資源、まちの憩いの資源など歴史と文化遺産のネットワーク化が目指された。用水については、地域用水として利用形態を示した（図2-7）。

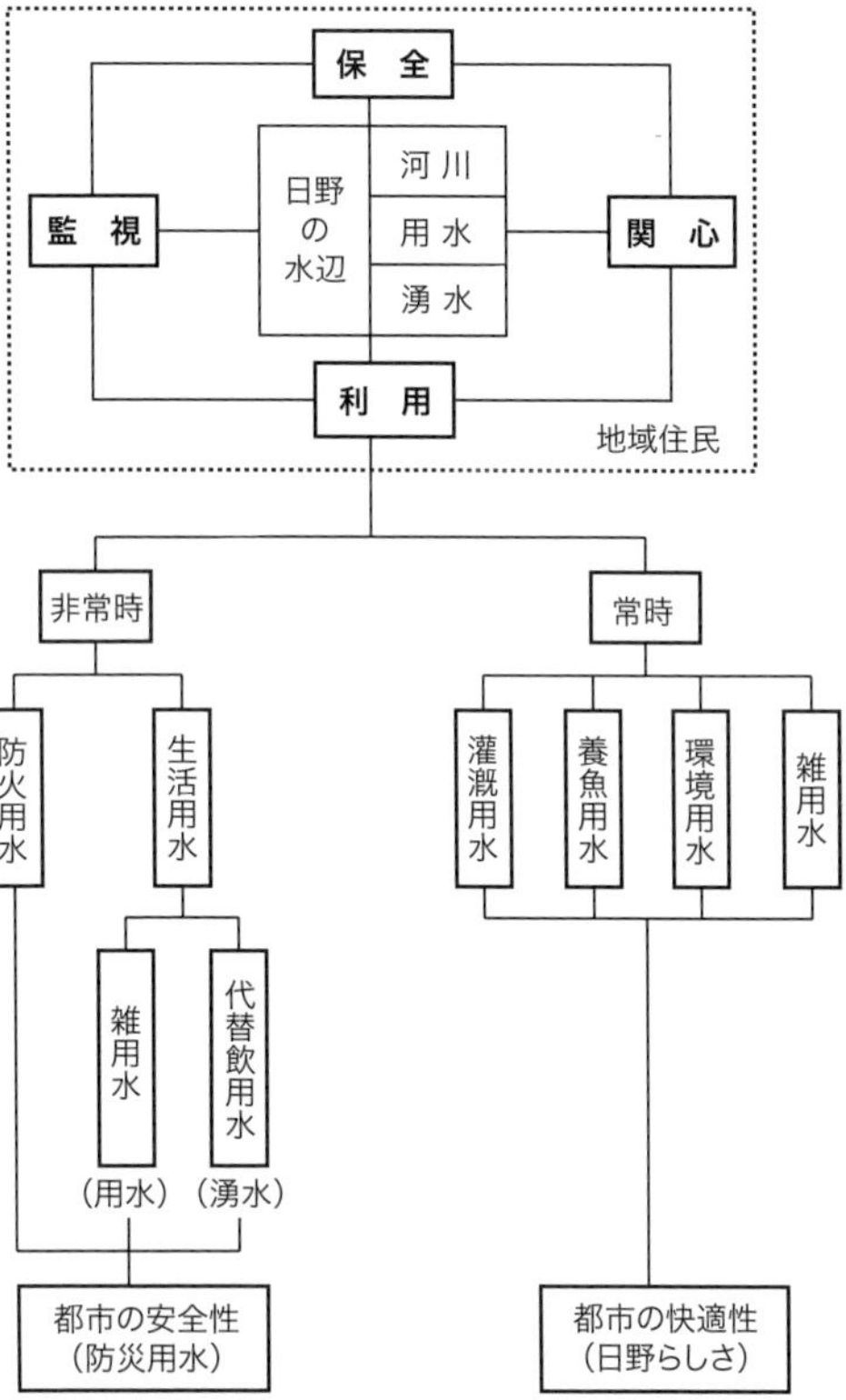

図 2-7　地域用水の利用形態

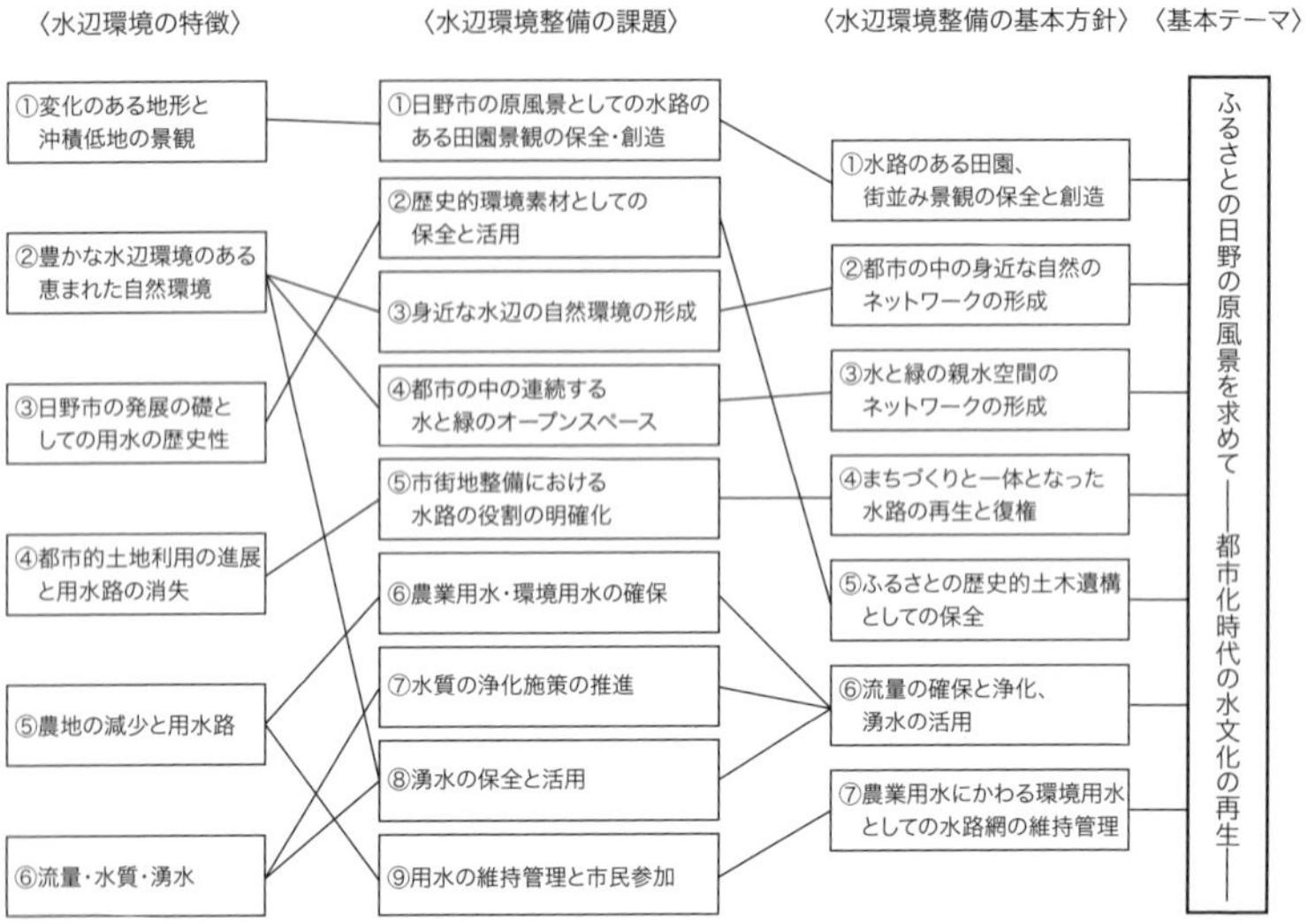

図 2-8　水辺環境の現況特性と基本方針

水辺環境整備計画（一九九三年）

この計画は、自然環境を重視した「ふるさとの水辺活用事業」、歴史文化を重視した「水辺環境整備基本計画」を基に、日野市第二次基本計画の「緑と清流と太陽の都市」実現のために策定された。用水路を計画の対象として、まちづくりと一体となった水環境整備のマスタープランとして位置づけている。策定メンバーは建設部、水路清流課、企画課、産業経済課、都市計画部、下水道計画課、区画整理課、土木課、公園緑政課からなり、区画整理事業、下水道整備事業とも整合性を図りながら整備を進めるとした。

計画は水路ごとの特徴や課題を明らかにし、整備方針が示されている（図2-8）。また、この整備計画では、整備すべき幹線水路延長二八・三七キロメートルと主な支線一一・〇キロメートルを、ネットワーク

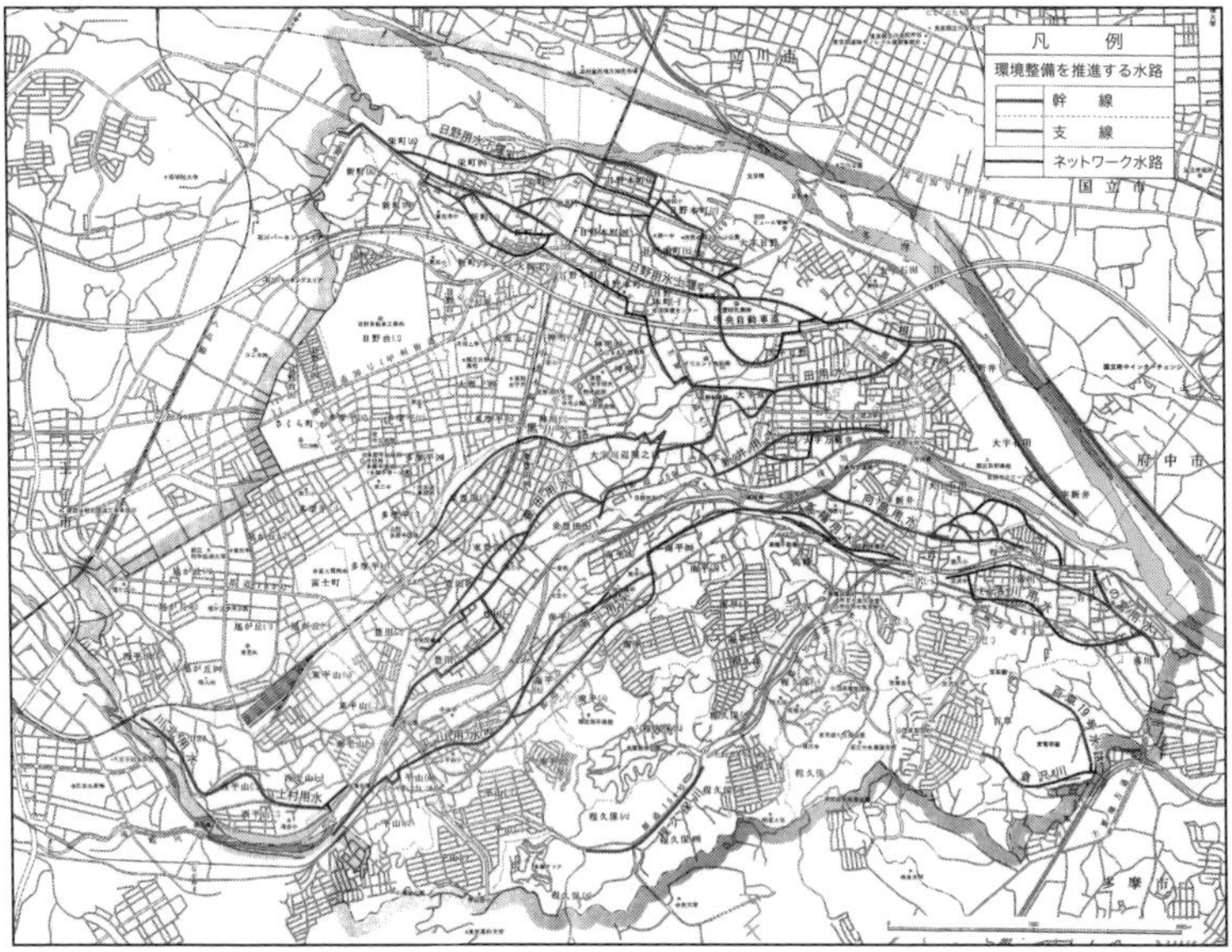

図 2-9　環境整備を推進する水路ネットワーク

を維持する最小の水路網と位置づけ、これ以外の小支線もできるだけ残し環境整備を図るとしている（図2-9）。

さらに水路を区間ごとにゾーニングし、まとまりのある整備・保全を目指すことも記述されている。ゾーニングは、①現水路保全、②現水路の改良、③土地区画整理事業による現水路を活かした整備、④土地区画整理事業による新ルートの整備、⑤道路事業との関連による整備、⑥都市公園との一体的整備、⑦農業公園との一体的整備、⑧学校・公共的施設との一体的整備、⑨ポイント整備、⑩その他のゾーンに特徴づけた。そして、十九カ所の重点整備地区と、目標とする水路イメージを具体的に示し、同時に水質浄化計画や市民参加による維持管理計画も提案している。

四　区画整理地内の用水路の整備方法を示した計画

日野市は、区画整理事業によって市内の過半の都市基盤整備を進めてきた。低地部の区画整理事業は用水路にも大きく影響し、整備方法についてはその時代の影響も少なからず受けている。区画整理事業が始まったころは、経済性、合理性を追求した直線化した用水路が当たり前であったが、その後、用水路にも地域性や歴史性を求めるようになってきた。

区画整理事業を担当する区画整理課では、一九九四（平成六）年に区画整理事業を前提にしながらいかに農地を残していくか検討する「農あるまちづくり計画」を策定した。その中で水田については農のある風景を支え、食糧供給、環境教育、環境調整機能や遊水機能に着目し積極的に残していく方針を示した。また水路の管理に市民の参加を求め、市民の利用・活用を考慮し、水田を公園や学校に隣接して配置することを提案した。その翌年の一九九五年には「農業用水景観整備事業」、そして一九九六年には「水辺を生かすまちづくり計画」が報告された。

農業用水景観整備事業（一九九五年）

この事業は、生産緑地法の改正に伴い、市街化区域内の農地保全が課題となったことで、区画整理事業地内の農地について、市街化整備と共存する水田や用水路の活用のあり方について基本的な方針を検討し、農あるまちづくり実現化のために実施された。区画整理が進行中あるいは計画中の、新町、東豊田、平山、川辺堀之内、西平山の五つの地域をケーススタディとして、基本構想、日野市河川整備構想、土地利用基本計画、日野市水辺環境整備計画などを踏まえ検討された。

事業の手順は、①地区ごとの特徴の整理（区画整理基本構想、現況土地利用、農業生産環境の現況の特徴）、②地区ごとの農地・用水整備方針の検討（上位計画などにおける農地・用水路の役割、地区別農地・用水路の整備方針）、③関連事業との調和の検討を行った上で、④整備構想計画、⑤整備基本計画という流れとなっている。

一方、用水路の整備方針としては、次の七点である。

①良い環境を形成している水路区間は可能な限り保全する。
②良好な水路景観を形成するには水路幅（W＝三メートル以上）の確保と水際から河床までの深さ（一メートル未満）がポイントとなる。
③下流水路網とのつながりで考える。
④公園、学校などの公共施設と接するような配置とし、一体的な整備で水路の景観効果を高める。
⑤水路と水路沿いの土地を線的に細長く配分した緑地として考える。
⑥歩道は道路区間とできるだけ接する配置とし、歩道と水路を一体整備。
⑦ポイント的に整備。

さらに、区画整理事業地内の施策方針として、①農地が残りやすい換地設計、②地形を生かした換地設計などをめざしている。①については、〝農〟の風景の形成による存在価値を効果的に高めるという観点から宅地と生産緑地を分け、生産緑地を集合的に換地し「農業専用街区」を提案している。また②については、〝農〟のある風景を効果的・有効的に形成することへの配慮から、機械的直線的な区画割

写真 2-1　「農あるまちづくり」として整備されたよそう森公園

から地形を生かした緩やかな農道や水路の意義を主張している。さらに、生産緑地の買取りについても対策を講ずるとしている。そして、農業施設整備の施策方針としては、①環境施設としての用水路整備、②「農」の風景に調和した身近な自然環境としての用水路整備、③農業用水から環境用水へ、ということを掲げている。

また区画整理事業の中で、水田や用水路のまちづくりとしての位置づけがなかったことから、区画整理事業の一連の流れの中での、景観や環境を含む「環境計画」の位置づけの検討も必要だと指摘している。この事業により、新町土地区画整理事業地内の「よそう森堀水田公園」が構想された（写真2-1）。

水辺を生かすまちづくり計画（一九九六年）

区画整理事業は、社会資本を充実してゆくために果たす役割は大きいとしながらも、これまでの区画整理事業は、既存の自然環境を無視し、風土を破壊し、しかも、景観の破壊、農地の粗放化、宅地の増加などを招いた。この反省を踏まえ、土地区画整理事業において、一九九三（平成五）年策定の用水路整備を目的とした「水辺環境整備計画」を反映させ、日野らしい農業用水路の整備手法と、水辺を生かすための実現指針をまとめることが、この計画の目的である。前年の「農業用水景観整備事業」も踏襲した計画である。

主な水路整備のあり方としては、

「用水路は道路沿いに配置し、既存の曲線は出来るだけ残し、区画整理地区に繋がる上下間とつながりのあるデザインとする。親水公園化は用水路の由来や役割を理解、体験できる場とし、自然性があり水遊びなどもできるようにする。できるだけ玉石護岸や素堀とし、砂利底面は凹凸とし、生物の生息環境を形成する。洗い場や水車など水景施設を設ける」

と示している。

また、具体的なモデルケースとして整備済みの区画整理地区も含め、落川土地区画整理事業など八地区について現状と課題、そして水辺を生かす計画が示された（写真2-2、図2-10）。全体に共通する事項として、①用水路はなるべく浅くする、②護岸構造は玉石を検討、③公園内の水路は素堀や木杭を検討、④用水路をまたぐ橋のデザインの統一、⑤水路端会議の場所の設置、⑥用水路沿い部分の生垣化、みどりでの修景などを提案している。さらに、水辺を生かすガイドラインでは、整備テーマを区画整理事業の構想段階、換地前、換地後、施工中、完成後の各段階に応じ留意することを定めた。

計画の推進体制は、主体ごとの指針を示し、計画段階からの住民の参加、目標像の共有、水路清流課や公園緑地など他課との早い段階からの連携をあげている。また、市民の取り組みとしては、①用水路の役割・重要性の認識、②市民による用水路の監視（清流監視員）、③宅地内などの雨水浸透の実施、④

写真 2-2 「水辺を生かしたまちづくり」として整備された落川公園　公園内に落川用水と一の宮用水を引き込み、生態系に配慮した親水公園になっている

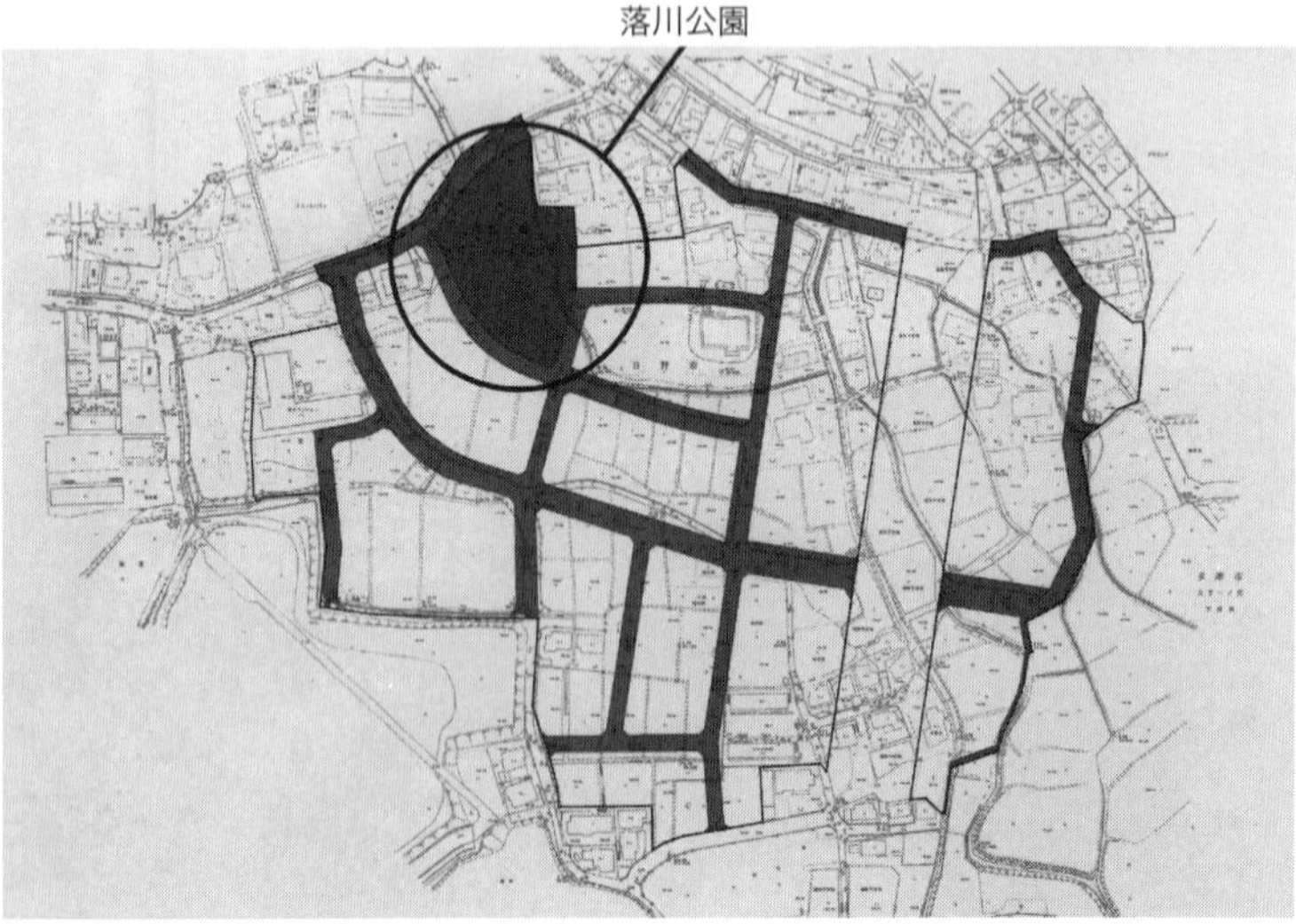

図 2-10　落川土地区画整理事業設計図

町内会など市民による用水路清掃、維持管理、⑤用水組合の清掃活動への参加、⑥防災用として利用するための訓練や設備の管理、⑦生垣や橋の統一など地区計画や・協定の遵守を提案している。一般市民の連携や協力の重要性をかなり意識しており、市民の水路への関心や知識を高めることや目の前の水路だけでなく上下流や土地区画整理に伴う新たなコミュニティの芽生えなどにも期待している。市民で進める「水辺を生かしたまちづくり」のフロー案も示された(図2-11)。

五　用水路の維持保全を支える制度

用水路の整備や維持管理などを規定しているのは計画だけではない。自治体の法である条例でも、用水路の整備や維持管理を規定している。ここでは一九九六(平成八)年に制定された「普通河川等管理条例」と、二〇〇六(平成十八)年に制定された「清流保全—湧水・地下水の回復と河川・用水の保全—に関する条例(清流条例)」についてみていきたい[10]。

普通河川等管理条例(一九九六年)

「普通河川等」とは、河川法の適用または準用を受けない公共の用に供する河川や水路のことである。この条例は行為規制や許可事項が多い。用水路への廃棄物などの投棄や損傷の禁止などのほか、占用等の許可、生活排水や雨水を放流する場合は市長の承認が必要となっている。これらに違反すると罰則が科せられる。この条例で水路の占用料も決められている。

また第十八条の「用途廃止」では、「市長は、普通河川等としての用途目的を喪失し、将来も公共の

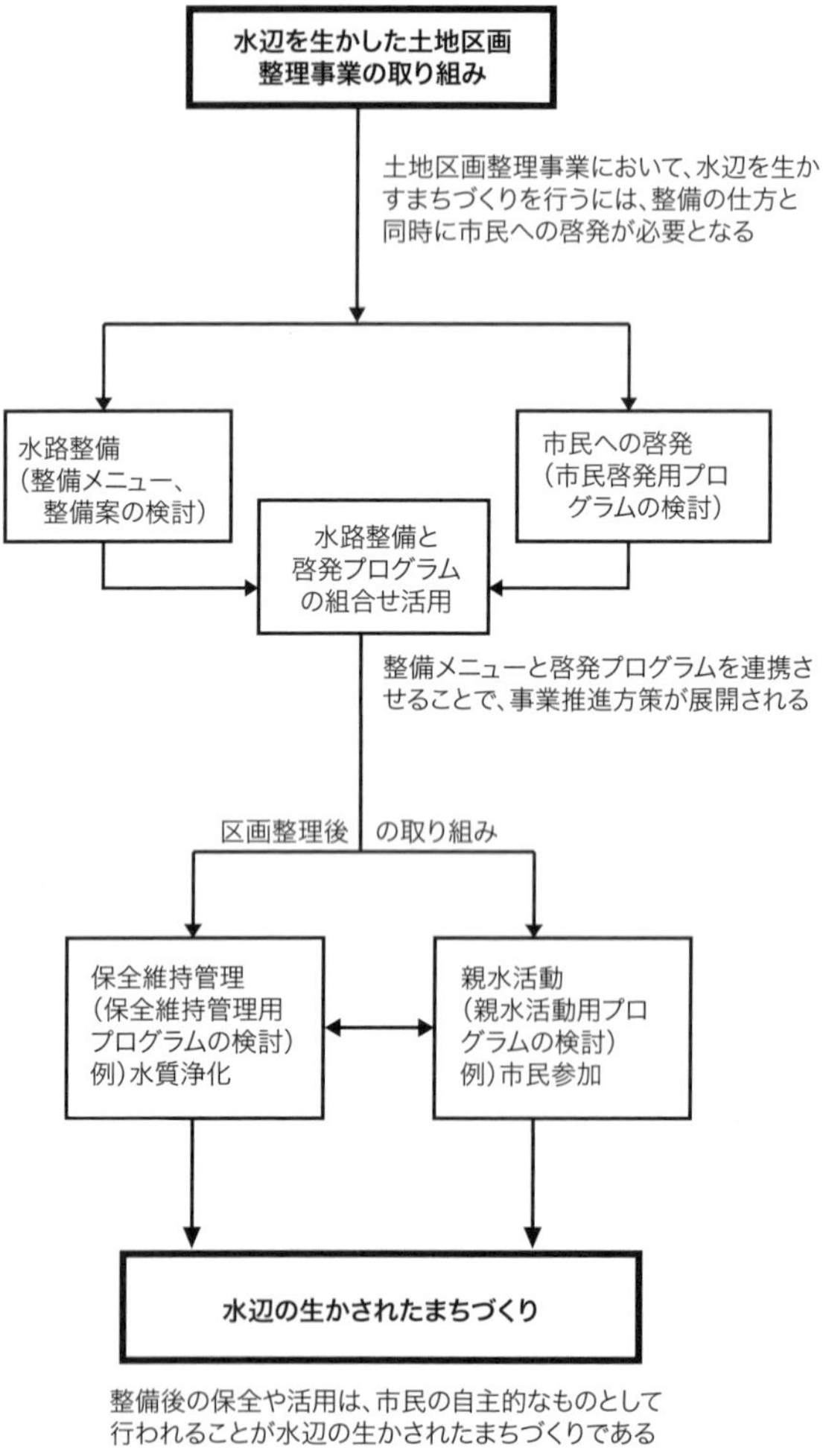
水辺を生かした土地区画
整理事業の取り組み
土地区画整理事業において、水辺を生か
すまちづくりを行うには、整備の仕方と
同時に市民への啓発が必要となる
水路整備
（整備メニュー、
整備案の検討）
市民への啓発
（市民啓発用プロ
グラムの検討）
水路整備と
啓発プログラム
の組合せ活用
整備メニューと啓発プログラムを連携さ
せることで、事業推進方策が展開される
区画整理後　の取り組み
保全維持管理
（保全維持管理用
プログラムの検討）
例）水質浄化
親水活動
（親水活動用プロ
グラムの検討）
例）市民参加
水辺の生かされたまちづくり
整備後の保全や活用は、市民の自主的なものとして
行われることが水辺の生かされたまちづくりである

図 2-11　市民とともに進める水辺を生かしたまちづくりのフロー案

用に供する必要がなくなった場合、行政財産の用途を廃止し、普通財産としなければならない」となっている。例えば用水路に排水路や水田の灌漑という目的がなくなったとき、水路存続には次なる「公共の用」が求められることになる。

清流保全―湧水・地下水の回復と河川・用水の保全―に関する条例（二〇〇六年）

環境基本計画や湧水水辺保全利用計画が策定されたことから、その理念や方針を反映させるべく「公共水域の流水の浄化に関する条例（清流条例）」（一九七六年）が、二〇〇六年に全面改正された。一九七六年の清流条例は、年間通水と下水道整備の推進などが主な目的であった。改訂の背景には、下水道整備が進み年間通水の目的であった用水路の浄化という役割がある程度達成されたことや、流域管理や自然生態系保全など新たな取り組みが求められるようになったことがある。この条例は、用水だけでなく水辺、地下水、湧水の保全再生を含め健全な水循環の回復を目的としたものである。なお、浅川の流域面積の九割以上を八王子市が占めることから、八王子市との流域条例も目指したが受け入れられなかった。

条例の特徴や内容としては、年間通水は維持し、日野の用水の保全と湧水・地下水の回復を目的としていること、水循環、生態系、景観など環境の保全を掲げていること、水辺および湧水・地下水もふくめ将来像を示していること、目標設定や市民との協力や支援、環境学習、広域連携などについて定めていることなどである。用水路の開渠化の推進も規定している。また、条例の目的に沿う著しい貢献に対する表彰や条例の規定違反者への罰則も設けている。施行規則では、景観など保全する用水路の重点箇所、開渠を促進する用水路の場所、護岸や柵の構造、そして支援するボランティア活動団体の事業内容など細かく定めている。

六　用水路の維持再生に関連する計画

最後に、用水路だけを直接の対象としてはいないが、その目的を達成するために用水路も含まれる計画についてみていく[11]。

環境基本計画（一九九九年）

環境基本計画は環境基本条例（一九九六年）に基づく計画である。多くの公募市民と行政職員との協働で策定された。担当部署は、環境共生部環境保全課である。

計画内容は、くらし、大気、水、緑、ごみゼロの五つに分かれ、望ましい環境像と五つの分野ごとの目標が設定され、「環境特性」や「施策」が示され、市民、行政、事業者の「配慮・行動すべきこと」を掲げている。二〇〇五年の見直しでは以下のような重点項目を定めている。

水については、目標を「河川・用水、台地・丘陵地をつなぐ「水」を活かした回廊づくり」として数値目標を「用水路の総延長を二〇〇五年レベルに維持する」、「浅川・程久保川流域の河川水量を増やす」とし、重点項目を「用水の維持保全」、「浅川・程久保川流域の水量を増やす」、「子どもや市民が遊べる水辺づくり」とした。

具体的には「用水の維持保全」では、①現存する用水路を出来るだけ残す、②生態系に配慮し、親水性のある用水路を増やす、③用水組合への作業支援を行うといった、それぞれ市民、行政、事業者の具体的行動が示され、例えば、用水路カルテの作成や市民参加のためのネットワークづくりなどをあげる。「浅川・程久保川流域の水量を増やす」では、①雨水浸透施設の設置、②農地、緑地、斜面林など浸透面を増やす、③流域条例の制定、④水循環モデルの構築をあげる。「子どもが遊べる水辺づくり」では、①「遊べる水辺」や景観、生態系に配慮した「守るべき水辺」を増やす、②遊びや環境学習など子どもや市民の水辺利用を増やす、③市民の「水辺」への関心を高めるとする。環境基本計画についてはⅢ-2で詳細を述べる。

なお、第一次の環境基本計画策定から十年が経ち、現在第二次の環境基本計画策定が行われている。

みどりの基本計画（二〇〇一年）

本計画はみどりと水の総合計画という位置づけである。環境基本計画に続き、市民参加で策定された。担当部署はまちづくり部都市計画課である。みどりの基本計画の「みどり」には丘陵地の緑、河川・用水・湧水、都市農地、学校や市役所など公共施設・住宅・工場内・社寺境内地の緑、公園、運動場やグラウンドなどが含まれる。

この中で用水に関する施策・事業は、水利権の確保、年間通水による用水の保全、清流条例の充実、水辺を生かすまちづくり計画の推進、災害時の用水確保、用水の親水化、用水の開渠化、用水・湧水を取り入れた学校ビオトープの整備、水と緑のネットワーク、生態系に配慮したビオトープ、用水路沿いの緑化、市民参加による維持管理などを掲げている。

第二次日野市農業振興計画・アクションプラン（二〇〇四年）

一九九八（平成十）年に日野市では全国に先駆けて「日野市農業基本条例」を制定した。都市化とともに衰退していく農業を農家だけでなく市民、行政がともに守っていくためである。農業としての営みとともに緑地、防災空間としての農地をまちづくりの中で位置づけ「市民と自然が共生する農あるまちづくり」を展開していくことが目的とされた。

条例の第三条の、農業施策を総合的に推進する項目に農業用水路の継続保全も含まれている。また、第四条の市の責務には、総合的な農業振興計画の策定及び実施が盛り込まれ、この条文に基づき一九九七（平成九）年に策定された日野市農業振興を見直し、二〇〇四（平成十六）年に第二次農業振興計画が策定された。計画期間は十年である。この計画は公募市民六名と農業者八名、ＪＡ四名、行政職員十名の検討チームにより策定されている。事務局は担当課の産業振興課とコンサルタントによる。

次に、日野市の第二次農業振興計画では、農地、用水保全についてどのような施策や事業を示しているかをみてゆく。なお第二次農業振興計画は、第四次基本構想・基本計画（二〇〇〇年度）のまちづくりマスタープラン（二〇〇二年）を踏まえた計画という位置づけである。

振興施策としてのアクションプランでは、農あるまちづくりの推進や農地里山の維持・活用、用水の保全・活用などがあげられている。具体的なアクションとしては、まとまった農地を永続的に維持保全できるよう農業保全地域指定の提案がなされている。また、区画整理地内では農地を残すための換地設計を行い、さらにその中で安心して農業ができるよう地区計画で農住共存地区の提案をし、さらに住宅地との間の緩衝地帯としての公園や公共スペースを設けることが理想であるとしている。他方、高齢で農業ができなくなった農家の遊休農地を、市が固定資産税、都市計画税減免で借り上げ、市民、ＮＰＯ、認定農業者へ貸し出すことや、認定農業者制度、援農制度、日野の農作物の学校給食への利用、日野ブランドづくり、用水については里親制度の推進などが提案されている。

観光基本計画（二〇〇六年）

二〇〇四（平成十六）年の新撰組フェスタで多くの来場者があったことをきっかけに、地域を見直し、第四次基本構想の「個性と魅力と活気のあるまちづくり」を目指すことが模索された。そこで本計画は、観光が有する可能性を活用し、新たな施策を展開することでさまざまな効果を生み出すために策定された。

この計画の中で、日野市は「水の郷」に選定されており、水に関連する多くの資源を有していることから、歴史と自然を活かしたまちづくりとして、日野宿のまちなみ整備とともに用水路の開渠化への整備や親水性のある水辺への再生が示された。

湧水・水辺保全利用計画（二〇〇四年）

この計画自体に、直接、用水に関する記述はない。だが、用水の一部は台地、丘陵地からの湧水が流れ込んでいる。例えば、黒川水路は湧水を水源とし、その黒川水路は豊田用水に、豊田用水は上田用水に流れる。湧水の保全は用水の保全に繋がることになる。

さて、湧水・水辺保全利用計画は、市内約一八〇カ所の湧水地の保全について方向付けをするために市民参加で策定された。市内の主な湧水十五カ所をモデルとしてピックアップし、それぞれの場所にあう整備方針を示した。また、湧水保全のために、①地湧水や地下水の継続的調査、②湧水メカニズムの把握、③都市化と湧水、雨量と湧水量の経年変化の調査、④雨水浸透枡設置後の効果モデリングが行われた。しかし、都市化された地域での水循環のメカニズムは正確には把握できないとして、調査の限界も示され、継続的な調査の必要性が述べられている。

七　用水再生のための計画の位置づけと課題

これまで述べてきた計画や制度の課題を整理し、「水の郷」日野のまちづくりに寄与した点と課題を二点、指摘したい。

基本構想と個別計画との関係

計画には基本構想を上位計画として各課で策定する個別計画、そして実施計画などがあるが、国などの補助金を得るためにつくられた計画もある。前述した農業用水景観整備事業もその一つの計画であろう。さまざまな段階の計画があるが、それらは基本構想の実現のために策定される。しかしながら、基本構想が十年スパンの長期計画であることから、その間の社会の変化に対応できないこともあり、個別計画とずれてくることもある。

例えば、一九八〇（昭和五五）年の浅川利用計画で示された、用水路の生態系や水循環機能としての役割が認められ、その保全が施策に反映されたのは十年以上経た水辺環境整備計画である。基本構想に盛り込まれるのは十五年後の第三次基本構想からである。国の方針とも合うと、補助金も得やすくなり、一気に整備が進む。日野市の一九九〇年代初めからの親水性や生態系に配慮した用水路の整備はこのよ

写真 2-3　1997 年に整備された「新井用水ふれあい水辺」

うな状況下で進んだ（写真2-3）。一九九六年の東京都の水辺環境ガイドラインでも向島用水親水路など数多くの日野の水辺が紹介されているように、当時としては先駆的な整備となった。市民の要望や社会、環境の変化もあるが、浅川利用計画の用水に対する水循環や生態系という視点があったことがその後の計画に影響を与えていると考えられる。

このように、計画の実現には資金や市民の意識の醸成など、さまざまな条件が揃って可能となる場合が多く、一朝一夕ではない。さらに、基本構想の変遷でも見てきたように、その時代時代においてまちづくりの整備方針は変化していく。そのため、個別計画の整備方針が変わると基本構想がその後に続き変わる。このように基本構想実現のための個別計画であるが、個別計画の変化に対応した基本構想という関係もある。しかしながら、第四次基本構想など市民参加で計画づくりが行われるようになってからは、市民の意見が反映されやすくなったため、まちのビジョンである基本構想実現のための個別計画という位置づけをより明確にしていく必要がある。

計画の関係性と縦割りの問題

次に、それぞれの計画の関係性と縦割りの問題を指摘したい。担当課によりそれぞれ基本構想における位置づけのもと計画策定を行っているが、その内容を見ると、施策、事業の重なりも多い（表2-6）。例えば、「環境基本計画」と「みどりの基本計画」の用水に関する施策はほとんど同じような内容である。環境基本計画は環境行政を包括する立場から、環境共生部環境保全課が担当している。一方、みどりの基本計画はまちづくりマスタープランに基づきその実現のためにまちづくり部都市計画課が担当している。計画策定時には市民参加で職員も参加し組織横断的に策定されたが、その後の運用はそれぞれ縦割りで行われているのである。

また、用水整備に関しては、計画は都市計画課が立てるが、実施段階に入り環境共生部の緑と清流課が担うという役割となっている。計画段階から緑と清流課にも相談はするが、計画の責任は都市計画課にあることから、自ずと責任、権限、予算をもつ部署の影響が大きくなると考えられる。例えば区画整理事業では、区画に沿った用水路が計画され、その後、緑と清流課で親水性や生態系に配慮した整備を行うということになる。都市計画課が目指す近代的なまちづくりでは、水路はあくまで区画割りの中で計画される傾向があった。そのため最近ではより明確に水路をまちづくりに位置づけ、経済性や合理性だけでなく、地域性、歴史性を考慮した水路計画や水路整備を進めようとしているが、実効性を担保するには、まちづくり部、環境共生部の連携を密にした計画が図られるべきであろう（図2-12）。

表 2-6　各課計画の主な施策・事業内容

担当課	環境共生部				まちづくり部				
	緑と清流課			環境保全課	産業振興課		都市計画課		区画整理課
計画名 ＼ 主な施策・事業	河川整備構想（一九八八年）	水辺環境整備計画（一九九三年）	湧水・水辺保全利用計画（二〇〇四年）	環境基本計画（一九九九年）	第二次農業振興計画（二〇〇四年）	観光基本計画（二〇〇六年）	まちづくりマスタープラン（二〇〇三年）	みどりの基本計画（二〇〇一年）	水辺を生かすまちづくり計画（一九九六年）
用水路の親水化	○	○		○		○	○	○	○
景観に配慮した水路	○	○		○		○	○	○	○
地形に配慮した水路		○		○					○
暗渠化水路の開渠化		○		○		○	○	○	○
生態系に配慮した水路・素掘り水路	○	○		○			○	○	○
水と緑のネットワークの整備	○	○		○			○	○	
関係条例・制度見直し		○	○	○			○	○	○
年間通水・取水量の確保	○	○		○				○	
水利権の確保		○		○				○	
関係機関への働きかけ		○		○					○
丘陵地、崖線の緑地保全	○	○	○	○			○	○	
樹林地、緑地保全の拡充	○	○	○	○	○		○	○	
雨水浸透施設の整備	○	○	○	○			○	○	
遊水池の設置				○				○	
地下水・水脈の保全		○	○	○			○		
湧水の保全	○	○	○	○	○	○	○	○	
農業・水田の維持保全	○	○		○	○		○	○	
下水道の普及	○	○		○		○	○	○	
放流排水の汚濁負荷削減	○	○		○				○	
水質・生物・湧水・地下水調査・監視	○	○		○				○	○
市民参加の用水路の維持管理体制	○	○		○			○	○	○
PR・啓発活動の推進	○	○		○			○	○	○
清流月間の充実		○		○				○	○
情報提供		○		○			○	○	○
環境学習の推進		○		○	○		○	○	○
市民活動の支援及び仕組みづくり		○		○	○	○	○	○	○

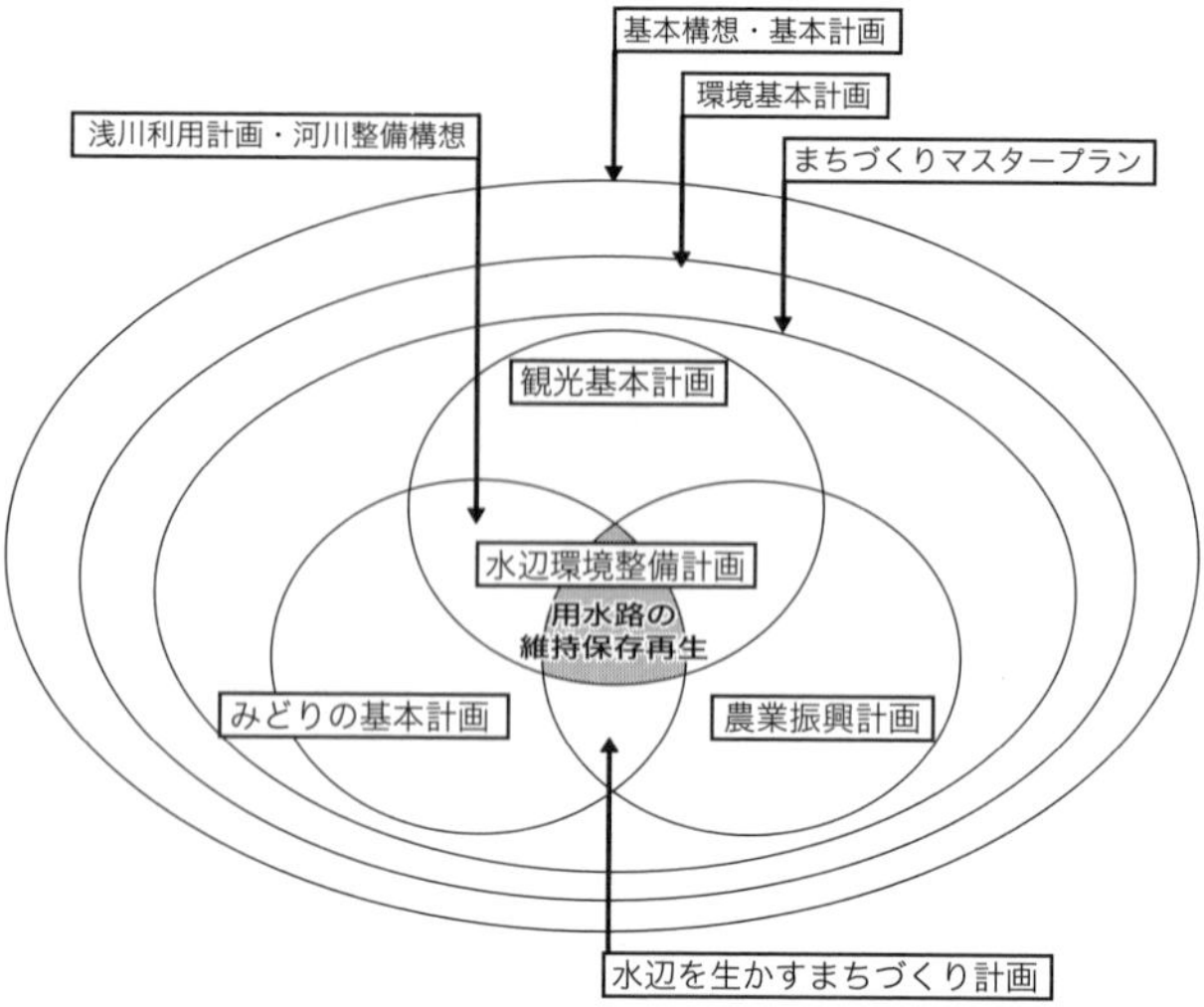

図 2-12　用水路を中心とした計画の範囲の概念図

以上のように、数多くの計画や制度があり、多くは用水路の存在価値を認め、残していく方針を示しているが、行政内の縦割りによる計画の共有化が図れないことなどから、用水路は減少し、区画整理事業の用水路の整備にはまだまだ課題がある。

それでも、長い時間の中で、計画が社会や環境を変え、社会や環境が計画を変えながら、まちづくりは進められている。しかしながら、都市計画の策定が真の意味で都市の計画になる道はいまだ険しい。

［註］

1 現在、国土交通省は「水の郷百選」として全国一〇七地域を認定している。

2 日野市の二〇〇五（平成十七）年の意識調査では第四次基本構想日野いいプラン2010を「内容まで知っている人」はわずか一・八パーセント、「よく知らない」と「全く知らない」を合わせると約八〇パーセントである。

3 二〇〇一年日本都市センターの調査によると、都市自治体の総合計画担当者が考える問題・課題として、事務事業の優先順位が明確ではない（七一・七パーセント）、事務事業削減のための方針として機能していない（六九・二パーセント）、内容が総花的（六七・一パーセント）、職員に計画スケジュールや進行管理の意識が希薄（六七・一パーセント）、職員に計画の重要性が認識されていない（五九・二パーセント）、マネジメントの視点に欠けている（五七・二パーセント）となっている（日本都市センター編、二〇〇二）。

4 昭和四三年の基本的総合計画は有山崧市長の時に策定されたが、有山市長は翌年急死された。昭和四六年の第一次基本構想は次の古谷栄市長の時の策定になる。

5 森田喜美男氏は一九七三年から一九九七年まで日野市長を六期務めた。

6 例えば、川辺堀之内地区の農家である伊藤稔氏は、農地への課税を宅地並みにすべきという答申を批判し、次のような手記を載せている。「（前略）農民から土地を取り上げるために税金を高くするのだという考え方。宅地供給を円滑にする為にという一般社会が飛びつくような美名のもとに、まだ無知で邪念の無い農民を苦しめようとしている。離農対策、転業転出など強力な政策の裏づけのないまま、私たち農民を圧殺しようとしている。都市化という車輪の下で、歴史の非情さを強く実感しているというのが、先住民である私たち農民ではなかろうか？（中略）新都市法をスムーズにレールに乗せるには、農民の立場に深い理解を示さなければ、解決されないであろうということは自明である。」（『日本農業新聞』（一九七〇（昭和四五）年七月四日））このように日野市では農家の強い要望もあり、宅地並課税増税分の補充を農家に対し早くから行っていた。

7 一九八五年のプラザ合意から急激な円高となり対米収支が大幅な黒字となった。貿易黒字解消のため、内需拡大策として住宅建設などの推政策がとられたことから、市街化区域内農地の課税を強化し農家に土地を放出させようとした。大前研一氏の「サラリーマンに農地を解放しろ」や中島千尋氏の「米あまりの時代に都市の水田はいらない」という「都市農業安楽死論」など都市農業批判が相次いだ。

8 一九八五年の市長の諮問による行政調査報告書でもメンバーの高橋裕氏が浅川利用計画調査報告に基づき計画を進めるべきと述べている。

9 アンケートは二十歳以上に対し町丁別に無作為抽出で郵送配布され、大人一八三一人（回収率四六パーセント）の回答があった。子どもには市内二十小学校の小学校五年生一クラスに担当教員が配布し六八六人の回収を得た。ヒアリングは二六〇人（漁協、用水組合、井戸や湧水所有者、有識者、水辺関連行事参加者、小学五年生）に対し行われた。

10 これらの条例のほかに「まちづくりマスタープラン」実現に寄与するために制定された「まちづくり条例」では、開発事業の基本原則として「水辺を生かしたまちづくり」を踏まえ、開発区域に湧水、水路がある場合や接する場合はその整備保全、水路への橋架けの場合は景観への考慮の指導などを行っている。

11 なお、土地利用を規定したまちづくりマスタープランにおいて、日野のグランドデザインとその実現のための土地・建物利用のルールや整備方針が定められている。そこでは「水音と土の香りがするまちをつくる」として、農地や用水そして田園景観の保存を掲げている。

III

水の郷のまちづくりにおける市民活動と市民参加

1 水の郷のまちづくりと市民活動

一　日野における市民運動と、行政への「市民参加」

　これまで見てきたように、宅地などの開発に伴い丘陵地や崖線の緑、田畑や屋敷林などが失われていくと、〝豊かな自然環境〟を求めて日野に移り住んできた人々から、これらの開発に対する疑義や、緑地保全や自然保護を求める声が上がってきた。後で述べるように日野市における自然保護運動や市民活動は、一九六〇年代からの宅地開発で日野に移り住んだ新住民によって担われ、その後、「市民参加」（篠原、一九七七）として行政施策への働きかけの度合いを強めていくことになる。このような新住民の多くは、生活の物質的豊かさを得ていく一方で、より質的な豊かさである生活環境などへの関心があったと考えられる。

　さて、一九六〇年代以降の都市近郊地域では、都市化による地域の人間関係の希薄化や、町内会・自治会の弱体化および地域組織が存在しない郊外の住宅地が広がったため、地方自治体はコミュニティ施設の整備を進める一方で、その管理や運営を自発的な地域住民組織に委託していった。さらに、市民が市民活動を展開する際の施設整備の遅れや、高度経済成長の歪みによる公害問題や都市問題に対する住民運動の展開と、革新自治体の台頭によって、行政への「市民参加」が求められた。日野市も含めて、このような背景から一九七〇年代には、住民参加を特徴とするコミュニティ政策が盛んになっていった

（玉野、二〇〇七）。

区画整理事業は、道路や公園を整備し住みやすいまちづくりを目指したものであったが、その一方で、公団の豊田住宅（現在の多摩平団地）の地鎮祭には四十人の農家がノボリ旗をたて座りこみ、抗議を行ったように、農地を多く持つ農家の反対もあった。区画整理事業によって土地の利便性は高まるが、移転や減歩による農地の減少や場所の移動は、農家にとっては死活問題だったからである。だが、Ⅱ章の冒頭の「四ツ谷下土地区画整理事業しゅん功記念誌」の記載にあるように、住民は新たな暮らしに希望を見出すことによって、この変化をさまざまな思いで受け入れていった。日野市は区画整理事業に対する地域住民のさまざまな反応を見据えながら、日野市の初の総合計画では区画整理事業など開発に対する理解を「市民参加で」と呼びかけ、区画整理事業は地権者による組合施行や共同施行で進められたのである。

しかしながら、このような市民参加を中心としたコミュニティ政策も、一九八〇年代以降、その根本的な課題が指摘されるようになる。それは、住民が主体的な取り組みの中でまちづくりに関する〝自治〟を目指しても、最終的な政策的な決定に関する権限が与えられていなかったからである。そのことは、自治体政策の基本的な方向性を決める基本構想・基本計画の策定作業に直接市民が参加するというコミュニティ政策を進めることになり、さらに一九九〇年代以降、地方分権化の流れとともに、市民と行政の協働（パートナーシップ）という考え方が広がっていくことにつながっていく（玉野、二〇〇七）。

日野市は「市民参加」に先駆的に取り組んできた地域だといわれている。前述したようなコミュニティ施策や市民参加の流れと同様に、日野市でも一九九〇年代には計画づくりに多くの市民が参加した。だ「これからは自分たちのまちは自分たちで描き、つくっていく」という期待に溢れた時期であった。だが現在、その計画の見直しに参加する市民は当初より少ない。このような計画づくりへの市民参加という点についてはⅢ-2で詳述することにして、ここではその土台となった市民活動団体（とくに本書のテーマに関連する、川や用水などの水辺の保全やまちづくりにかかわる市民活動団体を中心に）の展開を、団体の経緯や目的、活動の変遷、行政との関係といった観点から概観していきたい。

二　市民活動団体の実態

日野の自然を守る会

「日野の自然を守る会」（以下「守る会」）の前身は、一九六六（昭和四一）年に発足した「多摩平の緑を守る会」に遡る。会の発端は、多摩平に住む一人の住民が現在の多摩平第三緑地（清水谷公園）の一角にあるゴミ溜めと化していた湧水池の掃除を始めたことによる。そして、一人から二人と次第に仲間が増え、行政職員も手伝うようになり、ゴミ溜めだった湧水池はきれいになり、やがて見違えるような公園となった（写真3-1）。「ひとりの力は小さくても、協力すれば大きな力になる。自然を守ることだってできる」という思いから同会は発足した。

しかし、当時は〝開発は町の発展〟という考えが一般的であり〝自然保護〟という考えや活動はまだ理解されなかった。その後メンバーに鳥や昆虫の専門家が加わったことから、「昆虫と野鳥を呼ぶ会」に改名した。活動が親しみやすくなったことで会員が増え、一九七二（昭和四七）年に「日野の自然を守る会」として正式に発足した。なお、同年七月開催の「守る会」の設立総会において、当時市長であった古谷栄氏も講演を行い、緑の破壊を現状に留めたい、失われたものを取り戻したいと述べ(1)

写真 3-1　清水谷公園

ている。会誌の題字「日野の自然」も古谷氏が書かれたもので、現在もこの文字が継承されている。このことから、行政との連携、協力をかなり意識した会の発足だったといえる。そして、この年には東京都に先駆けて公害防止を目的とした日野市環境保全に関する条例も制定されている。

「守る会」は毎月の観察会と会誌『日野の自然』の発行を欠かさず、日々の生き物や植生など自然の変化を記録し続けている。とくに初期の頃は動植物や地理、地形の専門家や学校教員など、市井の研究者が中心メンバーとして活躍した。それゆえ、会員に対して専門的情報も豊富で知的好奇心を満足させる活動内容や会誌であった。

また、継続的に動植物の観察記録を行っていたことなどから、日野市から「日野の植物ガイドブック」や「日野の昆虫ガイドブック」の編集の委託も受けた（図3-1）。「守る会」の活動実績や専門家の存在が、調査内容に対する信頼につながったと考えられる。前述したような崖線緑地の

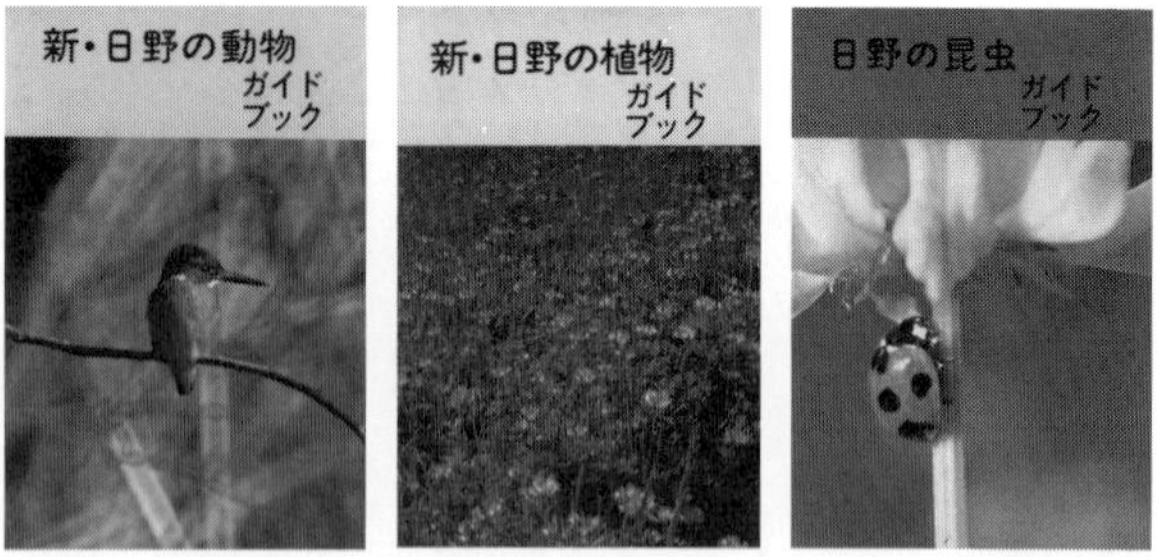

図3-1　日野市から編集を委託されたガイドブック

保存という成果とガイドブックの発行は、自然を守るための〝保存〟と〝観察し記録する〟という当会の活動の二つの柱の成果であり、この実績がその後の「守る会」の継続の原動力となった。さらに、「守る会」の会員は水辺にも関心を向け、一九七七（昭和五二）年五月に「用水とくらし」をテーマに豊田用水沿いの調査を行い、周辺状況とともに水質や水量なども調べている（表3-1）。

会誌の内容は、会員がそれぞれ専門性を発揮し、水や緑、生き物、地形、地質についてだけではなく、設立メンバーである郷土史家の田中紀子氏が、自然と調和したかつての暮らしや農業のこと、日野の昔話も取り上げるなど、幅広いジャンルをカバーしている。また、メンバーに教員が多かったことから、青少年向けのコーナーや子供たちの観察や調査の発表の場にもなっていた。

「守る会」の設立当時は開発の激しい時代であったこともあり、自然保護運動が会の活動の中心であったが、現在は主に観察会や生き物、植生調査を中心に行っている。もっとも活動している中心メンバーには公務員も多かったことなどから、行政に対抗するような運動には消極的で、行政への働きかけは主に田中紀子氏が中心的に担っていた。しかしながら、現在でも、開発などで貴重な自然が失われるような問題が発生すると、他団体と連携し、要望書や請願、陳情をするなどの働きかけは行っている。なお、会の運営は会費で賄われ、会員数は一時四〇〇人を超えていたが、

表 3-1　主な市民活動団体の活動内容（2008 年度日野市環境白書を基に作成）

	会員数	活動	セミナー学習会	シンポジウム・フォーラム	教育（子どもなど）	行政への提言・意見提出	情報発信、HP／ニュース	調査・研究	他団との連携・協力	活動参加延数合計	備考（活動内容）
日野の自然を守る会	250	●	●	△	●	●	●	●	●	838	観察会、公園管理
日野市消費者運動連絡会	38	●		△	●	●	●	●	●	—	ゴミ分別相談、リサイクル 他
浅川勉強会	26	●		●		●			●	155	ネザサの手入れ
まちづくりフォーラム・ひの	10 購読会員 150	●		△			●		●	16	まち歩き
水と緑の日野・市民ネットワーク	10 団体		●	●				●		422	
東豊田緑湧会	22	●			●	●	●	●	●	481	間伐、除伐、植生復元、清掃 他
南丘雑木林を愛する会	34	●	●	△	●			●	●	324	下草刈、間伐、除伐、植樹、清掃 他
倉沢里山を愛する会	200	●		△	●	●	●	●	●	728	下草刈、間伐、除伐、植樹、清掃 他
日野みどりの推進委員会	16	●	●	△					●	603	観察会、カワラノギク保全
百草山の自然と文化財を守る会	30	●				●		●	●	—	文化財保全、調査、里山保全

※△は共催により開催

現在は二五〇人ほどとなり減少傾向である。だが、最近、三十代の子育て中の女性たちが入会し、会の活動の活性化につながっている。

次に「守る会」と行政との関係について詳細に見ていこう。自然保護活動団体として日野市内で最も歴史が長いため、行政との関係も密接であるが、市からの補助金などは受けていない。前述の委託事業として、これまで日野の動植物の調査やガイドブックの編集、また万願寺の大木島自然公園や崖線の保存緑地の維持管理を行っている。これらは植物の保護もしながらの管理ということで専門性を要するためである。大木島自然公園の管理については行政から委託されている。

「守る会」による行政への働きかけは、古くは一九七二年に市長に対して淡水区水産研究所や蚕糸試験場日野桑園の跡地に市民が自然を学ぶ場をつくること、市内全域の緑地調査、日野緑地の完全管理に関する陳情書を提出している。日野緑地（現在の東豊田緑地保全地域）は、その後保全され、黒川清流公園として市民に親しまれている。

そもそも、崖線の各所から湧水が湧き出し、かつては蛍が舞っていたこの日野緑地の西端の遊水池（現在の清水谷公園）に溜まったゴミの掃除が、「守る会」の発足の地であった。よって「守る会」はこの緑地を保存するために、地権者の一部に批判されながらも、自ら資料作成や手続きを行い、都や市に働きかけた。そして、一九七五（昭和五十）年に約六万七九平方メートルが保存緑地として指定された。後に、日野駅西側段丘の緑地も保存の請願を行ったが、残念ながらこちらは不採択となり、切り崩された後はコンクリート擁壁むき出しの姿となった。自生していたカタクリの花だけは訴えにより他へ移植することができたということである[2]。

日野市消費者運動連絡会

日野市消費者運動連絡会の前身は、一九七五年に設立された消費者団体連絡会であり、現在の名称となったのは一九八二年からである。一般的に「日野消連《ひのしょうれん》」と呼ばれる。

消費者団体連絡会は、一九七三年のオイルショック時、市の呼びかけでライフスタイル見直しを運動化するために、市民活動団体を組織化し発足した。生活学校[3]など十一団体が参加したが、一九八二年に個人参加も可能とし、連絡会的なものから活動する団体を目指し消費者運動連絡会（以後、消連）へと移行した。現在は個人会員十四名が参加している。会の目的は「生活の中で不安や疑問に思ったことを調査・学習し実践運動を通し広く情報発信する」ことにある。

主な活動は、図3−2の通りであるが、この他にも、日野市のゴミ改革、日野市リサイクルショップ回転市場の設立・運営、学校給食のビン牛乳復活・地場産野菜の利用などの実績がある。区画整理地内の素掘り用水を再生させる「よそう森公園」の計画にもかかわり、市の呼びかけに応じ用水路のどぶ浚いや草刈も行った。

情報発信として『日野消連だより』『石けんのすすめ』『ごみの分け方ガイド』『ふれあいマップ』『21世紀の地球』など、版を重ねて発行している。代表を交替制にしているのもこの会の方針であり、民主的な運営を目指している。

〈主な活動〉

●**石けん使用推進活動**

水環境の保全と再生を求め、水質調査やイベントに参加

●**食文化を高める活動**

地元農産物の直売所を応援するためのふれあいマップ（直売所案内マップ）・応援看板の作成・日野市食育条例検討委員会の大豆プロジェクトへの参加

●**ごみ減量推進活動**

レジ袋の無料配布中止を推進する活動・週一日市役所ロビーでごみの相談窓口を担当など

●**CO_2 排出削減を推進する活動**

不都合な真実・アース上映会や、自然エネルギー学習会開催など

図 3–2　日野市消費者運動連絡会の主な活動

本書のテーマである、用水や河川などの水に関する活動としては、水質調査活動がある。日野消連の水質調査は一九八五年から始まっている。河川の汚れの七〇パーセント以上は家庭雑排水であることから、浅川・豊田用水の水質調査を実施し、汚れの実態と暮らしとの関係を明らかにすることが目的とされていた。そして、水環境の保全・改善に向け、人と水との関係をより近く、より密接にしていこうとした。それは湧水・用水を日野の財産として次代へ引き継ぐことが責務であると考えたためである。八王子の婦人団体「浅川地区環境を守る婦人の会」で水質浄化活動の一環である水質調査が行われていたことも水質調査活動の背景

にある。なお、水質調査はその団体の支援をしていた農工大教授の小倉紀雄氏の指導を得て行われた。

調査は当初月一回、決まった日の同じ時間に、浅川二カ所、豊田用水七カ所計九カ所のポイントで行われた。調査項目は気温、水温、電気伝導、ＰＨなど十八項目以上あった。この調査は最初の十二年間は毎月一回、それ以降は年四回行われ、二〇〇四年まで十八年間続き、膨大で貴重なデータとなっている。調査データは一九九八年に『水汚染から考える～浅川・豊田用水の水質調査10年～』として発行された。調査を通して会のメンバーは、「川を汚しているのは自分たち自身であること」「水質の良し悪しで生態系が変化すること」を知ったという。なお、調査データは平成十年から市の水質調査報告書とともに掲載されるようになる。

また、水質調査のもう一つのきっかけとして、一九八五年ごろ豊田地区の区画整理事業で用水路がなくなるという情報を得て、用水の保全活動をアピールしたいということもあったという。河川の汚染もさることながら、水田や用水が日に日に消えていくのを目の当たりにして、この時は座り込みをする覚悟だったということである。水質調査とともにまち歩きをしたり、「用水に蓋がけするとますます汚れが進む」ことを実感し、蓋がけしないよう行政に働きかけたりした。

しかし、その水質調査は二〇〇四年に中止となった。理由はメンバーの高齢化と活動分野が多岐にわたり、水質調査や分析に時間が取り難くなったこと、そしてデータを分析・活用することができないことへのジレンマがあったためである。近年は、毎年六月第一日曜日に行われる「身近な水環境の全国一斉調査」に参加している。

最後に、行政との関連について見ていこう。消連の外部からの連絡窓口は日野市地域協働課が行っている。また、この課は月一回の消連の会議にも出席している。このことからも、消連の活動が行政サービスと深く関係していることがわかる。現在は市の補助金を五十万円受けているが、二〇一〇年度は補助金の申請をしない方針を決めたという。会員の高齢化が進む一方で、活動の場面が広がり、周囲から期待されることが増え、対応しきれなくなったことがその理由である。今後は無理せず会の体力にあった活動を地道に続けていきたいとのことである。

日野消連の作成したリサイクル推進のための冊子「ごみの分け方ガイド」は行政が改訂、増刷し積極的に活用している。また、農産物の直売所案内の「ふれあいマップ」も農家と市民が一体となって地産地消を進めていることをアピールするために使われている（図3-3）。

図 3-3　地産地消をアピールする「ふれあいマップ」

以上のように日野消連は、行政との関係は密接であるが、活動や発行物の内容に関しては市の関与は全く受けておらず、行政に対してむしろ、これまで幾度もさまざまな提言をしてきた。そして情報や専門知識をもつ行政職員と、今後も協力関係を築いていきたいという意向がある。さらに会としての行政計画への参加は、団体の推薦を受け参加していることも多いが、個人で参加の場合も見られる。

浅川勉強会は、〝浅川を泳げる川にしたい〟という想いから一九八三（昭和五八）年に設立された。会員は二六名となっている。浅川の水質調査や河川敷の植物調査などを行ってきた。

用水路に対する取り組みとしては、一九八五年ごろ区画整理事業で用水路がなくなっていくことに危機感を抱いた代表の山本由美子氏が、多摩美術大学の渡部一二氏(4)に相談したことから始まる。(5)その後、渡部氏の協力を得て、一九八六（昭和六一）年にとうきゅう環境浄化財団の研究助成に応募し「日野市における水路の生物環境・景観要素及び利用者意識調査による環境特性の研究」の調査研究を共同で行った。また、渡部氏とともに「日野の清流研究会」を立ち上げ、水路保全について行政に対して提言を行っている。

さらに、一九九一（平成三）年の浅川の護岸工事に際して、オドリコソウ群落の保全のため建設省との折衝も行った。これ以降、河川整備について京浜河川事務所に対しても積極的な発言をしていく。また、一九九四（平成六）年にはとうきゅう環境浄化財団の助成を受け日野市内の井戸調査も行った。

浅川勉強会は、浅川の保全に関する活動を中心に実績を積み、また行政に対しても意見や提案、時に抗議を頻繁に行ってきた。そのため、行政には〝川や水のことは浅川勉強会へ〟という認識があるようだ。その証拠に「山本さんにいろいろ教えられました」と語る行政職員も少なくない。

一九九二年、浅川勉強会が浅川と程久保川合流点のワンドの整備や向島用水の自然景観保全を提案し、事業化された。潤徳水辺の楽校（V章参照）の発足に関しても山本氏の働きかけがあった。さらに、水の郷シンポジウムも、毎年行政からの委託により実施している。

まちづくりフォーラム・ひの

「まちづくりフォーラム・ひの」の設立は一九九六年六月である。目的は〝日野のまちをくらしやすくするため、さまざまな人を結び付ける場〟となることである。まちづくりフォーラム・ひのが設立されたきっかけは、一九九二年の「日野・まちづくりマスタープランを創る会」に遡る。生活クラブ生協や生活者ネットワーク、農業研究者、福祉関係者などが中心となり、呼びかけに集まった八十人ほどの市民がマスタープランづくりを行った。「まちづくりフォーラム・ひの」がさまざまな分野で活躍する人々に呼びかけたのは、「市民活動」の中に根強く残る〝タテワリ〟の打破という意図があったためである。(6)

その後、一九九三年策定中であった第三次基本構想策定に際し、提言を行い、一九九五年に最終報告書「市民版日野・まちづくりマスタープラン―市民がつくったまちづくり基本計画」が発行された。この試みは、当時、全国初ということで話題となり、新聞紙上でも紹介された。

「市民の提案能力を高め、多様な政治参加を保証するには、研究機関や専門家集団の支えが要る。日野市のマスタープラン作成グループは「市民こそ一番のシンクタンク」という。実際、建築家も法律家もそれぞれの地域にいる。すべての市民が何らかの専門家といえる。その専門家集団の知恵を結集することが、市民版シンクタンクの第一歩になる。」

(『日経新聞』一九九五年六月三日)

このように無党派層が増え、政党が次第に力を弱めていく時代の中で、市民によるシンクタンクと実際の政治が繋がることを、新たな政治の姿として取り上げたこの記事は、市民よるマスタープラン創りの可能性を高く評価している。つまり、「日野・まちづくりマスタープランを創る会」は個別問題の反対や告発ではなく、総合的なまちづくりを市民が提案できることを証明したといえるだろう。その後、継続的な市民主体のまちづくりを進めるため、恒常的な組織として「まちづくりフォーラム・ひの」が設立された。

さて、「まちづくりフォーラム・ひの」の活動内容を具体的に見ていくと、行政計画への参加やまち歩き、緑地や農地保全の支援、まちづくり交差点の開催、そしてニュースレター『湧水』を隔月発行している。活動メンバーは十名で、機関紙『湧水』の購読会員は一五〇名である。会の事業規模は約五十万円ほどである。中心メンバーに建築家や都市計画家もおり、それぞれソフトからハードにわたり総合的な視点でまちづくり活動を行っている。

設立から十年が経過し、その活動の難しさを代表の梁瀬悦司氏は次のように述べている。「私たちは「都市の自立と成熟」をキーワードに、縦割りから横割りへと、多様な人たちの折り合いとともに伝統的なたたずまいとの折り合いをも提起してきました。しかし、これらの課題は生易しいものではないことを、この十年、私たちは身にしみて感じています」(『湧水』61号、二〇〇七年一月)。このように、市民活動間の縦割りの打破の難しさとともに市民に必要な情報を提供し、市民が頼れる場であったかと問いながら、それでもなおこのフォーラムの必要性を述べている。

水と緑の日野・市民ネットワーク(みみ・ネット)

水と緑の日野・市民ネットワーク(みみ・ネット)は、水や緑の保全などにかかわる十四の活動団体からなる組織で、二〇〇五年に設立された。この組織ができた理由は二つある。第一に、日野市の市民活動を支援している小倉紀雄氏と日野市公民館長との話の中で、「日野市内のそれぞれの活動団体が同じような行事を開催し重なることが多い。そこで日程調整したり、協力したり、情報交換を行う場が必要である」と提案したことがあげられる。第二に、日野市・緑と清流課が、管轄する〝水と緑の市民委員〟や団体を整理し、新たな連絡組織をつくりたいと考えていたことである。そこで緑と清流課の働きかけもあり、水と緑の日野・市民ネットワークが発足することとなった。

写真 3-2　雑木林ボランティア

会の目的は日野市内の水や緑の保全にかかわる市民団体が有機的に連携・協力し、市内の水と緑の環境を守り、育て、次世代へ引き継いでいくことである。活動内容はイベント情報の集約やPR、ボランティア育成・人材発掘・人材登録、協働イベントの開催や団体相互の協力を進める、子どもへの環境学習などである。現在の活動は主に年一回のシンポジウム「日野の自然史―一〇〇年を俯瞰して―」を四、五年かけシリーズで開催している。なお、これまで〝水とくらし〟、〝植物と農業〟、〝昆虫〟、〝地質〟をテーマに開催された。また、二〇〇五年度から雑木林ボランティア講座を市と共催し、修了者は市内の雑木林の維持管理をボランティアで行っている（写真3-2）。

水と緑の日野・市民ネットワーク（みみ・ネット）は、設立に際し、当初は組織的にしっかりしたものをつくる予定だった。しかし、同じ環境共生部環境保全課の担当する環境基本計画見直しが終わると、その推進のために環境市民会議が発足し、活動拠点となる環境情報センターが設立された。この環境市民会議とメンバー、活動とも重なる部分が多かったため方針を改め、ゆるやかなネットワーク型組織をめざすことにした。

なお、事務局は緑と清流課に置かれている。運営会議を二ヵ月に一回開催している。

日野市環境市民会議

一九九九年に策定された環境基本計画の見直しが二〇〇五年に行われた。それまでは市民による連絡会的組織しかなかったが、見直しに伴い計画の推進、評価のために日野市環境市民会議が発足した。現在メンバーは四十人ほどで市民、事業者からなる。日野市環境保全課が事務局としてサポートしている。大気、水、みどり、暮らし、ごみゼロの五つの分科会からなり、それぞれが活動を行うとともに、計画推進のPDCAサイクルに基づき、環境基本計画の評価のための行政ヒアリングが行われている。環境基本計画策定後、環境に関する市民活動の支援や情報収集を行うために設立された環境情報センターの運営委員として他団体とともにセミナーの企画実施や年一回のフォーラムを主催している。

本書のテーマである用水路や水環境に関しては、水分科会が担当しているが、その活動については次の通りである。水分科会では、見直し重点項目で定めた〝用水路総延長を二〇〇五年レベルで維持する〟を実現するために、現状を把握することを決めた。V章で具体的な成果を述べるが、「用水路カルテプロジェクト」を立ち上げ、約二年かけて市内の用水路をすべて調査し、「市民版用水路MAP」を作成した（写真3-3、図3-4）。なお、会のメンバーは月二回の会議を行い、担当課である緑と清流課との意見交換も定期的に行っている。

水分科会は中心的に活動しているのは七人ほどで、計画づくりにかかわったメンバーは少なく、「用水路カルテプロジェクト」からの参加者が多い。定年退職者がほとんどで、他の市民活動団体との掛け持ちが多い。なお、水分科会と関連したみどり分科会では市内の水田の実態調査や植生の調査などを行っている。

写真 3-3　用水路カルテプロジェクト

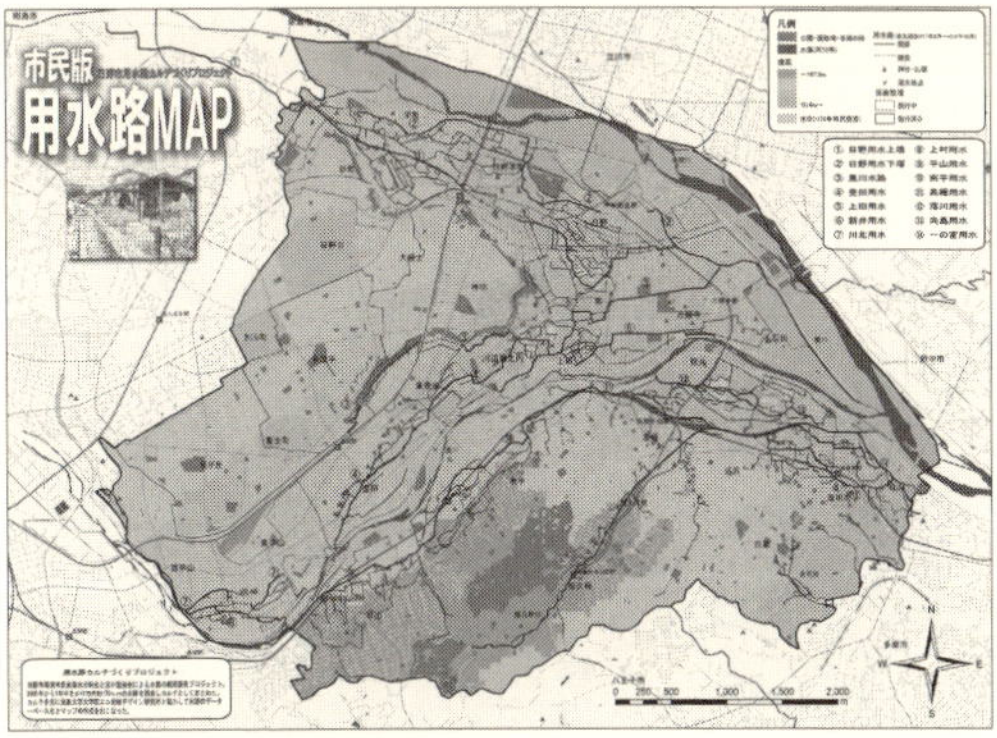

図 3-4　市民版用水路 MAP

三　市民活動の変遷――市民活動の萌芽から現在まで

これまで日野市で環境保全に取り組む主な市民活動団体（行政との協働による設立も含め）の設立の経緯や活動内容などをみてきた。次に日野における市民活動の萌芽から現在までを四つの段階に分けて整理しよう。（図3-5）

第一の動きは、一九七〇年代における都市郊外の新中間層住民を主要な担い手とした市民運動としての位置づけである。[7]前述したように、台地、丘陵地の農地、緑地の開発が進み、新住民を吸収するようになった郊外都市としての日野においては、浅川、多摩川の汚染も深刻化し、河川から取水する用水路はどぶ川化していた。そのような状況の中、一九七二年に自然の保護・保全活動などを目的とした「日野の自然を守る会」や一九七五年にはライフスタイル見直しをすすめるため「日野市消費者団体連絡会（一九八二年、日野市消費者運動連絡会へ移行）」が設立された。当団体は設立当初から河川や用水の水質浄化を目指し、〝せっけん使用推進運動〟を進めていた。この運動が、公共施設での合成洗剤使用自粛の依命通達発行につながった。

第二の展開は、一九八五年ごろから水質浄化運動に取り組んでいた日野市消費者運動連絡会が、その汚染の原因は家庭排水であるということを知り、専門家の協力を得ながらその実態を自ら調べ、分析し、改善につなげようと河川や用水の水質検査をはじめたことである。この市民活動の実践は、市民が活動に科学的視点を取り入れ、改善につなげる「市民環境科学」[8]の芽生えであるといえる。前述したように、八王子の主婦グループの活動が発端であり、翌年には日野市消費者運動連絡会が豊田用水、浅川勉強会が浅川の水質調査を始めた。

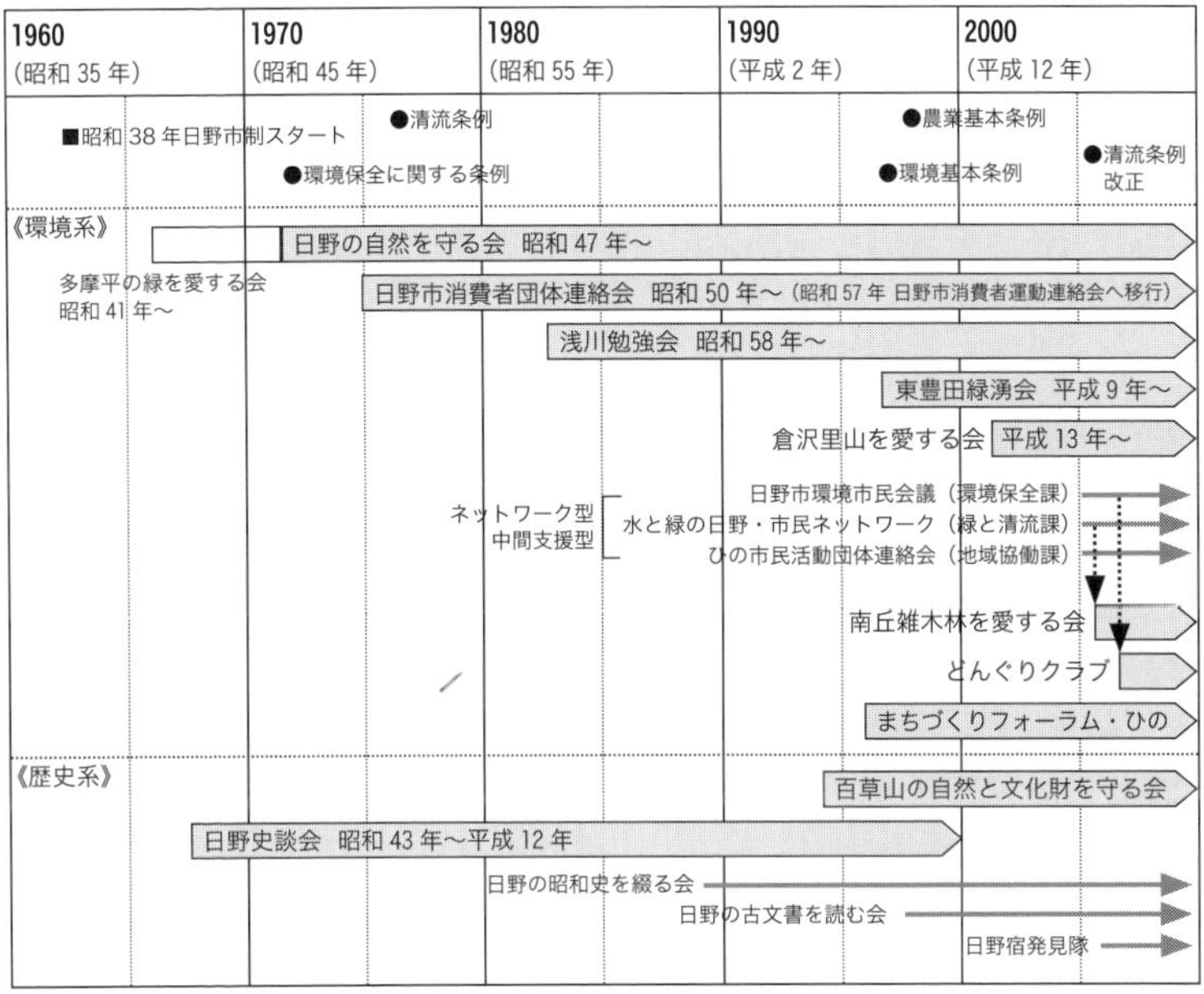

図 3-5 市民活動の変遷

第三の展開が、一九九二年の市民による「市民版まちづくりマスタープランづくり」である。これは「市民の総合的な視点に基づくまちづくり提案活動」といえるだろう。建築や福祉、農業研究者などの専門家や生活クラブ生協が主体的に働きかけ、それまでまちづくり活動経験のない市民も含め八十人以上が集まり、環境や福祉、農業など一つの総合的計画として纏め上げた。要求や反対、批判ばかりするのではなく、市民の意見を市政に反映させたい、自分たちのまちは自分たちでデザインしたいという想いが「市民版日野・まちづくりマスタープラン」へとつながった。このような実績は市民にとっても大きな自信となり、さらには行政側にも市民の政策提言能力を認識させる機会となった。日野市における市民参加やパートナーシップを築く上で、その可能性が見出された出来事だったといえる。

一九九四年の環境基本条例直接請求やそれに基づく一九九七年の市民参加による環境基本計画づくり、その後の行政計画づくりへの参加は、この「市民版日野・まちづくりマスタープラン」づくりの経験があったからこそ実現できたと考えられる。また、「市民版日野・まちづくりマスタープラン」は、市民によるまちづくりシンクタンク「まちづくりフォーラム・ひの」の発足にもつながった。これらの展開は、市民の生活環境問題への目覚めから、科学的視点で課題を解決しようとした視点、そしてつながりを意識して課題解決のための政策提言と〝市民参加の力量〟を高めていく出来事でもあった。

そして第四の展開が、中間支援的組織による市民活動の活性化の動きである。一九九八年に特定非営利活動推進法（NPO推進法）が制定されると、それまで任意だったボランティア団体の法人化の動きや新たな活動団体の誕生が相次いだ。また団体同士を繋ぎ、情報を提供し、市民活動をエンパワーする中間支援的な組織も発足する。二〇〇三年発足の「ひの市民活動団体連絡会」は「市民活動支援センター」の施設運営の委託を市から受け、日野市内の市民活動団体のサポートのため相談や広報、勉強会の開催、行政との協働事業の推進などを行っている。二〇〇五年に設立された「水と緑の日野・市民ネットワーク」は、水や緑に関する活動団体が会員であり、団体間の意見交換、情報交流の場として発足した。また環境基本計画推進のために二〇〇五年に発足した「環境市民会議」も情報交流の場であり、市民、事業者、行政のプラットフォーム的役割が期待されている。さらに「環境情報センター（かわせみ館）」は、環境系市民活動団体が運営委員となっており、情報の集約とともに市民活動団体の活動拠点の一つでもある。これら中間支援やネットワーク型組織は、市民活動の裾野を広げ、市民活動団体間の連携あるいは協力により、それぞれ活動の強化や発展を進めている。

この他にも、〝都市農地をなんとか市民の手で残していきたい〟という思いから始まった「都市農業研究会」は「日野市消費者運動連絡会」、「日野市環境市民会議みどり・くらし分科会」、「まちの生ゴミ活かし隊」の連携により発足した。また、丘陵地や崖線の緑地保全もこれまでも市民活動団体により行われてきたが、新たに人材育成の仕組みとして「水と緑の日野市民ネットワーク」が市と協働で雑木林ボランティア講座を開設し、修了者は「南丘雑木林を愛する会」など雑木林の維持管理を目的とする団体に参加し、活動するという流れができつつある。さらに、小中学校の環境学習支援組織として環境情報センターと協力しながら教員OBや主婦による「どんぐりクラブ（日野市環境学習サポートクラブ）」が発足した。

これらの活動は市民と行政の〝協働〟により発足した組織が直接あるいは間接的にかかわっており、新たな市民活動団体の設立の支援などを行っている。つまり、市民と行政の〝協働〟の成果が、新たな活動を派生させていると考えることができるだろう。

四　市民活動の成果と課題

本節では、水や緑の保全活動団体に注目してその活動の変遷を見てきたが、その他にも黒川親水公園周辺の東豊田緑地保全地区の雑木林の管理を行う「東豊田緑湧会」や倉沢地区の雑木林や里山の管理を行っている「倉沢里山を愛する会」など、市民による活動団体は数多くある。

また、多摩平の森は多摩平団地高層化建替えに際し、住民組織、行政、都市機構が協議を重ねたことによって森を保全することができた。さらに、倉沢地区の雑木林や農地は地権者、市民活動団体、行政により「パートナーシップ協定が結ばれ、保全、管理されている。これらもともと市民の「後世に残してゆきたい」という強い思いによる活動があり、加えて、行政と協議可能な組織があったからこそ話し合いの場ができ、そして保全することができたといえるのではないだろうか。

環境系の市民団体の活動だけでなく郷土史研究を続けてきた「日野史談会」[9]も開発や区画整理事業により歴史的遺構が破壊されることに対し、要望、請願、陳情により保全保護を訴えてきた。このように、史談会がまちづくりに果たしてきた役割も忘れてはならない。また、〝地域を知る〟ことから始めている「日野宿発見隊」は、日野図書館が中心となって地域と一体になりまちづくりを進めつつある（写真3-4）。

行政もまちづくりを進めるにあたり、その時々において最善の方法で計画を提示していると思われるが、区画整理事業や道路計画など長期計画は、国の一律の計画や補助金行政などの弊害も手伝って、市民の必要性や要望からずれてくる場合がある。これまで見てきたように、市民活動団体はそのずれや課題に敏感に反応し、異議を唱えてきた。市民による異議申し立てが必ずしもすべて受け入れられるわけではなく、市民活動は挫折の連続という側面もある。だが、結果として残されてきたものを見ると、粘り強い活動を続ける市民の存在が今日の日野市を作り上げているといっても過言ではない。

このような市民活動を担い、市民活動団体を長年支えていたのは、リタイアしたサラリーマンや八〇年代から活動している主婦たちである。現在、メンバーには高齢者も多く、市民活動団体や活動を複数掛け持ちし——二、三団体の重複も珍しくはない、そのため活動ごとの参加人数が減ってきているともいわれる。一九七〇年代、八〇年代に発足した市民活動団体は、現在、高齢化や会員減少でどちらかというと衰退傾向にある。また、公園の清掃活動を行う公園愛護会への参加も減っているなど、市民活動

写真 3-4　日野宿発見隊によるまち歩き

自体衰退しているという見方もある。

しかし、水や緑の保全関係団体の二〇〇七年度の活動はトータルで二三〇回を超え、三日に二日は、日野市内で何かしら活動が行われていることになる。[10] また、前述したように、市民と行政の〝協働〟により発足した組織が、新たな活動を派生させている事例も見られ、次の世代の組織や活動が生まれ、実績をあげつつある。もっとも、日野市においてこれまでの市民の豊かな実践の蓄積が、次の世代に引き継がれるかは、若い世代の活動にかかっていることはいうまでもない。

行政への働きかけを継続的に行ってきた市民活動団体と、市民参加を唱えてきた行政は、一九九〇年代に入り、市民と行政の協働（パートナーシップ）という形で両者の関係が模索されている。もっとも、「市民参加」そのものが立場や考え方あるいはその人の価値観や意識によってさまざまに捉えられ、時に行政側が都合よく使ってきたようにも見える。その一方で、一九六〇年代から始まった「市民参加」の議論の中で、市民の意見や要望を汲み取るための制度や仕組みがつくられてきている。例えば、意識調査やアンケートもたびたび実施され、まちづくり協議会の設立や公聴会もあり、最近ではパブリックコメントが制度化され、ＩＣＴによる参加手法の開発なども行われつつある。その一方で、手段化した市民参加や協働の内実に対する疑問も尽きない。そこで、次の節では日野市における一九九〇年代後半に展開された、「市民参加」による計画づくりについて、環境基本計画をもとにその策定プロセスや体制、その後の運用について把握し、環境基本計画の実行性・実効性とその課題を明らかにしたい。

2　計画づくりへの市民参加

一　計画づくりへの参加

一九九〇年代後半からは行政計画への政策立案段階である〝計画づくりへの市民参加〟が活発になってきたことを述べた。その口火を切ったのが環境基本計画策定であった。それまで、市民の意見の反映の形骸化の問題が指摘されており、そのため直接計画づくりに市民が参加するということは、市民意見を〝形だけでなく〟しっかりと汲み取ろうとする狙いがあった。

そもそも計画づくりへの参加が活発になり始めたのは、一九九二年に都市計画法改正で市町村マスタープランにおける市民意見の反映が規定されたことによる。(11)この背景には、計画の実施段階において、

表 3-2　市民参加の計画・条例づくりの体制

計画内容		策定期間	参加人数			会議回数
			市　民	行　政	その他	
環境基本計画		97 年 10 月〜 99 年 9 月	公募：109	18		全大会 3 回、ナビ会 16。5 分科会（くらし、大気、水、緑、リサイクル）延べ 118 回開催。作業部会 5 回。
みどりの基本計画	**みどりと水の市民塾**	98 年 1 月〜 99 年 3 月	公募：37	事務局：担当課職員	アドバイザー：5（地権者、専門家）	17 回
みどりの基本計画	**策定委員会**	98 年 10 月〜 99 年 3 月	2（市民塾）	6	8（農業者、専門家、事業者）	4 回
日野いいプラン 2010（第 4 次基本構想）	**市民ワーキングチーム**	99 年 6 月〜 01 年 2 月	公募：145	32		18 回
日野いいプラン 2010（第 4 次基本構想）	**調整会議**	99 年 3 月〜 01 年 7 月		20（各部長）		7 回
まちづくりマスタープラン（都市計画マスタープラン）	**地域まちづくり広場**	00 年 3 月〜 01 年 6 月	公募：86	サポート：9		12 回
まちづくりマスタープラン（都市計画マスタープラン）	**市民まちづくり会議**	99 年 11 月〜 03 年 3 月	13（作品発表会－まちへの想いや提案－により選出）	6	2（学経）	63 回
第 2 次農業振興計画・アクションプラン		02 年 8 月〜 04 年 10 月	公募：6	10	8（農業関係） 4（農協関係）	全体会議 8 回、市民ワーキング、庁内ワーキング、農業者ワーキングあり。
まちづくり条例		02 年 12 月〜 05 年 12 月	公募：12	12	4	44 回。まちづくり講座、まちづくり寺子屋 03 年 8 月まで 8 回開催。
環境基本計画見直し		04 年 6 月〜 05 年 3 月	公募：71	20	12（事業者、大学）	20 回以上（全体会、分科会合わせ）
日野宿通り周辺再生・整備基本計画		05 年 6 月〜 05 年 12 月	公募：2 まち会：2	事務局：企画調整課、庁内プロジェクトチーム	32（自治会、商店街、学校関係、用水組合、社寺など）	5 回

事業計画の内容が明らかになると住民からの異議申し立てが頻発すること、住民説明や公聴会などが形骸化することで紛争に発展する場合が少なくないことなどがある。行政側から見れば、住民主体のまちづくりを進めることで紛争に発展する場合が少なくないことなどがある。

づくりを進めるという名目や、市民の意向をできるだけ計画に反映させ、まちづくりをスムーズに進めたいという思惑があったといえる。日野市では一九九二年に「市民版・まちづくりマスタープラン」づくりが始まっていたが、市民が行政計画に直接かかわるのは環境基本計画策定が初めてであった。そして一九九七年に選ばれた保守系市長の積極的な「市民参画」スローガンもあって、より計画段階からの市民参加が目指されるようになり、実際多くの計画づくりに市民が参加している（表3-2）。

日野市において「市民参加」に関連する制度は、一九九四（平成六）年に「日野市市民参加の推進に関する要綱(12)」が制定されている。ただしこの制度では、行政側が用意した場への市民の参加の保証であった。また、参加の対象も公募に応じ認められた市民、施策にかかわる市民活動団体の推薦者、市長が要請する有識者となっており、ある意味、行政主導による限定された参加にすぎない。現在も「市民参加」に関する条例はなく、「市民参加」についても定義されてはいない。

後述するように、環境基本計画の策定は試行錯誤で進められたが、結果的にはそれまで行政の専権事項あるいは行政が主導的に行ってきた行政計画策定に、市民がかなりの役割を果たしたという点において、文字通りの「市民参加」や「協働」を果たした、画期的な出来事だったと考えられる。この環境基本計画の策定後、日野市においては、多くの公募市民と行政職員が合同で計画づくりを行うというスタイルが踏襲されていく。まさに市民自身が獲得してきた「市民参加」の実績であるといってもよい。

この十年間における市民参加で策定された環境基本計画の策定プロセスや体制、その後の運用について確認し、計画づくりにおける市民参加の到達点と課題を明らかにしていきながら、その有効性について考えてみたい。

二　計画の策定プロセスと体制及び計画の運用〜環境基本計画

環境基本計画は一九九四年に制定された環境基本条例に基づく計画である。所轄課は環境共生部環境保全課である。この環境基本条例の策定は住民の直接請求という全国初の条例制定の過程をたどるため、その前史を簡単に見ておきたい。

日野市の環境基本条例制定には、多摩南生活クラブ生協日野支部とその関連団体が、大きな役割を果たしている。一九九四年に同組織と関連団体が、活動方針として環境基本条例づくりを目標に掲げた。生活クラブ生協のネットワークで広く有志を募り、条例制定の直接請求のための市民案づくりを始めた[13]。一九九四年九月に「市民がつくる環境基本条例の会」が発足し、十月には署名活動が開始され、一ヵ月あまりで一万五千筆を超える署名を集めた。そして十二月に日野市へ条例制定の直接請求を行った[14]（図3-6）。

一方で、市長（当時）の〝時期尚早〟という反応や、行政案や共産党の案も出され、議会（総務委員会）に付託されることとなったが、結局は市民案を修正する形で一九九五年に条例が可決した。条例では、環境基本計画を策定すること（第九条）、そしてその計画は議会の議決を経ることを定めた（第九条の三）。

市では環境基本計画策定のために、一九九六年に公募市民や学識経験者など十人からなる環境基本計画検討委員会を設置し、市民参加の範囲や方法などが検討された。一方、市民側は、一九九七年に「環境基本計画を考える市民の会」を立ち上げ、市民参加による計画策定を市に働きかけた。市では当初、検討委員会と庁内ワーキングチームにより策定予定であったが、直接請求で条例が制定され、計画づくりに至っていることや市民参加を拡大すべきという意見もあり、さらに、計画の推進に市民自身の行動が重要になることなどから再考され、質、量ともに拡大した市民参加による計画づくりが行われることになった。その間、環境基本計画検討委員会は検討を中止することとなった[15]。さらに、一九九七年に「市民参画」を唱える市長に変ったことも参加を推進した。

さて、環境基本計画策定には一〇九名の公募市民の参加があった（図3-7）。当時、日野市はゴミ問題[16]や、多摩平団地建替えに伴う団地内の緑の保全といった課題を抱えており、それらに取り組む多くの市民が存在した。これらの市民が環境基本計画策定に参加したことも、参加人数が増大した要因の一つであった。環境基本計画策定にあたって、五つの分

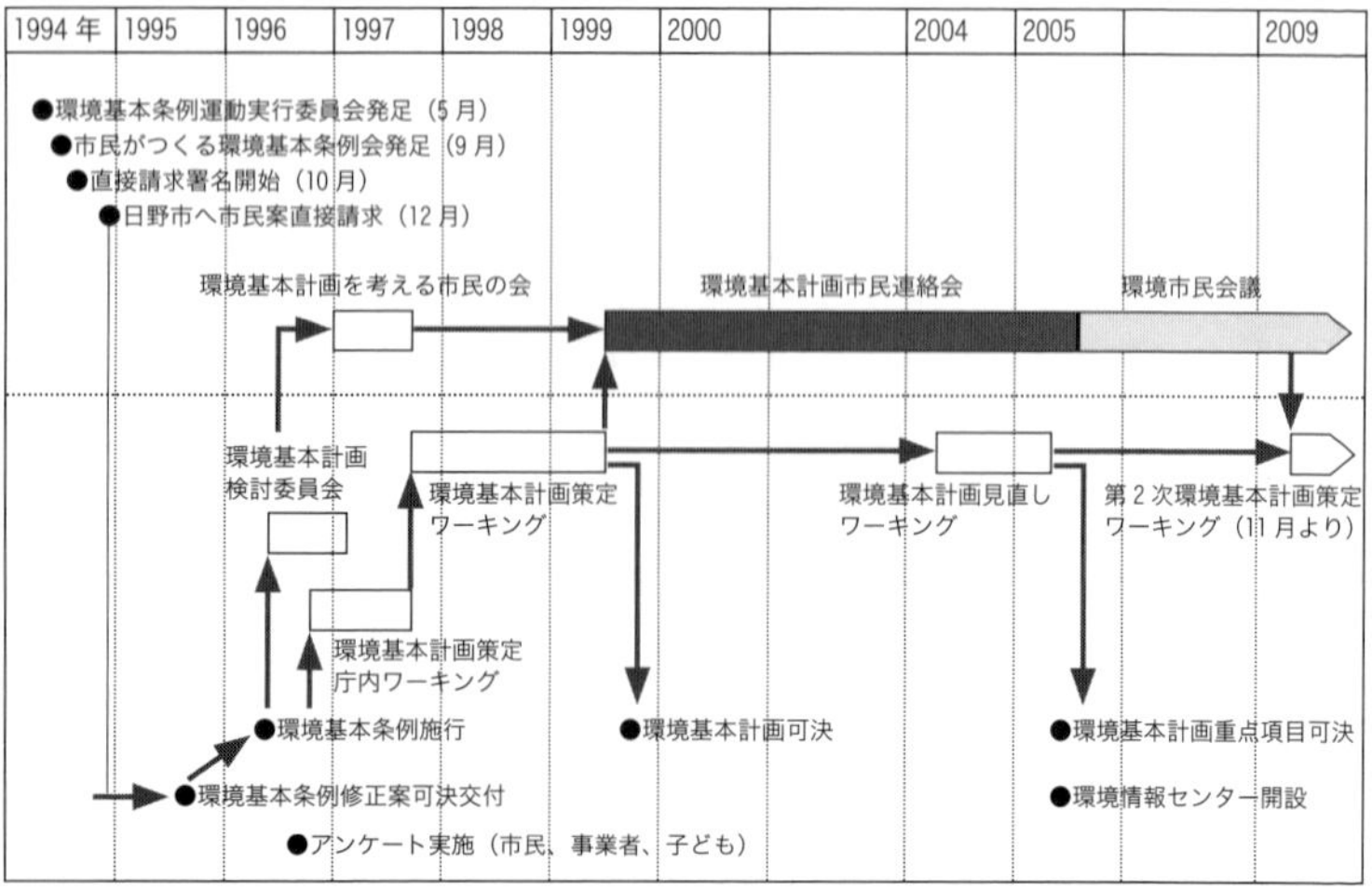

図3-6　計画の策定プロセス

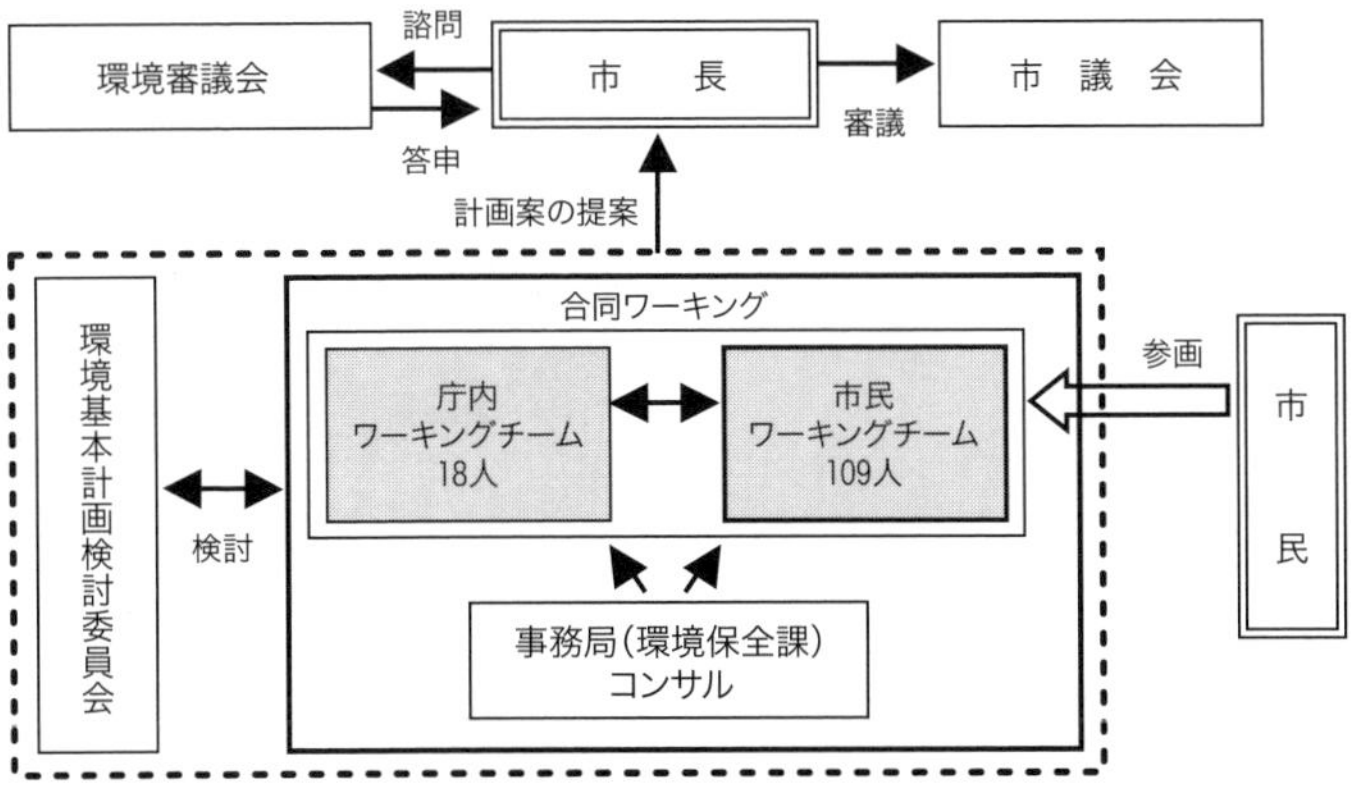

図 3-7　第二次環境基本計画、策定体制

科会（くらし、大気、水、緑、リサイクル）に分かれ、市民、行政職員合同のワーキングチーム体制により策定は進められた。また、職員に対しては市の立場としての意見は求めないことなどが確認された。それは市民が持つ行政や職員に対する日常的な不満が、ワーキングチームの特定の職員に向かうことを避けるためであった。

なお、分科会は、スケジュールや最終目標の確認以外は自主運営とされた。例えば、まち歩きや他の自治体の見学やヒアリング、講師を招いての学習会の開催や調査・分析など、分科会ごとにさまざまな作業が行われた。分科会だけでも延べ一一八回開催されたという。一分科会三、四人の「ナビゲーター」を選び、司会進行、資料整理、意見集約など基本運営や調整は「ナビゲーター」により行われた。分科会ごとにまとめられた提案は、各分科会から一人参加する「作業部会」により基本計画骨子にまとめられた。

計画は微調整があったもののワーキングチームにより書かれ、行動計画も盛りこまれ、参加した市民の思いのこもった〝市民に身近な計画〟となった。

環境基本計画策定後は、有志の市民により計画のフォローのためOB／OG会が結成され、その後計画の推進・管理を担うべく「環境基本計画市民連絡会」が発足した。この会では定期的な行政との情報交換や環境施策に関する討議、行政主催の啓発活動への協力、学習会の開催などが行われた。

　また、環境基本計画策定の五年後の二〇〇四年には、重点項目の見直しが行われ、重点項目を定めることと計画の推進体制をつくることが目的とされた。その理由は、環境基本計画策定から五年経ち計画の実行性が課題になりつつあったからである。再び、市民、職員合同ワーキングチームで行われたがナビゲーターはおかず、コンサルタントが分科会の進行やまとめを行った。だが、公募市民の参加は第一次の策定時の約半分であった。

写真3-5　第二次環境基本計画策定会議の様子

　二〇〇五年の重点項目と推進体制の見直し後は、環境基本計画市民連絡会に代わって環境市民会議が発足した。さらに環境市民会議の活動拠点となる環境情報センター（かわせみ館）が設立された。環境市民会議は個人会員をメンバーに環境基本計画推進のために五分科会に分かれそれぞれ活動するとともに、環境基本計画の推進状況について行政ヒアリングも行い、環境白書でその進捗を公表している。

　現在、策定から十年が経ち、第二次環境基本計画の策定がはじまっている（写真3-5）。実際のところ、公募市民の参加はさらに減っている。推進体制が出来てから五年が経とうとしているが、環境市民会議に参加するメンバーも減少している。

三　市民参加の計画づくりの特徴と込められた意図

環境基本計画のような市民参加の計画づくりと、それまでの行政計画策定との大きな違いは、多くの公募市民の参加があったこと、市民が行政職員とともにまち歩きを行い、数多くのワークショップなどで話し合いを重ね、計画が策定されたことである。また、環境基本計画は微調整はあったものの、計画の文言まで市民自らが書いたものがそのまま計画となった。その内容は基本計画としては詳細で、さらに暮らしにかかわる商店街の活性化や歴史や文化の維持保存まで含む幅広いものであった。このことについて、当時環境共生部長だった萱嶋信氏は「市民が実際に生活の中で役に立つ計画としたいという思いを表現したこともあるし、基本的な理念を表現しても、それがどう具体化されるかを例示的に示さなければ、市民にはピンとこないという実感によっていることもある」と述べる（萱嶋、一九九九：二四）。市長からも庁内調整にあたり、市民の表現を最大限尊重するよう指示があったという。これまでの行政計画の策定と比べたときに、参加する市民の負担や市民が持ち合わせている専門性の程度を考えた場合、想像に余る出来事であったといえる。

このように市民参加は量的にも質的も拡大したが、より市民の意見が反映される仕組みを目指したのが環境基本計画策定であった。この公募市民の多さは、途中辞退者がいたとはいうものの、市民参加による計画づくりとその計画への期待の大きさを示していると思われる。一方で行政側にとっては、行動主体となる市民への期待があった。

市民・行政合同のワーキング体制は、専門性をもち行政の事情を知る職員の参加により、市民討議の充実や活性化につながる試みであった。このことは、少なくとも〝討議〟の存在によって計画の公共性を確保し、市民参加による計画の正当性を確保する（新川、二〇〇三）ことになったと考えられる。

加えて環境基本計画を議会同意としたことは、計画に規範性を持たせ、正当性を付与することになった（熊澤・原科、二〇〇五）。日野市で議会議決を要する計画は、当時、日野市基本構想・基本計画と環境基本計画のみである。そのため環境基本計画は日野市基本計画と並列に位置づけられ、他の個別計画よりも優位な計画という位置づけがなされた。市議会に環境基本計画が諮れたとき、反対意見は全くでなかったということである。市議会も「市民がつくった計画」を重く受けとめていたからだと思われる。

四　市民参加による計画づくりと推進の成果と課題

前述のような特徴と意図があった市民参加による計画づくり＝環境基本計画の策定であったが、この計画づくりがもたらしたメリットと課題について考察していこう。まず、プラスの評価として、萱嶋信氏は、次のように述べている。

「（環境基本計画策定について）住民による調査は、調査者の好奇心、熱意に裏打ちされた密度の高い調査の可能性を証明する作業であった。また大勢がそれぞれに自分の持つ情報網を活用したり、行政では動きにくいだろうと、他市の市民とも交流したり、市内の工場、事業場へ見学や話し合いに行ったり。行政として行う計画策定作業とは一味も二味も違う作業が積み重ねられたと評価できる」（萱嶋、一九九九：一二三）。

さらに萱嶋氏は、他に市民参加で得られたものとして、市民と行政職員が議論を重ねる中で〝信頼とほどよい緊張関係〞を築くことができたこと、また市民同士の新たなつながりができたことなどもあげている。つまり、市民と行政職員が一緒に計画づくりを行うことが行政と市民との間の垣根を低くしたことを指摘している。行政職員が市民から学ぶことも多い。とくに活動を長年続ける市民は、それぞれの活動分野において知識や情報が多い。一方、職員は異動も多いため、新たな担当分野について知らないこともある。計画づくりはそういう市民、行政職員の出会いの場でもあった。カウンター越しにやり取りするだけでは得られない情報の交換やお互いの理解につながる可能性も高い。さらに行政職員がこの策定作業に参加したことによって、批判の多い行政の縦割りを打破し、横のつながりを作るとともに、それぞれの部署に計画内容を持ち帰り共有し、その計画の推進につなげることが期待された。

策定体制の課題としては、時間不足や調整不足、さらに、土日に頻繁に分科会が開催されたことによる職員の勤務体制など、策定プロセスの運営面における困難さが指摘された。また、計画策定に参加したメンバーからは、市民の側の環境基本計画策定に対する知識や、専門性についての理解に疑問を投げかける声も聞かれた。

市民参加による計画の目標設定の課題として、日野市の環境基本計画の重点項目として「河川の水量を増やす」という目標が掲げられている。その達成状況を河川の水位により評価する方法もあるが、季節的な要因や天候によるところが大きく、その評価は難しい。また計画の精度をあげるためにも、水循環システムなど科学的解明は必要であるが、そのためには調査研究に要する時間と費用とのバランスの問題が同時に立ち上がってくる。さらに計画を実行に移すには資金が必要となるが、その資金調達が予測できないことで計画が〝絵に書いた餅〞になっている場合もある。計画に内存する科学的根拠や予測精度の問題もあるが、市民意向を最大限反映したことで、目標設定が高くなる傾向があり、そのことが計画の実効性に影響したと考えられる。環境市民会議メンバーより「実現可能な目標でないとやる気を消失させるのではないか」という意見も出されている。

さらに、市民参加による、とくに〝水〟関連の計画の推進の課題として、①用水の維持・保全、②浅川・程久保川流域の河川水量を増やす、③子供が遊べる水辺づくりがあげられているが、これらの達成状況を示す十七環境指標のうち、十一が良い方向に向かい、三つが判断できない、三つが悪化していると評価されている。環境白書では、このようなPDCAサイクルに基づき計画の進捗を市民に知らせ、計画の目標設定やその評価を明らかにしようとしている。

しかしながら、環境市民会議でもこの目標の設定や推進体制、そして評価に対する疑問が呈されている。その理由として、目標設定の量（数値）や質の問題が伴うこと、また環境市民会議には計画全体の推進・進行管理という役割があるが、実際には環境市民会議の五つの分科会が別々の団体のようにバラバラに活動しており、それぞれがその活動に専念してしまい、計画全体を見渡す視点が弱くなる傾向があることがあげられている。

このように計画の推進には、目標設定も含め多くの問題があるが、やはり話し合いにより決める必要がある。その合意形成はけっして簡単なものではない。行財政に影響する問題でもあり、市民だけで決められる問題でもない。しかしこのプロセスを経て〝討議〟を尽くし、決定していくことが重要である。

さらに計画の実効性を高めるために、義務や罰則などを担保することにより行動主体を拘束するという方法がある。例えば環境基本計画で、「現存する用水路をできる限り残す」という重点項目がある。この項目が実現可能かどうかといえば、可能性は低く、厳しいといわざるを得ない。そのためか、これまでこの重点項目に関する具体的施策や事業はほとんど行われていない[17]。土地利用においては、公園指定あるいは用水路の存続の大義名分として水田を公有地化するなどの方法を取ることで維持することも考えられるが、建物が建てられないなどの規制や制限を設けると財産権の問題、公有地化については土地の取得のための経済的措置も必要となる。これらの問題が、計画の推進を阻んでいるといえる。現在、第二次環境基本計画の策定が始まっているが、計画の実効性を高めるために、行財政のこと、市民の行動の拘束や権利制限まで踏み込んだ議論がどこまでできるかが鍵になるのではないだろうか。

五　今後の課題

これまで環境基本計画を事例に市民参加による計画づくりの概要とその成果、課題についてみてきた。市民によりつくられた計画が実行されないという問題点には、そもそも何のために市民参加で計画づくりをしなければならなかったのかという疑問が突きつけられることになる。市民参加による計画づくりは、決して計画の見栄えや動員のためではなかったはずである[18]。中には参加することで満足した人、後は行政任せという人もいたかもしれないが、市民も行政もともにまちの課題に取り組み、よりよいまちにするために計画づくりへの市民参加は始まったはずである。

計画には、推進のための仕組みが必要であり、ＰＤＣＡサイクルの確立も重要であることは自明である。ＰＤＣＡサイクルが有効に機能するには、時間と人、資金、そして計画を評価できるプログラムが必要であり、これまで見てきたように、環境市民会議は試行錯誤の段階だといえる。

また、これまで基本構想、水辺関連計画を見ていく中で、計画の推進に〝縦割り〟の問題や社会的状況や経済的状況でどうにでもなる計画の〝曖昧さ〟があることを述べてきた。それは日野市内部の制度上の問題によるものだけではなく、さらに上位機関との関係でその推進を阻まれる場合もある。例えば用水路の年間通水について、日野市では条例でもその維持を掲げているが、実際、国土交通省との間で許可水利となっている用水について取水量が保留となっている。つまり許可が出ていない状態で年間通水をしている。水不足などの問題が発生したら、国土交通省から取水不可の指示がだされる可能性もある。

さらに、計画策定は参加が拡大したとはいえ、まだまだ行政から〝用意された参加の場〟が多い。そして参加の対象や範囲は担当課の裁量によるところが大きい。例えば、事業に直結する予算決定段階に市民は直接、参加できない。特定の地域の開発や区画整理事業についてもその土地所有者や居住者そして関係者しか協議会には参加できない。農地を残す、用水路を残すという施策があっても、一般市民は地権者でないかぎり、それらの事業計画にかかわることはできない。環境基本計画で農地や用水を残すと掲げていても、行政や市長などに働きかけることぐらいしかできない。

市民参加の推進や発展に必要なことは、①目的を共有する主体的な市民・行政、②参加の制度、仕組みの整備、③参加のデザインや合意形成の手法の確立が三位一体で機能し、常に更新されていくことである。①の人材の育成はとくに重要である。その理由は、制度、仕組みを横並びでつくっても、それらを運用し活用するのは市民であり行政である。とくに行政職員においては従来の行政主導から〝市民参加〟や〝住民主体のまちづくり〟へ転換していくためには、かなりの覚悟や意識変革が必要である。その理由は、行政にとって〝よけいなわずらわしい仕事〟が増えるからである。自分たちで決めていたことを市民におうかがいを立てたり、あるいは聞くだけだった市民意見を行政施策に反映したりすることを考えなくてはならない。例えトップダウンで市民参加の制度や仕組みができても、その意味や意義を理解しなければ、必要以上に市民参加のための仕事はしないだろうし、市民への情報も出し渋ることになるだろう。しかし、はじめは〝よけいなわずらわしい仕事〟も、市民が自立していくことで、行政の役割は軽減されていくはずであり、行政が本来すべき仕事に集約されていくことになるだろう。

市民参加の計画づくりのきっかけとなった「市民版・まちづくりマスタープラン」に参加したメンバーが、計画づくりの目標を次のように述べている。

「市民参加に耐えうる市民の力量は、結局市民参加を体験する中でしか養成されないのではないか。市民が行政の諸課題に真正面から取り組み、様々な体験を重ねていく仕組みが、大胆に編みだされなければならない。『市民版・まちづくりマスタープラン』の作成は、自分たち自身をまちづくりの「提案主体」として鍛えあげることを企図した」

(日野・まちづくりマスタープランを創る会、一九九五)

日野市の市民参加による行政計画づくりが始まり十年が経過した。計画策定における市民参加はその手法において試行錯誤を重ねている。その経験を重ねていくことが大事だと考えられる。課題は多いが市民の計画づくりに注いだ膨大な時間やエネルギーを活かしていくためにも、まちづくりに「市民参加」を定着させていくことが市民、行政に課せられた課題である。

［註］

1 多摩動物公園の矢島稔氏（昆虫）、日本野鳥の会の高野伸二氏（鳥）、蜘蛛研究家の萱嶋泉氏など自然科学系の専門家たちが参加した。

2 「守る会」設立メンバーでもある田中紀子氏が日野駅西口の開発に関し詠んだ歌がある。「〝みどりと清流を〟市の呼びかけは空念仏カタクリの丘の林は遂ゆ」（田中、一九八二）。

3 総理府の呼びかけにより作られ、全国組織でライフスタイルの見直しや勉強会、アンケート調査なども行っている。東京にもかつて六十数校あった。日野市内には二つあった。第一生活学校は二七、八人。実質的には十五、六人が活動している。週一回集まっている。政治活動や自治会などとは関係なく活動している。

4 渡部一二氏は水路研究の第一人者で全国の水路調査を行っていた。日野市では一九八〇（昭和五五）年に豊田用水の調査を行った。『生きている水路』など水路関係の著書も多い。

5 渡部氏も現地を視察した結果、区画整理事業が水路の持つ環境特性を活かした計画ではなく、水環境の悪化を招くものであること、この問題は行政だけのものとせず、市民、勤務者、青少年など関係者全体の環境面での価値観や認識、情報不足が影響を及ぼしていると考えた。そして、水環境保全のための基礎的調査にもとづく情報づくりが大切であるという合意に達し、市内の水路を丹念に歩き、専門的方法による調査を行い、そこで得られた成果を市民に訴えたり、行政の理解を得たり、河川や水路環境の活性化へのエネルギーにしてゆくこととした（渡部、一九八九）。

6 「『タテワリ』は本来、縄張り意識の強い官僚機構に対し、その融通のなさ、効率の悪さを批判する言葉です。しかし、振り返ってみれば、私達市民の小さな活動も、いわば役所の担当部署に合わせた形で展開され、ひとたび問題が中間領域に及ぶやたちまち立ち往生、すごすご退散するといったようなことが多かったのではないでしょうか」（日野・まちづくりマスタープランを創る会、一九九五）という指摘がある。

7 奥田は大都市周辺部に見られる特徴として新中間層住民を担い手とする都市型住民運動は、住＝生活環境問題の争点に特徴づけられること、身近な日常生活を含め環境問題一般に鋭敏な反応を示す周辺部住民は、政治的には、「革新」指向があることなど否定できないとしている（奥田、一九八五）。

8 「市民が身近な環境を自ら調べ、得られた結果を整理し実態を明らかにする。それらの活動を通し、身近な環境から地球規模の環境まで広く考え、問題解決のための実践活動に結びつけること」(小倉、二〇〇三)。

9 平成十二年に解散した。

10 例えば、環境情報センターの市民利用も年々増え、平成十九年度は前年度比四割増となっているという(二〇〇七年度日野市環境白書)。

11 都市計画法第一八条の二では、市町村は議会の議決を経て定められた当該市町村の建設に関する基本構想並びに都市計画区域の整備、開発および保会の方針に即し、当該市町村の都市計画に関する基本的な方針を定める。定めるにあたり、あらかじめ住民の意見を反映させるために必要な措置を講ずる。方針を定めたら、速やかに公表する。そして市町村が定める都市計画はこの基本方針に即したものとする、とした。

12 日野市では一九九四(平成六)年三月「日野市市民参加の推進に関する要綱」を制定している。要綱は市政のあらゆる分野に民主的な市民参加の場の保障と市政の政策立案、施策の運営等について市民の意見を受け入れるため、広く市民参加の場を設けるとしている。

13 環境基本条例制定の直接請求に先立ち、すでに『市民版まちづくりマスタープラン』づくりの活動があり、この活動を通じて問題意識を共有する人的ネットワークが存在していたことも、直接請求運動の背景に存在する。

14 「なぜ直接請求でなければならなかったのか」という点については「行政・議会の厳しい反応と出会うたびに、私たちはこの直接請求は『直訴』ではなく『市民の参加の試み』であることを知らせる機会と捉え粘り強く訴えていった」(久須美、二〇〇一:五)という当事者の声が残っている。

15 検討委員会は素案が出来た段階で検討することになった。

16 日野市は三多摩地区において「不燃ごみとリサイクル率がワースト1」と大きな問題となっていた。多摩地区の埋め立て処分場である日の出町二ツ塚の日野市の平成十年度の埋め立て可能な配分量は超え、数年後に数億円の追徴金支払いの危惧があった。

17 その中で、二〇〇一年に整備が始まった「よそう森公園」は水路を出来るだけ残した区画整理が行われた。

18

「恩恵としての市民参加は、それ自体としては市民参加の様相を持ちながら、実質的には、行政のパタナーリズムのなかに市民を取り込んでしまう、いわゆる包摂型の参加を作り出すことになる。したがってしばしば積極的な市民参加の実践は、市民の積極的な動員と同義になる」（新川、二〇〇三：五二）。

IV

まちと農業と用水

1　日野市の農業の歴史と現状

一　都市農業の見直し

近年、農産物の最大の消費地である首都圏、とりわけ大都市およびその近郊においては、農業に対する関心が高まりつつある。(1) これは、身近で作られる安心感のある農産物、居住地周辺の環境保全や良好な都市景観の形成、そして農業を通じた情操教育など、都市の農業が果たす役割に対する大きな期待の表れである。このように都市住民のあいだで、「都市農業」に対する評価が高まっている。(2) そうなると、今や都市農業の継続課題や問題は、単なる「農業問題」ではなく、むしろ「都市問題」として位置づけられるだろう。(3)

しかし一方で、その都市農業をとりまく環境は恵まれているとは言い難い。農産物の価格低迷、生産者の高齢化、後継者不足など、農業経営上のさまざまな問題を抱えている。また、宅地に囲まれた農地で作業をするため、周りの住民の苦情やクレームもないわけではない。非農家である住民と農家が〝混住化〟した都市において、農業の〝持続可能性〟を構築することは難しい。

こうした中、日野市では、これまで都市農業を活性化させるためのさまざまな取り組みを行ってきている。

写真 4-1　田植えの風景（日野本町）　1959（昭和 34）年（井上平吉氏所蔵）

二　日野の農業史

そもそも、日野の農業の中心は、稲作であったことを忘れてはならない。現在、畑の面積が水田の面積をはるかに上回っているため、そのようなことは信じられないかもしれない。しかし、少なくとも一九六〇年までは、「東京の米蔵」あるいは「東京の穀倉地帯」と言われるほど、日野では稲作が盛んであったことは歴史的事実である（写真4-1）。

例えば、一九六〇（昭和三五）年五月十八日の『日野広報』（第101号）の表紙を見ると、「早くも田植え歌が」という表題が記されている。そして、落川地区では東京都下のトップをきって田植えが始まったことも報じられている。また、翌年七月五日の『日野広報』（第117号）の表紙には、「米どころ　渇水にめげず　田植に励む」という表題が書かれている。さらに、水不足のため地下水をポンプアップすることで田んぼに水を引き込み、田植えが始まったことも報じている。このような記事からも、田植えなど稲作作業は、当時の日野では、見慣れた風景であったことが推測される(4)。

日野市は、市のほぼ中央を流れる浅川によって、南北に二分されている。まず浅川北部は、日野台地と多摩川・浅川の河岸段丘、そしてそれらの東部に広がる二つの河川の氾濫原から成り立っている。一方、浅川の南部は、浅川と多摩丘陵とに挟まれた東西に細長い地域で、多摩丘陵の台地、浅川右岸の河岸段丘（平山地区および南平地区の東部）、浅川の氾濫原から成り立っている。

まず浅川北部と農業のかかわりを説明しよう。まず日野台地の大部分は、畑によって占められ、各所に平地林が点在していた。また台地の周辺は雑木林に囲まれ、これら畑と雑木山は、長い間、資源利用の対象となっていた。

また、日野台地の南北ハケ下から、東方多摩川・浅川の合流点に及ぶ平地は、古くから広大な水田稲作地帯として知られ、裏作には、大麦・小麦・ナタネ・レンゲ草などが栽培されていた。明治以降、養蚕が盛んになり、明治末から昭和の初めにかけて、多摩川・浅川流域の一部の水田は桑畑に転用された。しかし、一九四二年頃から第二次大戦による食糧生産のため、再び水田に戻されたという。

この水田地帯に工場が進出し始めたのは大正中期頃である。とくに昭和十年頃から、日野五社と呼ばれる神鋼電機・東洋時計（オリエント時計）・東京自動車工業（日野自動車）・富士電気・六桜社（コニカミノルタ）などの大企業が進出し、地域社会を大きく変えていった。さらに、一九六〇年代に入ると、商業地化や住宅地化が進み、小中学校も建設されていった。こうして一九六四年頃には、中央高速道路の着工により、多くの水田が消滅していったのである。

次に、浅川南部と農業のかかわりを説明しよう。もともと、この地では、谷間の低地や浅川の氾濫原に開かれた水田と、多摩丘陵の裾野や中腹に開かれた畑・雑木林などが広がっていた。この地域の開発は、一九二五年の「玉南電鉄（翌年に京王電鉄に合併）」着工に始まる。その後、多摩丘陵平山ゴルフ場の開設や、高幡不動前の水田地帯の商店街化など局地的な変化をもたらした。そして全域にわたる大きな変容は、一九六三年五月の「多摩動物公園」の開設以降のことであった。そのうえ、一九六〇年代前半から始まる多摩丘陵の団地造成はこの動物園の周辺から始まり、次第に隣接の丘陵地帯に広がった。こうして一九七〇年代後半には、市域の丘陵のほぼ全域に及び、平地にある農地も、小中学校などの公共用地や商業地・住宅地に転用されていったのである。

写真 4-2　宅地の横を流れる豊田用水

このような宅地化や工業用地への転用が加速すると、都市内部およびその周辺の農地面積は、縮小を余儀なくされる（写真4-2）。こうして都市農業は、都市化の波に飲み込まれる運命にあるとされ、「農業を営む上の社会的基盤を既に失っているところで営まれなくてはならない農業」（南、一九七七：二二）、「当面は市街化の『残地農業』であり、ゆくゆくは市街化され消滅する運命にある『経過的農業』（田

写真 4-3　水田に隣接する宅地（落川用水）

代、一九九一：二二）として理解されるようになるのである。

三　日野農業の変容と現在

それでは、具体的に日野市の農業の変容を見てみよう。

まず、経営耕地面積であるが、一九七〇年以降、徐々に減少している（写真4-3、図4-1）。とりわけ、水田面積の減少が顕著である。なお、二〇〇五年現在、経営耕地面積は二〇八ヘクタールであり、市域面積の七・六パーセントに過ぎない（日野市産業振興課編、二〇〇九）。

また、二〇〇五年の「販売農家（三〇アール以上または年間の農産物販売金額が五十万円以上の農家）」あたりの経営耕地面積は、〇・三～一・〇ヘクタール未満が全体の八〇パーセントを占めており、一農家あたりの経営規模は比較的小さい（図4-2）。

つづいて「専業・兼業農家数」の推移を見ると、一九七〇年以降、農家戸数は徐々に減少しており、とりわけ、専業農家は一九八〇年にかけて急激に減少している（図4-3）。二〇〇五年現在、全農家戸数の約九五パーセントが兼業農家になっている。なお、二〇〇五年現在、日野の全人口における農家率はわずか一パーセント弱である（日野市産業振興課編、二〇〇九）。

また、年齢階層別の農業従事者数は、五十歳代以上の比率が圧倒的に高い（図4-4）。他の市町村と同様、日野市も生産者の高齢化問題を抱えている。

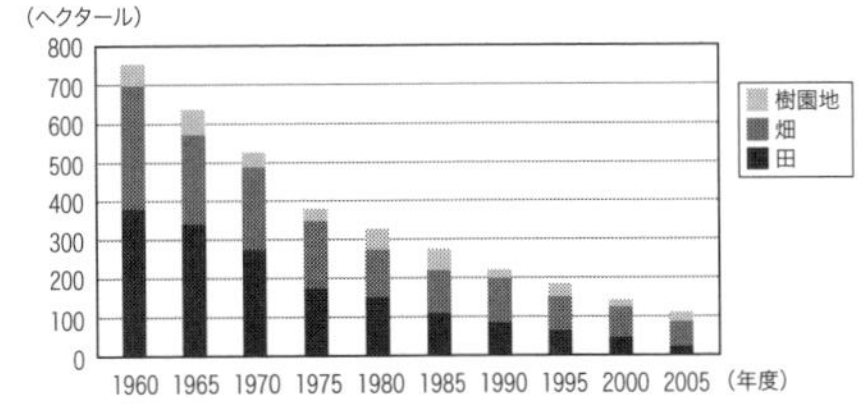

図4-1　日野市における経営耕地面積の推移
（『農業センサス』より作成）

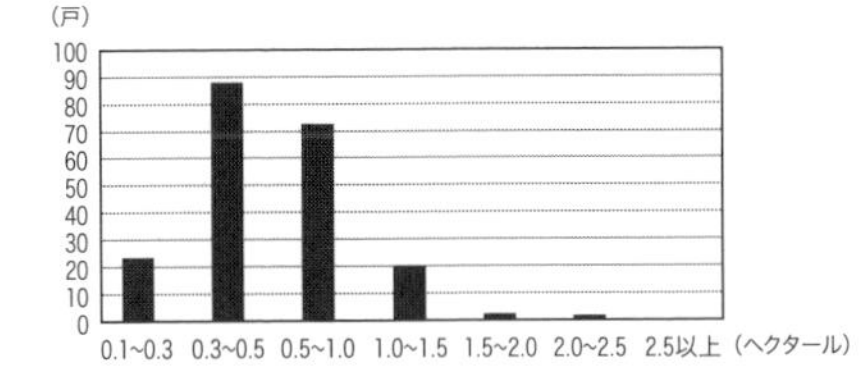

図4-2　日野市における経営耕地面積規模別の販売農家戸数（2005年度）
（『農業センサス』より作成）

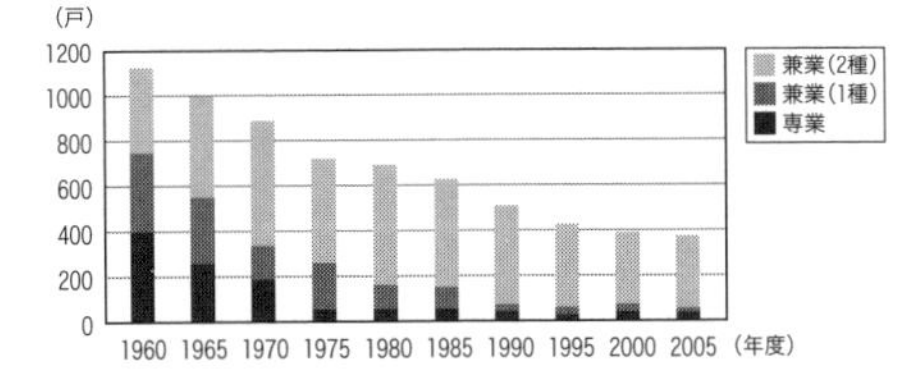

図4-3　日野市における専業・兼業別農家数の推移
（『農業センサス』より作成）

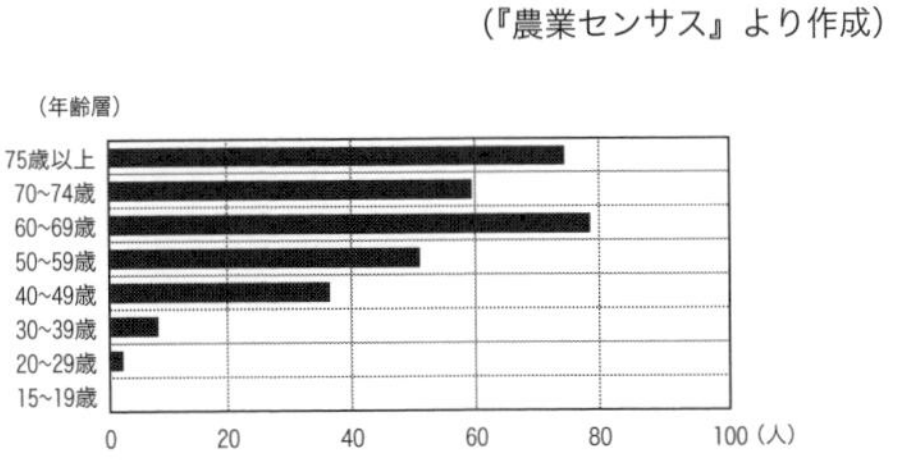

図4-4　日野市における年齢階層別農業従事者数（2005年度）　（『農業センサス』より作成）

四　日野の農業振興策

これまで日野市では、一九九〇年代から都市農業を維持あるいは振興する政策を掲げ、それをまちづくりの一つとして位置づけている。つまり、「残地農業としての都市農業」ではなく、「計画的に保全する都市農業」の模索が始まっているのである。

都市農業推進計画

都市農業の見直し機運が高まるなど農業をとりまく環境に対応するため、日野市では一九九二年に「都市農業推進計画」を策定し、施策を実施してきた（一九九六年度まで）。その推進方向性として「企業的農業経営の確立」「農地保全による都市緑地の確保」「生鮮野菜等の地元供給拡充」「果樹・花卉栽培の振興」「ふれあい農業の展開」「農業後継者の育成」の六つがあげられている（日野市産業振興課編、一九九七：三四—三六）（表4-1）。

第一次農業振興計画

さらに、一九九七年には「第一次農業振興計画」が策定される（実施期間は二〇〇六年度まで）[5]。この計画では、「市民と自然が共生する農あるまちづくりをめざして」という日野市の農業の将来像が掲げられている。その基本方針として「地域にねざした農業の確立」「農業の担い手の確保と育成」「農業を通じた地域住民との交流」の三つがあげられている。

表 4-1　日野市における農業振興に関する計画・条例の推移

年	政策名	方向性
1992 年	都市農業推進計画	「企業的農業経営の確立」 「農地保全による都市緑地の確保」 「生鮮野菜等の地元供給拡充」 「果樹・花卉栽培の振興」 「ふれあい農業の展開」 「農業後継者の育成」
1997 年	第一次農業振興計画	「地域にねざした農業の確立」 「農業の担い手の確保と育成」 「農業を通じた地域住民との交流」
1998 年	農業基本条例	「農業振興は、新鮮で安全な農産物の供給を受け、自然環境を享受するすべての市民にかかわる施策として、将来の世代に継承していくことを目的として行わなければならない」 「市民と自然が共生する農あるまちづくりを構築するためには、これを目的とするすべての者の積極的な取組と相互の協力によって行わなければならない」
2004 年	第二次農業振興計画	「安心して農業のできる環境づくり」 「農業の担い手と仲間づくり」 「市民と農家との交流・体験づくり」 「安全安心な農産物づくり」 「ひの農業ブランドづくり」

農業基本条例

一九九七年には「環境にやさしい市政」を掲げる現在の馬場弘融市長が誕生した。その「市政運営基本方針」として、貴重な残された緑である農地を守るとともに、農業の抱えるさまざまな課題に対し、市民の理解を得つつ、農業を永続的に育成していくため、一九九八年三月、全国に先駆けて「農業基本条例」（施行同年七月）が制定されたのである。(6)

その基本理念は、以下の二点である。まず「農業振興は、新鮮で安全な農産物の供給を受け、自然環境を享受するすべての市民にかかわる施策として、将来の世代に継承していくことを目的として行わなければならない」ということである。次に「市民と自然が共生する農あるまちづくりを構築するためには、これを目的とするすべての者の積極的な取組と相互の協力によって行わなければならない」ということである（日野市産業振興課編、二〇〇四：一二二（傍点筆者)）。この条例の特徴は、農業振興計画の策定と実施を推進するため、市や農業者の責務だけでなく、市民の責務を明確にしたことにある。(7) こうして市民は、都市農業を維持するために農業者に対する「責任ある協力者」として位置づけられたのである。(8)

これは「農あるまちづくり」の項目のなかに具体化されている。そこでは「市民の意識調査等を見ると、農地が新鮮な食料供給や緑地環境の保全、教育的な場、生態的な自然環境の保全等の多面的機能を持つことから、多数の市民が農地の存続を望んでいることがわかる」として、「今ある農地を次の世代に残していこう」という目的を定め、「緑の基本計画」「都市計画」において農地保全を位置づけ、農地保全のための市民農園づくりを進めるとしている。さらに「農業者をみんなで理解し、農業を支援しよう」とし、そのために「都市農業を営んでいく上での農家の持つ問題について、市民の理解を高めていくような取り組みを実施」するとともに、「農作業に対する市民の手伝い（援農ボランティア）の制度化」と「日曜朝市の開催と、農家・市民の交流やふれあいイベント等を開催する」としている。このように、農業者と市民との積極的な結びつきを形成することによって、市民が地元の農業者を支える関係性を構築し、その結果として農地を残していこうとする日野市の都市農業の方向性が打ち出されたのである。

第二次農業振興計画

さらに、二〇〇四年に「第二次農業振興計画」を策定した（二〇一三年度まで）（図4-5）。これは日野市の「農業基本条例」と国の「食料・農業・農村基本法」等の制定を踏まえ、「日野いいプラン2010」の部門計画として位置づけ、今後十年間の日野市の農業振興の指針となるものであった。そして、これは、第一次農業振興計画を策定した一九九七年とは異なる農を取り巻く環境変化、すなわち、

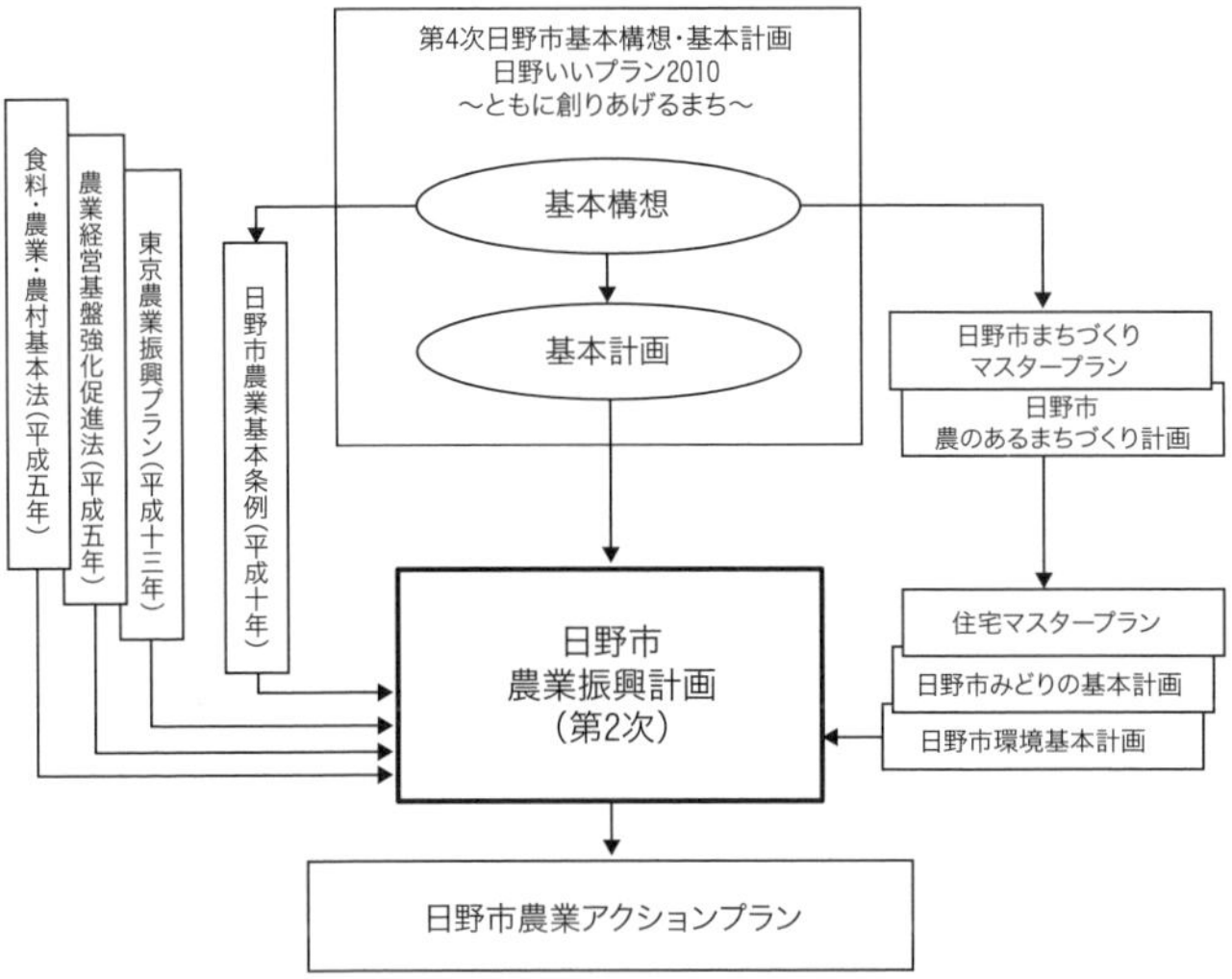

図 4-5 「第 2 次農業振興計画」の位置づけ

（日野市産業振興課編（2004）の 2 頁より）

①農の担い手として認定農業者などへの集中・重点化、②環境問題や食の安全に対する市民意識の高まり、③新しい農業スタイルの登場（若年農業者の創意工夫、体験型農園、女性の経営参画、帰農など）に対応した計画である（日野市産業振興課編、二〇〇九：三）。

この計画では、二〇〇四～二〇〇九年にわたる五年間の事業展開の検証・見直しを行い、二〇一〇年から実行すべき十七の「アクションプラン（行動計画）」をまとめている（二〇一五年度まで）（図 4-6）。この「アクションプラン」は、「第二次農業振興計画」を具体化したものであり、その計画の実現化を図った政策である。

食育推進計画

その一方で、日野市では「市民一人ひとりが、心身ともに健康に生きるために、環境や特色にあった『日野市ならではの食育』を推進する」ために、二〇〇八年に「食育推進計画」を

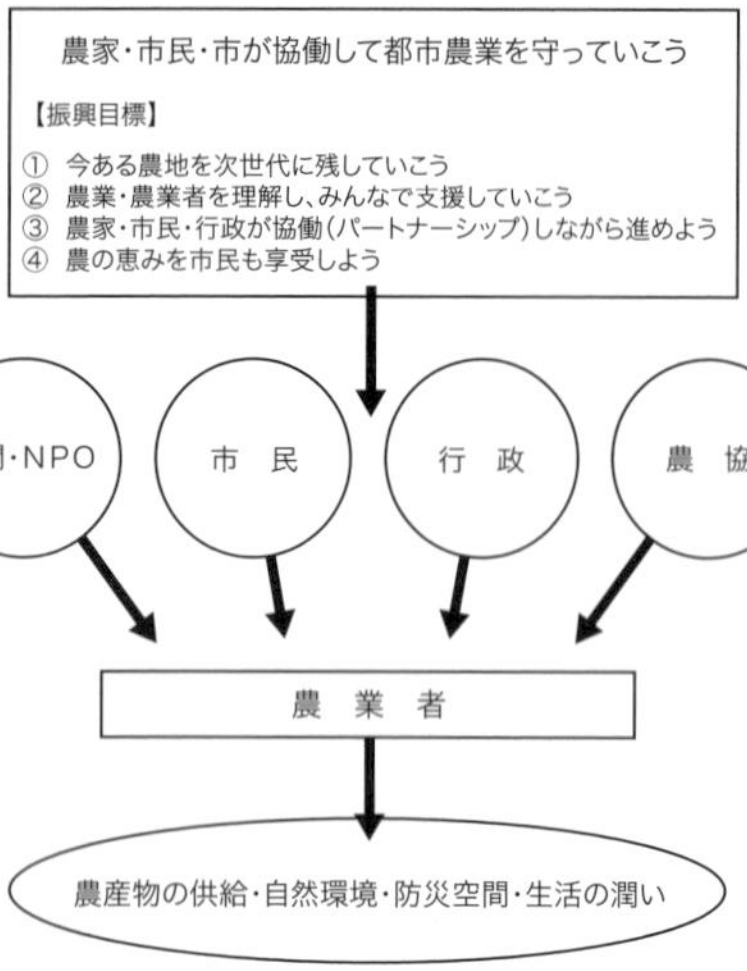
農家・市民・市が協働して都市農業を守っていこう
【振興目標】
① 今ある農地を次世代に残していこう
② 農業・農業者を理解し、みんなで支援していこう
③ 農家・市民・行政が協働（パートナーシップ）しながら進めよう
④ 農の恵みを市民も享受しよう
民間・NPO
市 民
行 政
農 協
農 業 者
農産物の供給・自然環境・防災空間・生活の潤い

図 4-6
「第 2 次農業振興計画」における「振興目標」と「主体」
（日野市産業振興課編（2004）の72 頁、日野市産業振興課編（2009）の 1 頁より）

策定している（日野市産業振興課編、二〇〇九：五）。ここでは、重点推進事業として、①「家庭における食育の展開」、②「学校、児童館、保育所などにおける食育の展開」、③「地域における食育の展開」があげられている（日野市産業振興課編、二〇〇九：六）。さらに二〇〇九年四月から「日野市みんなですすめる食育条例」を施行している。ここでは、保健師や栄養士などによる市民への食育推進、健康づくりの支援や学校給食における地元産野菜利用率二五パーセントの達成など「食育推進計画」に盛り込まれた内容や達成すべき目標等を実施しているかをチェックすることが決められ、この条例推進主体の責務を明確化している。こうした計画と条例を踏まえ、「第二次農業振興計画」のアクションプランを改正している。ここでは、六つの振興施策があげられ、それぞれ施策に対応する二一の個別アクションプランがあげられている（図 4-7）。

以上のように、現在、日野市では、さまざまな取り組みを策定し、〝食〟も含めた都市農業の振興に

【振興施策】	【個別のアクションプラン】
①安心して農業のできる環境づくり	(1) 農業を保全すべき地域を定め、農業者の発意により農業保全地域として指定します (2) 農地を守るまちづくりを進めよう (3) 次の世代に美しい農地を引き継いでいこう (4) 水田を残し、日野の貴重な財産である用水を市民と農業者で守っていこう (5) 経営改善により日野の農業を元気いっぱいにしよう
②農業の担い手と仲間づくり	(6) 認定農業者制度を導入し、活力ある農業経営者を育成しよう (7) 農業の担い手を育てていこう（農業のやりやすい税制を考える） (8) 女性労働者を支援し、日野の農業の活力を高めよう (9) 援農制度を確立し、日野の農業を応援しよう (10)「日野農業応援団」をつくり日野の農業を盛り上げよう
③市民と農家との交流・体験づくり	(11)学校と農家の連携により学童農園を充実させよう (12)ファーマーズセンターを市民と農業者の交流拠点にしよう
④安全安心な農産物づくり	(13)市内どこでも、歩いていける所で地元農産物が買えるようにしよう (14)学校給食に地元産野菜等をもっと利用しよう (15)市民要望を農家に伝えて、農産物の生産過程の情報開示をしよう (16)持続性の高い農業生産方式の導入を促進しよう
⑤ひの農業ブランドづくり	(17)日野の特産品を商品化し、「日野ブランド」づくりを進めよう
⑥日野市食育推進計画との連携	(18)家庭における食育の展開 (19)学校、児童館、保育所などにおける食育の展開 (20)地域における食育の展開 (21)その他の展開

図 4-7 「第 2 次農業振興計画・アクションプラン（改正版）」

（日野市産業振興課編（2009）の 1 頁より）

力を入れている。

2　農業と用水路――「水稲作」とのかかわり

一　地域生活とかかわってきた用水

そもそも、農地、とりわけ水田の営農環境を支えてきたのが「用水路」である。少なくとも半世紀前までは、日野の水路は「農業用水」としての機能を持ち、網目状に張り巡らされていた。また、手洗い場や野菜の洗い場など、地域の日常生活と密接にかかわっていた。それだけでなく、生活排水や雨水排除などの排水機能も果たしていた。

しかし、宅地化によって大部分の農地が消滅し、上・下水道や治水施設などが整備されてくると、農業用水はこれまでの機能を喪失し始める。そして、場合によっては埋められ、あるいは蓋がかけられ、地域住民にさえ目に触れる機会をなくしていく。こうして、用水路は、米作りとのかかわりを切断されてしまったのである。

二　日本農業と用水

もとより日本の農業は、古代から「水稲作」の確立によって発展してきたといっても過言ではない。

日本人の食生活の主軸は、その収穫物である「米」が占めてきたのである。

この水稲作の優れた点は、同じ土地に栽培し続けても「連作障害」を起こさないところにある。これは、水を通じて、落ち葉などの腐食物から栄養分を補給し栽培できるからである。ヨーロッパのような大陸性気候の畑作地域では、小麦・菜種・牧草など数種類の作物を毎年交替して作付けする「輪作」を行わざるを得ない。というのも、そうしないと地力増進が図れず、連作障害を回避することができないからである。

稲作においても、生産量を安定させるために、多くの水が必要であり、そのためには用水の安定的な確保が求められる。だからこそ、河岸段丘崖の湧水地や河川扇状地、中小河川の谷戸地など自然に水が湧いてくるような土地を選び、それらを「水田化」していったのである[9]。もともと水田で栽培した収穫物で、そこに住む人たちを養えたうちは、その湧水の利用で十分であった。ところが、人口が次第に増加していき、生存するために不可欠な米の増産や備蓄が求められるようになってくる。そのため、湧水がない土地を水田化して水稲を栽培するためには、河川の表流水を導き入れなければならなかったのである。そこで堀を掘削し、導水する役割を果たしたのが農業用水であった。

そもそも米は、単に食生活の中心としての主穀であったばかりでなく、貨幣価値も代替していたことはよく知られている。とりわけ江戸時代において、武家階級の俸給として配給され、その取れ高が大名の支配者としての力を示す指標になっていた。その一方で、農民は、その農地の収穫物を「年貢」として支配者に納める義務を負っていた。こうして江戸時代の大名は、自ら支配する土地から多くの米の収穫を望み、少しでも水田を確保するために、湧水のない低位段丘地などを開拓することになっていった。そこで、こうした土地に導水するため、用水路開発を積極的に進めてきたのである。

写真 4-4　秋の豊田用水の風景　稲架《はさ》の後方に宅地が広がっている

明治以降も食糧増産の方向性は変わらず、米の生産力向上が求められた。実際、日本の人口は明治以降も増え続けており、国民を養うという観点から、国は食糧、とりわけ米を増産する必要があった。このように米作が奨励された頃は、その生産に欠かせない用水路が農業用水として大いに活躍していたのである。

このような日本の水稲作をめぐる状況が大きく変わり始めたのは、一九六〇年代の「高度経済成長期」である。その背景として、まず日本人の食生活が「欧米化」したことがあげられる。経済的に豊かになることによって、パンや肉、乳製品を摂取することになり、その結果として米の消費量が減少し始める。こうして需要が減少していく中、米の生産過剰が問題化し始めるのである。そして、一九七〇年以降、国による「減反」政策によって、稲作農家は、水田の休耕・転作を強いられるようになるのであった。さらに、高度経済成長によって都市部では人口が集中し、〝宅地〟の造成が急務となった。そのため、必然的に都市の農地は宅地として転用することが要請された。こうして農地は次々と宅地となり、都市において米作地は縮小していかざるを得なかったのである（写真4-4）。その結果、農地の周りに張り巡らされた用水路も農業用水としての役割を喪失し、消滅する運命になった。そして、たとえ用水路が残されても、本来の役割ではなく、住宅地から流れ出る雑排水を流し込む排水路へと転化していったのである。

昨今、日野では元来の役目を失った農業用水の統廃合、あるいは暗渠化が進んでいる。こうした中で運良く残った用水路でも、掘浚いや草刈りなどもともとの農業用水としての管理が全く行われず、その粗放化が進んでいる。こうした問題の背景には、日野の農業、とりわけ稲作農業の衰退が大きな原因としてある。

三　日野市の農業用水路の変遷

日野市の農業用水路の歴史は古い。「佐藤家文書」などの記録によると、永禄十（一五六七）年、美濃国（岐阜県）から移住してきた佐藤隼人が、滝山城（後の八王子城）の城主である北条陸奥守氏照から罪人をもらいうけ、多摩川から取水する「日野用水」を開削したことが始まりであるという（日野市史編さん委員会編、一九七八：一一）。また、東光寺（日野市栄町五丁目）地区では、その水を飲料水として使っていたという。こうした事実からも、用水路はまさに〝清流〟であったことが推測される。

江戸時代に入ると、幕府の経済を支える農業の生産力を向上させるために、新田開発に力を入れることになった。それに伴って、治水灌漑に積極的に取り組むことになり、農業用水路は整備されていった。

写真 4-5　農業用水として使われていた用水も今は宅地の中を流れる

浅川や程久保川から取水する幹線農業用水路も、この江戸期において開削されたものであるという。

また万願寺地区の「土地区画整理事業」に伴って行われた発掘調査では、多摩川と浅川が合流する地点にある「南広間地遺跡」において古代から中世にかけての水田が見られ、それに伴う農業用水路も数本見つかった。発見された中世前期頃の農業用水路の一部は、近世から現代の農業用水路と重複することが多いという。このように、中世頃には後の農業用水路の原型となるものが作られていたと考えられている。

このように、日野では、太古の昔から米作りのために川から水を引き込む営みを行ってきた。このように農業用水路は、日野という土地に人間が古くから生活してきたことを示す歴史的建築物であるといえる（写真4-5、4-6）。

その歴史ある日野の農業用水を取り巻く環境が大きく変容してきたのは、一九六〇年代以降であろう。この時代、商業地、住宅地化や小中学校などの建設が始まる。多摩丘陵では、多摩動物公園が開設され、その周辺から団地造成が始まる。また中央高速道路工事の着工もあり、都市化、市街化が急速に進んでいく。このような近代化の流れの中で、日野における水田面積は、一九六〇年をピークにして、それ以降、減少していくのである。日野市における田んぼ面積の推移に注目した図4-8から分かるように、一九七〇年から一九七五年にかけての落ち込みは激しいものがある。

さらに都市化や市街化を背景として、農業用水路に家庭排水や工業排水が流入するようになる。その結果、日野市内の農業用水路から基準値を大きく上回るカドミウムが検出されるようになった。とくに

写真 4-6　田んぼに水を供給する豊田用水

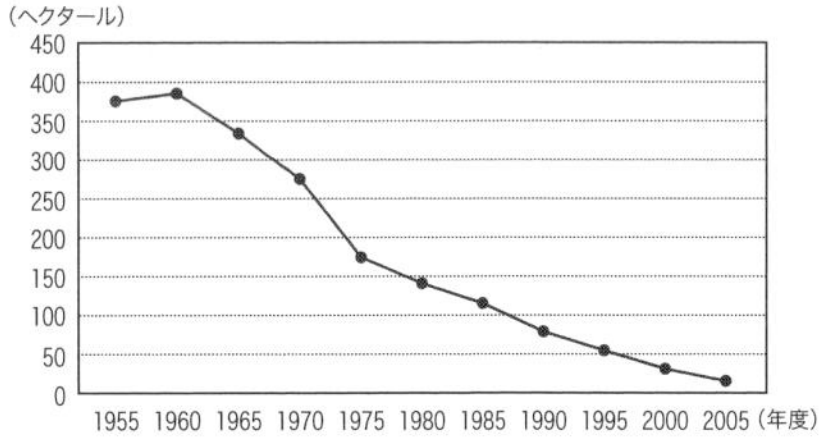

図 4-8　日野市における田んぼ面積の推移
(『農業センサス』ならびに東京都経済局商工部調査課編(1967) より作成。1965 年の数値は、旧・日野町と旧・七生村の合計である。)

写真 4-7　宅地の中を流れる豊田用水

「上田用水」ではひどく、奇形の魚の発見、水田の米がカドミウムに汚染されてしまうという悲惨な事件も起こったという。さらに、水質悪化だけでなく、道路の拡幅工事による用水路の暗渠化、あるいは区画整理事業などの大規模造成によって、多くの農業用水路は統廃合されていったのである（写真4‐7）。

一九九一年度の日野市の用水台帳によると、市内の用水路の総延長は一七七キロメートルとなっている。しかし、二〇〇五年度から始まった用水調査によると、総延長は一二六キロメートルとなっていたことが分かっている（日野市環境市民会議水分科会編、二〇〇八：五）。このように日野の用水は年々減少しつつある。また残っていたとしても、営農活動に使用されず、単に雨水排水路として存在しているだけとなっている。

四　区画整理事業による用水路の変遷

このように用水路を取り巻く環境は厳しいと言わざるを得ない。そしてこうした状況の背景には、都市計画の区画整理事業の展開があることを忘れてはならない。そもそも日野市の土地区画整理事業は、合計約一一〇七ヘクタール、人口集中地区の四六・四パーセントにおよぶ。これほどまでに市街地の面

表 4-2　万願寺第一土地区画整理事業の整理前後対照表

土地利用		施工前（%）	施工後（%）	備考
公共用地	道路	5.4	22.0	①公共用地の有効利用
	河川	5.6	6.2	水路用地 4.2 → 0.95%
	公園	—	3.9	
	小計	11.0	27.9	
宅地		82.1	67.2	② 85.4ha の 3%が空き地化するとして 2.6ha（2.1%）の活用が可能
保留地		—	5.0	
合計（施行面積 127.2ha）		100.0（測量増 7.0%）	100.0	合算減歩率 24.6%

表 4-3　万願寺第二土地区画整理事業の整理前後対照表

土地利用		施工前（%）	施工後（%）	備考
公共用地	道路	8.7	25.6	①公共用地の有効利用
	河川	4.9	0.8	水路用地 4.55 → 0.0%
	公園	—	3.9	
	小計	13.7	30.0	
宅地		80.6	63.6	② 29.6ha の 3%が空き地化するとして 0.9ha（1.9%）の活用が可能
保留地		—	6.3	
合計（施行面積 46.4ha）		100.0（測量増 5.7%）	100.0	合算減歩率 26.3%

的な整備履歴をもった都市は、多摩地域において数少ない。

例えば万願寺第一・第二土地区画整理事業（市施行）は、各々一二七ヘクタール、四六ヘクタールの規模で都市インフラの整備を進め、都市的土地利用への転換を容易にした（表4-2、4-3）。施行前の公共用地率は、ともに十パーセント前後であった。つまり面的整備がなされていない地区の公共インフラは、大方この程度であることを知らねばならない。施行後では、二八～三〇パーセントと大幅な拡充が図られ、代わって宅地率は、八〇パーセント強から六〇パーセント台に減少する。つまり従前の土地所有者の公共・保留地減歩への協力の結果である。

また土地利用に見る河川のうち施行前の用水路率は、四・二パーセント、四・六パーセントで、施行後には前者が一・

〇パーセント未満に減じ、後者が零パーセントとなる。つまり用水路の大方は、宅地の利用効率や空間価値の増進によって都市的土地利用に改変し、廃止されたことを意味している。結果として、区画整理事業が用水路消失の誘引となったことを端的に表していると言えるだろう。

五　農業用水としての保存の取り組み

二〇〇四年に策定された「第二次農業振興計画」のなかでは、「水田を残し、日野の貴重な財産である用水を市民と農業者で守っていこう」と記され、農業用水の保存が謳われている（日野市産業振興課編、二〇〇四：八〇）。

そして、以下の四つの具体策が提示されている。一つ目は、「援農ボランティアによる水田の保全」である。現在、日野には援農ボランティア「日野人《ひのびと》・援農の会」がある。これに登録している市民が水田の維持に参加することが期待されている。二つ目は、「体験農業による水田の保全」である。ここでは、農作業体験ということで、田植えから稲刈りまでを市民や子どもに体験してもらうことが期待されている。三つ目は、「地域の市民ボランティアと協働し、維持管理を行う」である。ここでは、日野のボランティアの協力によって、用水の維持・管理が期待されている。四つ目は、「子どもの頃から用水の歴史・大切さを学べるようにする」である。ここでは、子どもの頃から用水の歴史や地域での利用・管理を学習することが期待されている。

そもそも日野市では、農業（水稲作）に市民をつなげるという取り組みがかなり早い時期から行われてきた。それが、一九八三年から始まった地元産農産物を学校給食で利用する取り組みである。これは、地元の農産物を子どもたちに食べさせたいという栄養士の発案がきっかけとなり、地元農家の協力に加え、日野市と地元農協（JA東京みなみ）が協力することによって始まった。開始当時は、小学校一校、中学校二校であったが、二〇〇八年度には、小学校十七校、中学校八校まで拡大している。そして、農産物を供給する農家は、二〇〇九年現在三六軒になっている。野菜はもちろんのこと、鶏卵・りんご・米を供給している。

ただし、日野では米価の低迷ならびに農家の高齢化によって、水稲作の主体である農家による用水維持・管理は年々難しくなっている。こうした状況に対し、日野では、市民やボランティアによる水稲作への参加を呼びかけている。

しかし、こうした取り組みの前提として、「第二次農業振興計画」でも述べられていたように「用水を残すためには、水田が必要不可欠です」（日野市産業振興課編、二〇〇四：八〇）という自覚が市民にとって重要である。というのも、農家ではない市民が用水機能の本源的な意味合いに気づくことは難しいからである。それゆえ、まず水田を〝米作りの場〟として活かすことが重要である。そこで、こうした水田と市民のかかわりを〝より深く〟させるために「食」は有効に作用すると思われる。というのも、自らが食べるものをその水田で栽培することになれば、〝強い参加動機〟が生まれやすいからである。その意味で、地元産の米を給食で使用することは、水田の保全に有効であるだけでなく、農業用水としての用水路保全にも意味がある。「環境用水という考え方の前に、あくまでも農業用水としての位置付けが大変重要なことです」（日野市産業振興課編、二〇〇四：八〇）という認識のもと、「食」という位相を媒介にして、希薄化した、あるいは切れてしまった市民と水田、市民と用水路の関係を再びつなぎ合わせていくことが求められている。

3　用水路の現在とそのしくみ

一　日野における用水組合の変遷

ここまで見てきたとおり、用水路の持つ本来の機能は農業用水の確保にあったが、日野においても人口が爆発的に増加する昭和三十年代以前までは、用水とは切り離せない暮らしがあった。

このころの用水路の管理は、農業者による年二回の大掃除や藻取り、岸辺の草刈り以外に、用水を利用している人々が、日々の暮らしの中で水を汚さない工夫や家の前の草刈りなどを行い、用水路を保全していたのである。しかし、昭和四十年代の大規模な団地開発などにより、農業従事者以外の市民が急増するとともに、水田の減少や上水道の普及により用水の役割が薄れていき、人々の生活から用水はしだいに遠い存在となっていった。その結果、必然的に受益者である農業従事者で組織する用水組合が維持管理の主体となり、行政は補完的なかかわりに留まっていた。用水の管理は、農家にとっては自分たちの生活の維持管理にも直結しており、かつては農家が水門には他者を寄せ付けない時代もあったという。また財政的にも労力的にもそのほとんどを用水組合が担っていた。

しかし、時代を追うごとに用水路の持つ課題の変化、求められる機能の変化に伴い、かかわる主体は農業従事者中心から行政・市民へと拡大してきている。とくに日野市では、年間通水の実施に始まり、行政の担う役割は近年ますます大きくなってきている。

このような変化をもたらした要因を整理すると、大きくは次の三点があげられるだろう。

第一に、従来主体となっていた農業従事者の置かれている状況の変化である。都市化による農地の減少、農業従事者の高齢化及び後継者不足による農家の減少等により、労働力・資金の両面で充分な維持管理が行えなくなってきている。

第二に、用水路をとりまく環境問題の発生である。周辺人口の増加、工業化等による水質の悪化、ごみの投げ捨てなどによる用水路の汚染などがとくに昭和四十年代以降頻発した。こうした環境問題の顕在化に伴い用水路の管理業務は増加し、行政の関与もまた拡大してきている。

そして第三には、用水路に求められる機能の多様化である。農業用水としての役割の減少に反比例して、環境意識の高まりとともに景観やまちづくりという環境資源としての視点から、地域用水、環境用水などの機能もまた求められるようになってきた。

これらに伴い、用水にかかわる主体も行政や市民団体等に拡大してきている。現在では農業従事者のかかわりの減少を補い、新たな課題の担い手として行政や市民団体が用水路保全に取り組んでいる事実がある。こうした状況と背景を踏まえ、次に日野における用水組合の現状について具体的に見ていこう。

二　用水組合の現状

現在、日野市の農業用水路はおもに、日野用水土地改良区、豊田堀之内用水組合、七生西部連合用水組合、向島用水組合、上田用水組合、七生東部連合用水組合の六つの用水組合と市が協働で維持管理業務を行っている（表4-4）。

受益地	受益面積	取水量
栄町、新町、日野本町、日野（日野台地の台地上、崖線除く）	20.0ha	2.31m³／s（慣行） 上堰　1.73m³／s 下堰　0.58m³／s
豊田、東豊田（3丁目を除く）、川辺堀之内	5.3ha	1.0m³／s（慣行）
平山、西平山、東平山（台地上、崖線除く）	5.69ha	平山用水　1.5m³／s（慣行） 川北用水　0.36m³／s（許可）
浅川以南の新井、石田	2.32ha	0.5m³／s（慣行）
上田、宮	2.0ha	0.29m³／s（許可）
高幡用水…高幡、三沢 落川用水…落川、百草（川崎街道周辺）	0.64ha （百草、落川地区のみ）	高幡用水　0.63m³／s（慣行）
新井、石田、下田（浅川以北）		0.19m³／s（慣行） →豊田用水、上田用水の残水
南平		平山用水の残水

表 4-4　日野市内の用水組合（2009 年現在）

組合名	組合員数	幹線水路	取水口
日野用水土地改良区	114 人	日野用水上堰 日野用水下堰	日野用水上堰…日野用水上堰、八王子市平町、多摩川右岸、横断工作物（391 m × 1.2 m、転倒ゲート 3 門)、自然流下 日野用水下堰…栄町 5 丁目で上堰と分岐
豊田堀之内用水組合	68 人	豊田用水	豊田用水樋門、平山橋下流、浅川左岸、砂利の導水堤、自然流下
七生西部連合用水組合	24 人	平山用水 川北用水 上村用水	平山用水…平山用水樋門、滝合橋上流、浅川右岸、コンクリート堰と砂利の導水堤、自然流下 川北用水…川北用水揚水ポンプ、JR 中央線浅川鉄橋下流、浅川左岸、ポンプアップ 上村用水…川北用水からの分水
向島用水組合	14 人	向島用水	向島用水樋門、ふれあい橋上流、浅川右岸、砂利の導水堤、自然流下
上田用水組合	12 人	上田用水	上田用水樋門、一番橋と高幡橋の中間、浅川左岸、砂利の導水堤、自然流下
七生東部連合用水組合	三沢、百草・落川　5 人	高幡用水 落川用水	高幡用水…高幡用水水樋門、高幡橋上流、浅川右岸→平山用水の残水 落川用水…落川用水揚水ポンプ、三沢中学校の程久保川沿い、程久保川右岸、ポンプアップ
新井用水組合（解散）		新井用水	新井用水樋門、高幡橋上流、浅川左岸→豊田用水、上田用水の残水
南平用水組合（解散）		南平用水	平山用水の残水（平山用水が南平から名称変更）

日野市の用水組合においては、田畑十アールあたり五百円〜四千円程の組合費を徴収し、日野用水土地改良区でも田十アールあたり千円、畑十アールあたり五百円を徴収している。この組合費以外に「用水路利用規約」を定めて農業用水路を目的外に使用することにより、用水組合が利用協力費の徴収を行うという形がとられるようになった。例えば下水道未整備の場合、浄化槽使用による処理水を農業用水路に流す際に戸建の場合三万円の「放流協力費」であったり、また農業用水路を横断して橋を架ける場合に幅一メートルあたり五千円の「橋架け協力費」であったりといったものが設定されている。しかし、下水道整備が進んできている日野市では、実際には放流協力費はほとんどなく、橋架け協力費についても年に数件程度である。それらを資金として用水組合や土地改良区は堀浚いや藻刈りなどの維持管理業務をかんがい期の間行っている。現在はこのかんがい期の維持管理費用についても市が七割の補助を出している。また、日野には、砂利の導水堤を設けて自然流下による取水を行っている所があるが、大雨のたびにその導水堤が崩れてしまうため、修復作業が必要となり、河川内の砂利を盛るのに重機を委託するため、一日七万円程度を必要とする。当然組合のみでは負担が困難なため、二〇〇一（平成十三）年からは市がその費用を負担している。

さらに、日野では市内の用水組合の連合組織として、「日野市用水組合連合会」が組織されている。連合会は、各用水組合の長が会員となり、会議、親睦的な行事、年一回の市長との意見交換会を行っている。市長との意見交換会では、各用水組合の実情報告と今後に向けた提案を行っている。しかし、そのほとんどが用水組合からの要望などを聞く場であるという。この連合会の事務局は、日野市の産業振興課農産係が担っている。

現在、用水組合員数と実際に用水を利用する受益者数とは異なってきている。その理由は水田を止めてもそのまま組合員として留まる人がいるためである。用水を畑で利用する場合もあるが、堀浚いなど維持管理に多くの人手を要することから地域の環境を守り、つながりを維持するために留まっているケースもある。

三　現存する用水組合の動向

このような日野における用水組合の現状の全体を踏まえ、以下に各個別の用水組合の動向について述べていく。

日野用水土地改良区

日野用水土地改良区の前身は、明治期に設立された日野用水組合である。一九五四（昭和二九）年に日野用水組合が解散し、日野用水土地改良区が設立された。日野市役所まちづくり部産業振興課に事務局があり、行政事務に関して市の事務局が行っている。年一回の総大会は、東京都の指導もあり全組合員が参加している。取水口が八王子市にあるため、以前は八王子市石川町にも水田があり、組合員もいたが、現在は水田もなくなり八王子市の組合員はいない。

日野用水最上流部の東光寺地区（栄町四丁目、五丁目）は、今なお農業が盛んで、受益地の中で最も水田が残っている。

写真 4-8　豊田堀之内用水組合では年に 2 回、組合員による一斉堀浚いが行われている

写真 4-9　木板で用水をせき止め、水かさを下げてから清掃する

豊田堀之内用水組合

豊田用水の上流の豊田地区は、区画整理事業で水田が激減した上、後継者不足もあり、現在、水田耕作している農家は二軒、あとは梨農家が一軒だけ残る状況となっている。一方、下流部に当たる川辺堀之内地区は農業が盛んであり、農家、農地が多く、現在の様子であれば向こう十年間は積

極的な営農が予想されていた。ところが二〇〇八年には国道二〇号が開通し、二〇〇九年には川辺堀之内地区においても区画整理事業の実施が決定した。今後環境が大きく変化していく中で、農地の減少が加速する可能性が高い地域である。

また、豊田堀之内用水組合では二〇〇八年から年二回の堀浚いを「援農ボランティア」に協力してもらっている。（写真4-8、4-9）

七生西部連合用水組合

七生西部連合用水組合は、浅川を挟み三つの幹線水路があるものの、農業が盛んな平山地区の水田耕作にのみ用いられている状態で、管理も平山地区の農家が行っている。

国土交通省の河川整備事業による治水のための浅川護岸工事により、二〇〇四（平成十六）年に上村用水は川北用水と統合され、二〇〇五（平成十七）年に上村用水の取水口は閉鎖された。川北用水の取水方法は、自然流下取水から川底にメッシュ菅を埋め、電動によるポンプアップ取水となった。これに伴い、川北用水の〇・三立方メートル/秒の慣行水利権が、〇・三六立方メートル/秒の許可水利権となり、上村用水は川北用水の分水となった経緯がある。そのため川北用水の取水権が、七生西部連合用水組合から日野市に移管され、水利権者は日野市長となった。川北用水の許可水利権は、年間通水が前提となっている。ただし〇・三六立方メートル/秒の水量を確保できず表流水の取水もしているということである。

平山用水の平山用水樋門は、川の半ばまで達するコンクリート堰があるが、国土交通省による治水対策の河川工事などが原因で河床が低下し、年々取水が困難になっているという。さらに浅川の洪水により導水堤が壊されることが多くなっている。
近年、平山城址公園駅南側の区画整理事業により、この駅の周辺から水田はなくなってしまい、組合員によると当地区の営農も、あと五年から十年が限界ではないだろうかという話も出てきている。十二アールほどの水田があるが、今後の用水路の管理について組合員のひとりは「水田がなくなれば市が環境用水として守っていく。ただし、今ある水路を全部市で管理するのは大変なお金がかかる。守る水路とあきらめる水路に分け、重点的に予算を投入していかないとだめじゃないか」と語る。

向島用水組合

比較的農家の戸数が多く、水田がまとまって残っている地域である。だが、組合員の過半数は、用水が流れる新井ではなく浅川対岸の石田や万願寺に住んでいる。数年前までは自治会と用水組合の共同で草刈りや清掃などを行っていたが、現在は組合が単独で行っているという。身近な用水の掃除を行う用水守は市の中で新井地区が一番多いということである。浅川取水口付近から南新井交差点まで親水路が整備され、生態系に配慮した水路に再生された。潤徳小学校裏には用水を取り込むかたちでビオトープも作られた。向島用水は潤徳水辺の楽校の活動フィールドにもなっている。
河川工事で河床が下がり、砂利の導水堤のため、河川の増水のたびに壊れ、取水できないこともある。雨の時の水門の管理は現在組合長が行っている。

上田用水組合

上田用水の受益地は、日野用水の一部が流れ込むため、日野用水土地改良区の設立時には日野用水の受益地に含まれていたが、独立し上田用水組合を結成した。現在は豊田用水の一部も流れ込む。上田用水は、一九八〇（昭和五五）年の上田用水樋門と豊田排水樋管との一体工事の際、慣行水利から〇・二九立方メートル／秒の許可水利権に変更した。前回の申請では冬季の通水を許可されていなかったものの、現在、日野市は年間通水を前提として国土交通省に許可を申請している。また、新たな問題として取水量を算出する国土交通省の計算式は、受益面積により決まってくるが、上田用水の受益地は区画整理事業により受益面積が大幅に減少したため、今のままではほとんど水が流れない状態になってしまうことになる。自治体側と水を管理する国土交通省の間の調整が今後必要となっている。

上田用水上流の川崎街道以西の上田地区、中流域の上田・宮地区には、水田、梨、ブドウなどの果樹園がみられる。しかし、二〇〇四（平成十六）年に一部開通した地区の中央部を横断する国道二〇号バイパスの影響による市街化の進行と下流の万願寺地区は区画整理事業により水田がほとんどなくなり、幹線水路と主な支線のみとなり、残った農業用水路においても排水路化している。

七生東部連合用水組合

七生東部連合用水組合は、高幡用水組合、三沢用水組合、落川・百草用水組合で構成されていた。その中で、高幡用水組合が中心的な存在であり、代表を担っていた。しかし高幡地区は京王線の高幡不動駅北側という立地や、区画整理事業などにより水田がなくなってしまった。また宅地等の雑排水の放流がひどくなり、残った水田でも耕作ができない状態だったという。さらに高幡用水は河床低下により取水が極めて困難になったこともあり、一九九五（平成七）年ごろから取水をやめ、二〇〇一（平成十三）年に解散に至った。

三沢用水組合も高幡用水組合に同調し市に解散を要望しているが、同地区には現在もまだ水田稲作している農家が二軒あるため、解散は承認されていない。区画整理により暗渠化されたこともあり用水組合としての堀浚いなどの活動をせず、組合費の徴収も行わない、現在は実態のない休眠状態にある。

落川・百草地区は区画整理などで水田の規模は縮小し、三戸だけが水田稲作を行っている。実は落川・百草用水組合も解散の予定であったが、市から解散しないでほしいという要望があり現在も存続している。高幡用水組合の解散の際、連合用水組合の代表は落川・百草地区に移行された。

現在、高幡用水は〇・六三立方メートル／秒の慣行水利権は残っているが、取水はしていない。そのため、平山用水から南平用水を経て流れてくる残水を流している。落川用水はポンプ取水であり、そのポンプ費用が多大にかかるため、一九九八（平成十）年に管理を市に移管した。また高幡用水の幹線についても日野市の緑と清流課が管理を行っている。下落川では自治会も水路清掃などの活動を年二回実施しているという。

四　解散した用水組合

これまで見てきたように、現状では活動や実態のある用水組合もそれぞれに日野における水田耕作の限界と直接結びついたかたちで課題を抱えている。また用水組合の中にはすでに解散してしまったところもある。残った用水の維持管理は日野市が担うこととなる。

新井用水組合

新井用水組合は「万願寺土地区画整理事業」により組合員の水田がなくなり、一九八二（昭和五七）年頃より取水をやめ、一九八七（昭和六二）年に解散した。その後、堤防工事に伴い、一九九五（平成七）年に樋門を撤去し、豊田用水、上田用水の残水が通水されている。新井用水組合の解散後は、区画整理により幹線のほかに三本の支線が残るだけであるが、日野市が管理している。現在、水田が二枚残っているが、それらは上田用水組合員のものである。

南平用水組合

南平用水組合は一九九二（平成四）年に「南平土地区画整理事業」の進行に伴い、水田がなくなってきたため解散を市へ要望した。市は解散を引き延ばそうとしたものの、一九九五（平成七）年に、梨園が複数あるにもかかわらず一方的に解散してしまった。実情では南平地区には水田が四カ所ほど残っているが、解散する時には南平地区の農家による水田耕作とは言い難かったという。その解散に伴い、南平用水組合が平山用水組合に若干のお金を渡し管理を依頼したといわれているが、平山用水組合が南平用水を管理しているという事実はなく管理者が不在となっている。現在は、平山用水の残水を流しており、市の緑と清流課が管理している。

五　行政と用水組合のかかわり

日野市において、用水路を含む水辺行政と密接に関連する部署は「環境共生部」と「まちづくり部」である。環境共生部は六つの課に分かれている（図4-9）。環境保全課において環境計画の策定、環境

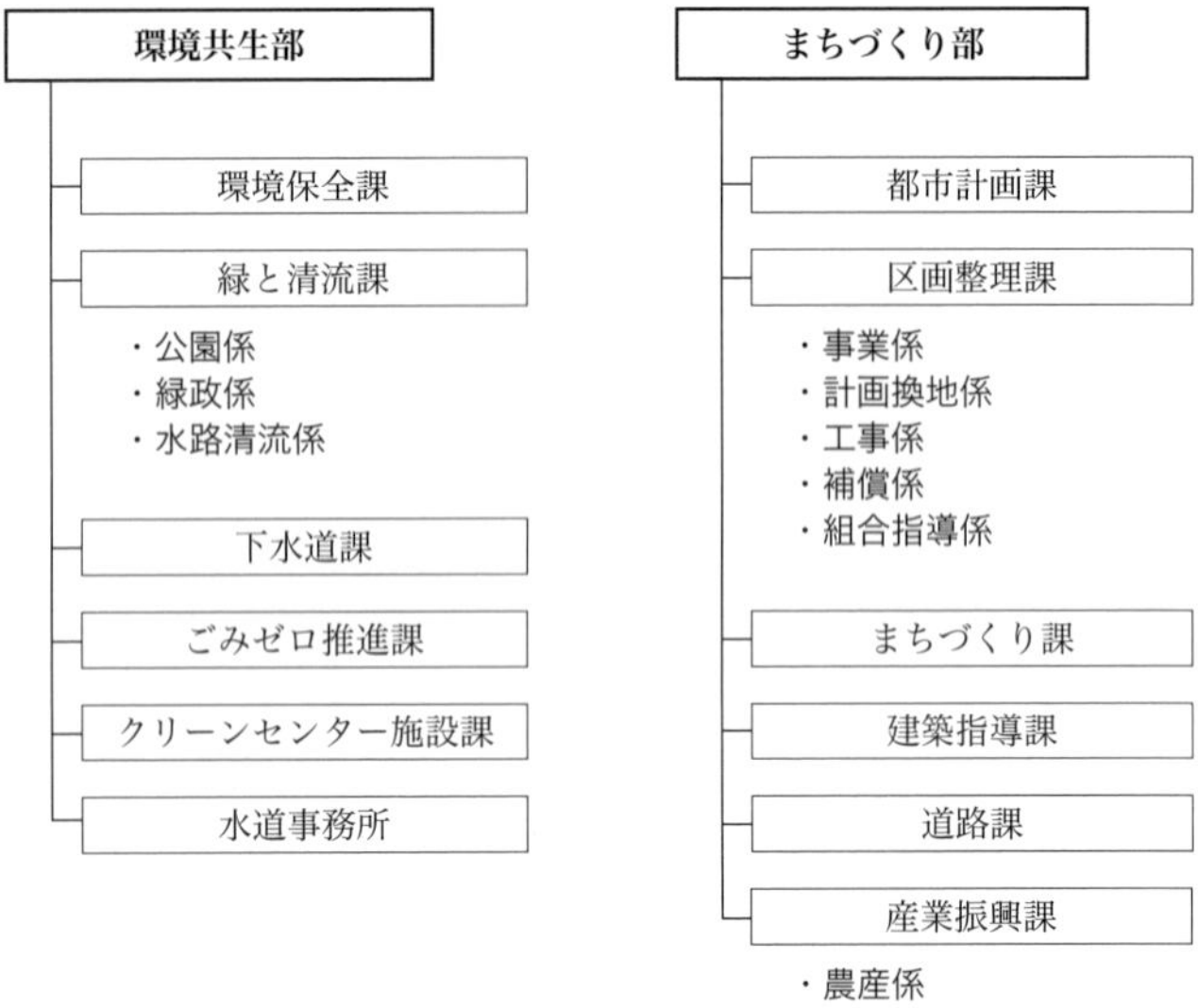

図 4-9　日野市の行政組織

全般の対策などを主体として行い、緑と清流課において公園・緑地・水路などの維持管理を主として行っている。用水路を含む水辺行政の最前線は緑と清流課の水路清流係が担っている。具体的には用水路等の改良、維持管理および日野市普通河川等管理条例に基づいた、準用河川根川、程久保川上流等の普通河川及び用水の占用許可、占用料徴収、放流許可、自費工事、用途廃止などの業務、ならびに清流保全―湧水・地下水の回復と河川・用水の保全―に関する条例（清流条例）に基づいた、河川、普通河川、用水、湧水などの浄化及び用水の年間通水の確保に関する業務などを行っている。

また、まちづくり部産業振興課農産係が日野用水土地改良区の会計処理を含む事務局事務全般を担っており、三年に一回、東京都による事務内容及び改修時の補助金に対する監査等に対応している。しかし、毎年行われる日野用水土地改良区の理事会には市の担当者は出席せず、事務的処理のみを行っている。また、日野市用水組合連合会の事務局も担っている。

現状では緑と清流課の水路清流係によって用水路の維持管理が行われているものの、用水路の変遷に大きくかかわる区画整理事業等はまちづくり部において別個の文脈で進められている。

六　用水路の維持管理をめぐる主体の変化

日野市の用水組合は組合員の減少や管理費の高騰によって用水路の維持管理が困難になってきたため、市への施設の移管を長く希望していたが、市も経費と労力がかかることを理由に、管理移管に対して難色を示してきた。しかし、市は一九七六（昭和五一）年、公共水域の流水の浄化に関する条例（清流条例）を施行し、用水組合と「用水路年間通水事務委託契約」を結び、灌漑期以外の時期も農業用水路に水を流すことになった。ここから市も用水路の維持管理に大きくかかわることになったのである。具体的には、通常は用水路に水の流れていない農閑期（十月~三月）の堀浚い、草刈り等を市が担うこととなった。そして灌漑期（四月~九月）においても用水組合の活動費のおよそ七割を補助している。また費用の補助のみならず、用水組合の収入基盤が弱くなり、幹線水路の改修工事等を組合が単独で行う力がなくなったことから、国や都の補助金を受けて市が工事を執行している。さらに大雨のたびに壊れる導水堤を取水口上流に作る（重機で河川内の砂利を盛る）作業も二〇〇一年から市が行うようになっている。

表4-5に示すように、日野市においては毎年用水路の維持管理にかかる直接的な経費として、約四

表 4-5　用水路の維持管理に関する主な経費（単位：円）

	2002 年	2003 年	2004 年	2005 年	2006 年	2007 年	2008 年
用水守制度経費※	80,000			160,000	192,000	202,000	211,854
用水路等維持管理経費	26,122,901	28,026,336	27,284,204	27,274,967	27,191,707	27,256,631	28,475,604
用水路等補修費	15,622,383	15,416,407	13,629,571	14,162,026	11,864,457	12,120,229	9,216,798
農業用水経費			6,432,060	3,873,245	3,845,293	3,234,700	3,331,663
合計	41,825,284	43,442,743	47,345,835	45,470,238	43,093,457	42,813,560	41,235,919

※保険料または手袋などの消耗品　　（日野市決算報告書より作成）
平成 14 年度は「用水里親制度経費」として計上されている。

五〇〇万円近くが支出されている。

日野市行政は、この他にも「清流監視員制度」を制定し、農業用水路に関する指導（汚染行為を防ぐ）を行う住民監視システムを設けた。これは農業用水路に関する日常的な管理や監視（見回り）は住民にまかせ、水利施設の補修や改修は市が行うものであった。これらの取り決めから、一年のうち四月から九月の灌漑期は用水組合が管理を行い、十月から三月は市が管理を行うという役割分担がなされた。その後、二〇〇一（平成十三）年からは、浅川から取水する用水の取水口の管理についても、用水組合から市に移管するに至っている。市ではおもに環境共生部緑と清流課水路清流係が維持管理を担当している。さらに、二〇〇二（平成十四）年から、ボランティア活動を支援する「用水守制度」が発足した。このような用水路の保全に関するさまざまな市の取組みは、脆弱になった用水組合を補完する人材面、財政面での支援に加え、多様な主体の参加を促すための制度づくりや広報・啓発活動を中心とするものであった[10]。

ここまで見てきたように、日野市行政が農業用水路とかかわり、その維持管理を用水組合に代わって担うようになってきたのは、一九七六（昭和五一）年に清流条例を施行し、用水組合と「用水路年間通水事務委託契約」を結んで年間通水を図ったことが契機となっ

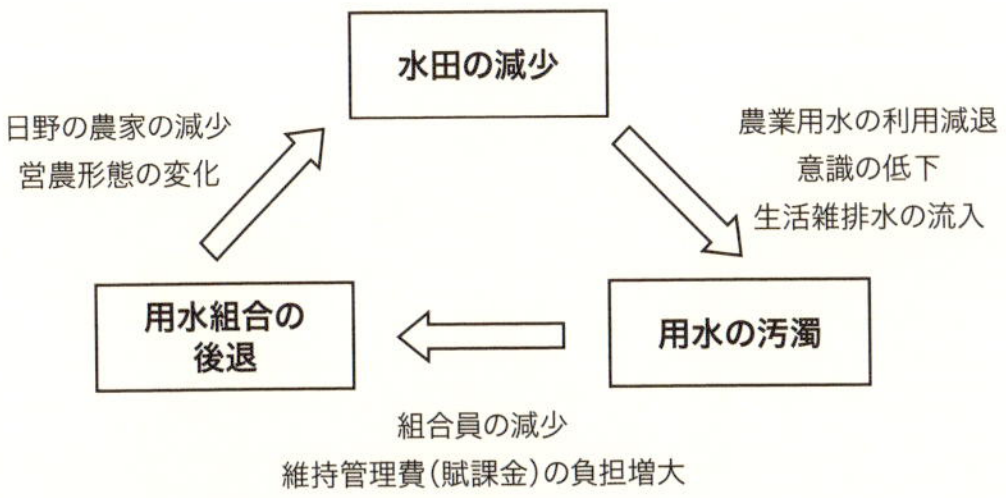

図 4-10　農業用水路をめぐる悪循環の構図

ている。

ではなぜそれまで用水組合からの維持管理の移管について消極的であった市行政が、積極的な主体として用水路の維持管理に乗り出してきたのだろうか。清流条例の施行など、日野市の水辺に関する一連の取り組みは、昭和四十年代までの日野の急激な発展に伴う代償ともいうべき環境問題の発生、水辺環境の汚染に対する反省が背景となったものであった。さらに言えば、用水路の汚濁が進んだのも、各家庭からの雑排水が用水に排出されていたことに加え、水田から畑へという日野の農業形態の急速な変化が影響していたことが指摘できる。

つまり、水田の減少により農業用水路の利用が減退し、利用されなくなると用水の汚濁がさらに進み、その中で用水組合も組合員の減少や維持管理費の高騰により衰退を余儀なくされていく（図4-10）。このような悪循環が進行する中、それを断ち切るべく、環境問題への反省を掲げる市行政が用水の年間通水を試み水量を確保し、維持管理も担っていくことで用水の水質を改善し、清流監視員の設置や清流フィルターの配布など、浄化のための取り組みに乗り出していくという構図がつくられていったのである。日野市の水辺環境行政はそれぞれの課題に対応するべく、用水路の維持管理の主体として成立し、用水組合の用水とのかかわりを補充しながら、しだいに用水保全の主体となっていった。

七　用水路をめぐる新たな社会的しくみ——用水守制度

日野市の水辺環境行政が強いイニシアチブをもって用水路の水質改善に乗り出した際の施策として、清流条例に基づく清流監視委員の設置や清流フィルターの用水路に隣接する各家庭への配布があげられるが、これらはいずれも地域住民に対して強制力をもつものでは無かった。しかし「監視」委員であるとか、清流条例に掲げられた「協力義務」（清流フィルターの使用が含まれる）であるとかいったフレーズには、用水の水質改善の意図が強く込められたものであり、市行政が用水保全の確固たる担い手として成立していったことが読み取れる。

このような市行政が推進した水質改善の取り組みは、下水道整備や排水処理が進められたことが大きいとはいえ、一九八〇〜九〇年代を通じて一定の改善効果をもたらしたとの評価を得ている。しかし、行政における維持管理費の減少もあり、行政のみでは持続可能な管理体制は先細りであるのも事実である。こうした事態に対して、用水路の維持管理にいかにして付近住民（圧倒的多数の非農家を含め）、日野一般市民の参加を組み込んでいくか、人々がどのように維持管理にかかわっていけるのか、ということが焦点化してきている。そのために新たにつくられた社会的しくみの一つとして、二〇〇二（平成十四）年に発足した「用水守制度」があげられる。[11]

用水守制度とは、もともと一部の市民が身の回りの用水路を自ら清掃・維持してきた実績を基盤としている。これらの自発的な活動を広め、多くの市民に水への関心を深めてもらう契機ともなるように、日ごろ活動をする範囲を決め、あらかじめ「用水守」として登録し、万一、活動中ケガをしたり、また、他人にケガをさせてしまったりした場合に備え、市がボランティア保険をかけるというものである。

日野市はまず「用水守」の要綱を設定し、用水組合や自治会への説明ならびに協力要請を行った。また市民に広報するべく公募により「用水守」を募集し、応募者を登録した。

用水守の活動内容とは、あらかじめ決めた活動範囲での清掃・保全・緑化等のボランティア活動を指す。市内の用水路・河川・湧水地を市と連携・協働し維持管理活動を行うものであり、登録資格は、個人・グループ・自治会・企業等である。現在、四六団体五〇八名（二〇〇八年時点）が登録されている。

写真 4-10　近所の用水路を自発的に清掃する「用水守」登録者（提供：大塚藍氏）

これら登録者に対し、市はボランティア保険への加入、ボランティア袋の配布、登録証・腕章の交付などの支援を行っている。「用水守」には小学生から高齢者までが登録しており、日課のように用水路を清掃する人もいれば、年に数回といった人々まで、活動状況もまちまちである（写真 4-10）。また緑と清流課は定期的に「用水守」の人々と用水組合との交流会を開催し、情報交換を推進しようとしてきた。

このように用水守制度は何らの義務を伴うものではなく、あくまで登録者の自主的な活動に任せるものであり、日野市行政の支援も活動の最低限の受け皿となる保険やボランティア袋の配布程度に留まっている。自主的な活動であるがゆえに、活動そのものへの不満は少ないが、ゴミの不法投棄や用水周辺の施設についてさまざまな要望が緑と清流課に寄せられている。用水路制度を通じた市民のボランタリックな活動は個別に行われ、活動を集約させていく志向は出てきていないのが現状である。

ここまで見てきたように、日野における農業用水路をめぐる社会的な組織やしくみは時代の流れとともに揺れ動き、変化してきた。用水組合の変遷に象徴的であるように、日野の農業が構造的に衰退を余儀なくされるとともに、農業用水路もそれを司る主体であった用水組合も後退していった。しかし、その中で日野市行政が環境破壊への反省から水環境の見直しを行い、用水の年間通水など、用水保全や維持管理をめぐる積極的な担い手として乗り出してきた。現在は、行政だけでは担いきれない維持管理については「用水守制度」のように、市内の有志を中心とした市民参加を組み込もうとする傾向が見て取れる。

かつての清流監視委員や清流条例の「協力義務」のような、強いニュアンスの行政主導によるタイトな農業用水路保全は、しだいに緩やかな市民参加の形式による水辺環境保全へとその性質を変えつつある。このことは、農業用水路が農業の構造的な衰退の影響を免れ得ないことと無関係ではない。農業用水路の利用やその維持管理がおぼつかなくなってきた実態から、農業用水路を広く水辺環境ととらえ、農業用水を生態系の保全や景観、親水空間の形成、防火用水、水源涵養といった多機能を備える「環境用水」としてその価値を見直そうとする動きが出てきている。こうした用水をめぐる緩やかな社会的組織やしくみの形成とも連動している「環境用水」の概念は、日野の都市農業と実際にどのような兼ね合いにあるのだろうか。

4 「農業用水」から「環境用水」へ

一 用水路のもつ多面的機能を探る営み

一九七六年以降、日野市行政が用水組合を補助するかたちで用水の維持管理を担うようになり、中心的な役割を果たすようになった。一方で、近年、行政は用水に関して、清流条例の全面改正や用水守制度など、市民参加を推進してきてもいる。こうした動きは、もはや用水が農業という生業を支える資源としてのみ維持管理が行われるものではなく、日野市民一般に対してより広い意味で、より多くの機能を持つものとしてその存在価値が計られようとしていることを示している。

用水の持つ多面的な機能や多様な価値に注目が集まってきたことの背景には、とくに都市部において水環境の悪化や喪失が指摘される一方で、水に求められる役割が広がってきたことがある。具体的には、農業用水路に従来備わってきた地域における生態系の保全機能や、防火用、消雪用、景観の形成機能、水源涵養機能に加え、親水空間の創出であるとか、まちづくりや地域づくりのシンボルといった新たな価値が、都市部における稀少な環境資源としての用水路に見出されるようになってきている（写真4-11、4-12）。

環境社会学者である鳥越皓之ら（二〇〇六）は、滋賀県雨森区の用水路を事例として身近な水環境をめぐる取り組みの意義を指摘している。

かつての生活用水としてのさまざまな機能を失い、ゴミが目立つようになっていた用水路に、地区活

写真 4-11　平山ふれあい水辺公園を流れる用水路と親水路

写真 4-12　南平公園内を流れる親水性に配慮した南平用水

動の一環として鯉の放流が行われて以来、人々の視線が用水路に向けられ、各家の前を通る水路を放っておくことができなくなり、前にもまして自宅前の水路を清掃する人が見られるようになった（荒川・鳥越二〇〇六：一九―二二）。

そこでは、ある取り組みが始まることで新たな人間関係が生まれ、取り組みを続けるうちに用水路を通じた新しいかたちの連帯や共同を生み出すことや、地元の有志の取り組みが地域の中においてもおおむね高い評価を得ること、活動を積み重ねるうちに活動にかかわる人や地域が用水路のあり方に関する発言力を得ていったことなどが指摘されている。

つまり、用水など生活に身近な水域のもつ多様な機能もさることながら、人々が用水にかかわることでその機能や価値を新たに発見したり、創り出したりしていく契機や過程が重要なのである。身近な水域は人々の対話や交流の〝場〟となりうるものであり、人々が手を入れることで〝場〟は変わっていくが、そこにかかわる人々の関係性もまた変わっていくのである。

二 「環境用水」と日野の用水

こうした身近な水環境をめぐるさまざまな活動や取り組みが全国的規模で見られる中で、「環境用水」という概念・考え方が立ち現れてきた。環境省水・大気環境局水環境課（二〇〇七）によれば、環境用水は「水質の改善、良好な景観や親水・レクリエーション空間の保全・創出・動植物の生息・生育環境の保全等のために使用される水」と規定されている。日野の用水路は、環境省水・大気環境局水環境課が二〇〇四年度から二〇〇六年度にかけて全国の自治体等を対象としたヒアリング調査等によってまとめられた環境用水の導入事例集に掲載されている。ここに掲載されている全四七カ所のうち、四十の事例が導管の新設などで新たな導水をすることによって「環境用水」を創り出そうとしている。さらに、環境用水には二〇〇六（平成十八）年より河川管理者である国土交通省河川局から水利権が与えられるようになった[12]が、先駆的な事例としての二〇〇七年六月の山形県酒田市の小牧川、同年十月の新潟市に対する環境用水の水利利用許可のいずれも、河川をつなぐ水路や、揚水機場からの新たな導水に対するものである。つまり「環境用水」は実質的に「創出」の意味合いが強いものとしてとらえることができる。

その中で日野は、市内全域にわたる規模の農業用水路が残されており、その取水口等も健在であるところからの取り組みであることが特色となっている。とくに日野の用水路は農業用水路として長年使われ、生活用水として利用されてきた歴史と、日野の都市農業が抱える構造的な課題とを踏まえ、今ある取り組みや制度、用水路をめぐる各主体がどのようにリンクして今後のあり方が模索されるべきなのかということが鍵となってくる。

経済地理学者である秋山道雄（二〇〇八）は、環境用水の機能を、⑴自然生態系、⑵人工化された生態系、⑶人工物の集積系という三つに大別した上で、とくに都市近郊では人工化された生態系から人工物の集積系へと移行しつつある用水が多いことを指摘し、それぞれの機能に応じた保全・再生・創出の対応策をあげている。

日野の用水路もまた、その維持のための対応策は、保全・再生・創出のいずれにしろ、用水が幹線ごと、地域ごとに多様な特性を持っていることからも、決して一つの方向性に集約されうるものではない。「環境用水」は、日野のように急速に都市化が進行した郊外地域や、非農家が「新住民」として多数住むようになった混住化地域において複雑に錯綜した土地の所有――利用――管理関係の混乱に対応する包括的な概念としても期待されてきている（三野、二〇〇八）。つまり、幹線ごと、地域ごとに多様な形態をもち、農業の構造的変動に伴った複雑な土地の所有――利用――管理関係の下にある農業用水路を、「環境用水」としてとらえ、幹線ごと、地域ごとの特性に対応し、それらを活かしたかたちでの取り組みや社会的なしくみの方向性を探っていくことが重要となってくる。Ⅳ-3でも取り上げたが、用水の維持管理主体となってきた日野市行政（緑と清流課）も、用水路のもつ多面的機能の重要性を認識した上で、予算の制限の中、「よそう森公園」や「向島親水路」の造成など用水を活かした部分的な親水空間の創出、用水をめぐる緩やかな参加のしくみ（用水守制度）や市民の制度設計参画の促進など「環境用水」を意識した個別の施策に取り組んでいる。

またこうした用水路のもつ多面的な機能とは、不特定の地域住民が身近な水環境から受ける一種のサービスであるとも表現できる。二〇〇五年にまとめられた国連ミレニアム生態系評価では、生態系が生み出す人類にとっての「生態系サービス」が定義されている（図4-11）。生態系サービスは、人間が生活するにあたってその恩恵を受けており、喪われると多かれ少なかれ損失を受ける有形無形の環境資源を指す。

この観点から見ると、農業は人間が生態系に大きく介入することによって、そこからサービスを引き出そうとする営みに他ならない。さらに言えば、用水路とはそうした営みにおける技術であり、創意工夫であるが、それ自体さまざまな機能や価値をもつ環境資源としてとらえることができる。このように「環境用水」とは、こうした用水の多面的機能に対して見出され、より多くの人々に関連する幅広い価値をその根拠として成立しつつある概念と言えるだろう。

〈生態系サービス〉

人間が生きていくために必要な恩恵。
以下の４つに分けられる。

●供給サービス
食糧、木材や薪炭、繊維、遺伝子資源などの財の供給

●調整サービス
大気や気候の調整、水の流れの緩衝と土壌浸食の制御、感染症の制御など

●文化的サービス
レジャーや観光、教育資源、審美的価値など

●基盤サービス
すべての基盤となる一次生産や土壌形成など

(Millennium Ecosystem Assessment, 2005 = 2007)

図4-11　生態系サービス

三　稲作農家と多面的機能

こうした議論を踏まえ、もう一度、農業用水としての日野の用水路の今後の可能性を考えてみたい。現在、日野では「環境用水」の考え方が徐々に浸透しつつあるといえるだろう。しかし、だからといって、農業用水路が抱えている課題が一気に解消されるものではない。また、人々の意識が一致し、あるいは用水に対する志向を同一のものにしていくわけでもない。

先述したように水稲で米を作るならば、多くの水を必要とする。それゆえ、田んぼに水を導いていくために用水路が必要であった。このように農業用水は、米作りと密接にかかわる農業施設なのである。したがって、用水がこれまで維持されてきたのは米を生産するためであり、その目的をもった農業者の存在を忘れてはならないだろう。

そしてすでに述べてきたように、現在、用水路にはさまざまな価値や機能が見出されている。しかし、こうした機能は、最初から顕在化していたわけではなく、〝事後的〟に発見されてきたものである。例えば、「用水路は美しい都市景観を創出する機能を果たしている」と謳われても、生産現場の当事者である農家は、決して景観維持のために米を生産してきたわけではない。あるいは「用水路は生物多様性を維持する機能を果たしている」ともてはやされても、その効用を最大化するために米を作ってきたわけではない。これらは、あくまでも用水を使って米を生産し続けてきた〝結果〟である。

ということは、用水路の多面的機能や価値は、長い歴史をかけて用水路に密接にかかわってきた農業者からの発想ではなく、往々にして非農家、いわば生産現場の〝当事者〟ではない立場からの発想である。(13)

そこで、まず用水路の保全を考える場合、そもそもの〝当事者〟である農家を無視するわけにはいかないだろう。環境用水としてのみ用水路を見てしまうと、長い間、地域で用水路と深くかかわり続けた農業者の存在を切り捨ててしまう危険性がある。

四　援農ボランティアにおける〝ズレ〟

ところで、現在、日野市では、農業振興の具体策の一つとして、市民が農業者の作業を手伝う「援農ボランティア」の取り組みが始まっている。そもそも、この発想は、すでに「第一次日野市農業振興計画」にあった。この中で、日野市の農業の課題として「ふれあい農業の推進」があげられており、援農ボランティアの必要性が謳われていた（日野市産業振興課編、一九九七：二七）。また「日野市農業基本条例」の策定経緯の説明において「今この農地の持つかけがえのない自然環境に対し、市民の理解を得ながら「市民と自然が共生する農あるまちづくり」を展開し、この産業を永続的に育成していくため」と記されている（同：一二二）。こうして、この援農ボランティアの構想が具体化するのが「第二次日野市農業振興計画」であった。振興計画の骨子である「農業の担い手と仲間づくり」の具体的なアクションプランとして「援農制度を確立し、日野の農業を応援しよう」と記されている（日野市産業振興課編、二〇〇四：九二）。

このような構想経緯を経て、「農業者の高齢化と後継者不足による農業の担い手不足を解消するため」（日野市環境情報センターかわせみ館編、二〇〇九：四五）に、二〇〇五年、援農ボランティア養成講座「農の学校」が創設される。これは、農業委員会、地元農協（ＪＡ東京みなみ）、地元農家の協力のも

写真 4-13　「農の学校」の収穫作業に参加する地元農家と市民

と立ち上げられた市民のための農業学習の場である。具体的には、一月から十二月までを一期間とし、そのあいだに農家による講義を約十回、かつ地元農家から畑を借りておよそ二十回の実習を行い、土づくりから収穫までの栽培知識と技術を市民が習得することになっている（写真4-13）。ここには、毎年二十名弱の日野市民が参加している。こうして、一年間の「農の学校」のカリキュラムを修了した市民は、援農ボランティア「日野《ひの》人《びと》・援農の会」に登録されることになる。ここでは、この活動を受け入れる地元農家約三十軒に対して、月二回農作業の手伝いを修了生が行うのである。二〇〇九年現在、「日野人・援農の会」は、「農の学校」の修了生約四十名で構成されている。このように市民で地元農家の農業労働を請け負うことによって、その不足を補う活動は「農業労働の市民社会化」を意味するものである。[14]

　こうして日野市では、農業者の高齢化と担い手不足を補うために市民による援農ボランティアが行われている（写真4-14）。そして実際、この活動を受け入れた農家からは、除草作業などの農業労働の補助として評価する声が多数聞かれる。とりわけ、高齢の生産者にとっては援農ボランティアの活動は大いに農作業の助けになっている。この点で、援農ボランティアは、効果を発揮していると言えるだろう。

しかし一方で、農家から「援農ボランティア受入れのために前日の準備作業など農家側の作業も増えている面もある」という意見も出されている（関東農政局東京統計・情報センター編、二〇〇五：三）。そうなると、市民が農業者の農作業を手伝えばいいという単純なものでもないだろう。

そもそも、農家は農業の〝専門家〟である。素人が端から見ていて簡単そうに思えるような作業でも、農業現場では、カンやコツというような経験が重視される。いわば〝職人〟としての技術が求められるのである。それゆえ、市民は、農家という〝当事者性〟を簡単に体得することは難しいと言わざるを得ない。そうすると、いくら人手不

写真4-14　用水清掃には、用水組合員の他にも援農ボランティアや地域の有志の人々が参加している

足であったとしても、ボランティアという市民の〝善意〟が農家にとって、かえって迷惑になることも考えられる。かといって、援農ボランティアの気持ちも汲み取りたいとなると、受け入れ農家は、〝ジレンマ〟に陥ってしまう。このように、農業者のために役立ちたいという市民の気持ちをただちに昇華させるほど、援農ボランティアの取り組みは簡単ではないだろう。

もともと、農家（生産者）と非農家（消費者）との交流に伴う困難は、日本の有機農業運動が教えてくれている。この運動は、一九七〇年代前半、食の安全性を求める消費者が無農薬・無化学肥料による農業─有機農業─を農家に依頼したことから始まる。この取り組みでは、宅配システムがない時代にあって、有機農産物を生産者自らが消費者のもとに配送する「産消提携」という流通システムがとられた。松村和則は、こうした有機農業運動を「〈からだ〉による変革」と呼んでいる（松村、二〇〇二：三二）。この運動は、都市住民の〝からだ〟への気づき（子どものアレルギー、アトピー性皮膚炎など）と構造的農業問題への農民の気づき（出稼ぎや農薬によって痛めつけられたからだ・家族）、双方向からの要請が〝からだ〟をめぐる社会運動として行われ、有機農業運動を生みだした。このように、有機農業運動には、言わば両者の〝からだ〟を担保にした生産変革の実践としての側面があった。

こうして都市の消費者との産消提携における関係は、「相手と共振するからだ、一緒に変化してゆけるからだ」（竹内、一九八二：二〇四）を生産者・消費者双方に求め、その実践を〝援農の徹底化〟によって目指していこうとしたのである。しかし、互いの暮らしぶりの違いは予想を超えており、容易に達成しうる課題ではないことも分かってきた。それゆえ、いつしか〝援農〟は、生産者と同等の労働力になることができないという消費者の気づきから、〝縁農〟と言われるようになった。このように、産消提携という生産者と消費者が一体になるという試みは、むしろ両者にある差異を自覚させることになったのである。これは、いわば〝顔の見える関係〟を創ろうとするがゆえに顕在化してきた差異であるとも言える。

とはいうものの、援農ボランティアがもたらす農家と市民の交流の意義や理念までも否定するものではない。今まで農業に全く理解がなかった消費者が援農をきっかけとして農家と知り合い、農業や農家に対する共感が生まれ、理解を示す可能性もあるかもしれない。あるいは〝食〟という位相から農業の意味を捉え直し、農家とのあいだに〝いのち〟のつながりを見出すことも期待できるかもしれない。こうした可能性を考えると、援農による農家と市民の直接的なコミュニケーションは無意味な取り組みでは決してないはずだ。

しかし、両者の交流事業には、〝ズレ〟がないわけではなく、限界があることも事実である。よって、日野市における農業振興を構想する際、市民の農業に対する期待や願望を先行させず、まず地元の農業者の立場から発想することが求められる。農業生産に携わる〝当事者〟の存在を忘れてはならないだろう。

五 「用水米」という発想

用水維持など環境や景観保全のための経済的費用は、もともと米作りの生産コストには含まれないものである。米作りに伴う種子代や肥料代、機械代などは、生産コストとして計上される。しかし、水田があることによって生じる、赤とんぼやカエルなど野生動物の生育場所の提供、あるいは都会の人たちに与える〝癒し〟としての景観づくりに伴うコストは、米の値段には含まれておらず、それゆえ市場では流通されない価値である。このような〝生き物〟や美しい農村景観の形成に必要なコストは、市場経済において、その対価が支払われることがないのである。しかし一方で、多くの人たち、とりわけ都市住民にプラスの効果を与えていることは否定できない。これは、〝外部経済〟効果と言われている。

昨今、「生物ブランド米」が各地で生産されている。これは、生物の名前を冠した米のブランド名である。その代表例が兵庫県豊岡市の「コウノトリ育むお米」である。そもそも、コウノトリは、日本では一九七〇年代に絶滅したと言われる。その最大の原因は、農薬使用や三面コンクリートによる用排水路など農業の近代化によってコウノトリのエサとなるメダカやドジョウなどの小動物が激減したことにあるという。そこで豊岡市では、農薬を使用せず、田んぼに「ビオトープ（親水施設）」を設置するなど、メダカやドジョウが繁殖できる自然環境を創り出すことに取り組んでいる。その際、これまで〝外部経済〟効果であった、生物環境を創り出すためのコストを米の値段に組み込んだ「コウノトリ育むお米」というブランド米を立ち上げたのである。消費者がそれを購入すれば、こうした生物の環境づくりに貢献する農業者にいくらかの対価が支払われることになる。これが生物多様性を維持する環境維持コストになるのである（鷲谷いづみ編、二〇〇七）。コウノトリのエサが繁殖すれば、人工的に飼育されたコウノトリを放鳥しても、野外で生息することが可能になる。さらに農薬を使用せずに生物多様性が保証できれば、消費者に対して食の安全性をアピールすることもできる。

こうした取り組みを踏まえ、日野の用水維持に伴うコストを米の生産費用に含み入れることを考えてみたい。先述したように、日野の用水路は、もともと農業用水として発展した歴史をもっている。水稲作に必要な大量の水を確保することができたからこそ、日野の大地に豊かな実りがもたらされ、人々は日野という大地に歴史を築いてきたのである。そこで、こうした歴史的経緯を踏まえるならば、取り引きされる日野の米の価格のなかに、用水維持のための必要経費が計上されてもよいのではないだろうか。もちろん、米の消費量が多い時代ならば、米生産による農業収入は安定している。それゆえ、これを自覚する必要はない。ところが、米生産による収入が低迷している昨今、環境用水としての機能など新たな価値の創造が期待されているならば、こうした〝外部経済〟効果を改めて生産コストに〝埋め込む〟ことが考えられてもよいだろう。つまり「用水米」という発想が必要なのである。

この「用水米」というブランド米は、消費者にとっても、米と用水路の関係性を知るきっかけとなるだろう。日頃は、両者のつながりを知らない、あるいは分からない市民も、その名前ならびにパッケージ内容から、元来の用水機能に気づく可能性がある。そして、この事実だけでなく、米という自分たちの食べ物と用水路が結びつくことによって、用水路を流れる〝水質〟にも関心がわく可能性もある。このような関心が生まれれば、用水路の水質の改善に取り組もうとする姿勢もまた生まれてくるだろう。こうして、支払われた額のなかから、用水維持のためのコストを少しでも捻出することができれば、「用水米」を市民が購入する、すなわち〝買い支える〟ことによって、用水維持や水質改善の意味を市民自らがその意味を見いだしていくことにもなる。

このように用水維持のために大いに期待される日野の米作りであるが、現在、その目的はもっぱら自家消費や学校給食のためであり、市場に流通させている農家は少ない。日野において農業生産額をあげているのは、

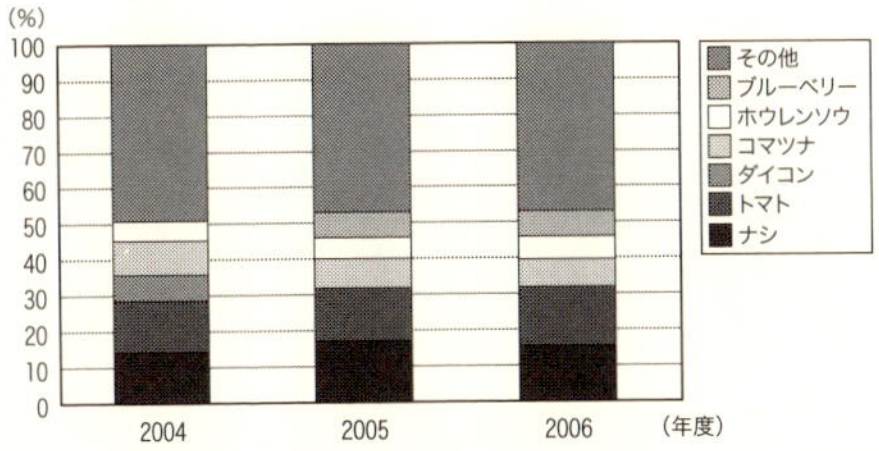

図 4-12　農業粗生産額上位 5 品目
（日野市産業振興課編（2009）より作成）

野菜や果樹である（図4-12）。こうした現実を考えると、「用水米」を立ち上げたところで、農業収入が大幅にあがり、農業経営が改善されることは期待できないだろう。しかし、「用水米」という発想の目的は、〝親水機能〟という環境や景観の文脈に傾きがちな用水の維持や保全を、「作る（生産）＝食べる（消費）」という本源的な意味において米作りと用水路を再び結びつけるということにある。そして、こうした取り組みが、現在、縮小方向にある水田を少しでも残し、結果的に用水路を本来の意味を含み持ったままで残すことができればという、〝ささやかな試み〟であると考えている。

ともあれ、日野産の米を買い、食べ続けることが、市民に米作りと用水の関係を自覚させ、結果的に日野の環境や景観の保全、とりわけ用水維持や水質改善につながる可能性がある。そのような〝しかけ〟を構築することは決して無意味な実践ではないだろう。

［註］

1　東京都が実施した「平成二一年度・第一回インターネット都政モニターアンケート」では、東京に農業や農地を残したいかどうかという質問に対し、回答者四九四人の八〇パーセント強にあたる人が「そう思う」と答えている（東京都生活文化スポーツ局広報広聴部都民の声課編、二〇〇九）。また東京の農業・農地に期待する役割として、最も多いのは「新鮮で安全な農畜産物の供給」が六六・四パーセント、次いで「自然や環境の保全」が四九・二パーセント、そして「食育などの教育機能」が四〇・一パーセントであった。

2　ここでは、都市農業を、都市および都市近郊を含めた地域、概ね都市計画区域で行われている農業と定義する。つまり「都市計画地域の市街化区域を中心として、将来市街化が予測される市街化調整区域を含む地域」（神戸、一九七九：一一）で営まれている農業である。

3 そもそも、農業は食生活と深くかかわっている。さらには、都市住民の日常生活の最も基礎的な要素であるばかりではなく、市民の生命や健康と密接にかかわっている。しかし「市民の食生活や食料の生産・流通・消費をめぐる諸問題は、これまでの都市問題分析の対象になっていない」（橋本、一九九五：二二）のである。それゆえ、都市農業の問題は、都市住民にとっても問題であることを十分認識しなければならないだろう。

4 比較的用水が豊富だった東光寺地区では、集落全体で一斉に始めるのがしきたりであったという（日野市史編さん委員会編、一九八三：一四一）。

5 この計画は、東京都による「東京農業振興プラン」と呼応している。もともと、東京都は「東京都農林漁業振興対策審議会」の「今後における農林水産業の発展の方向と振興策について」の答申を受け、一九九四年一月に「東京農業振興プラン」を策定した。そして地域特性を踏まえ、区や市が行う具体的な「区・市農業振興計画」（農業振興ビジョン）の策定に対する支援を打ち出した。こうした東京都の振興プランに対する地域的な取り組みとして「日野市農業振興計画」がある。また一九九五年十二月に策定された「第三次日野市基本構想」における「活気ある産業と豊かな生活を守るまち」の「農業の振興」の部門を具体化したものでもある（日野市産業振興課編、一九九七：一－二）。

6 この条例では「農業振興計画で定める基本施策を条例で位置づけ、計画との担保性を図る」（第三条）や「市・農業者・市民それぞれに責務を定める」（第四〜七条）、「市長の付属機関として『農業懇談会』を設け、常に市民や農業者に意見が反映されるように道を開く」（第八条）等が掲げられている（日野市産業振興課編、二〇〇四：一二二）。

7 これ以外にも、公募市民、農業者、農業団体、行政機関の代表十二人以内から構成される「農業懇談会」の設置も謳われている。

8 日野市基本構想・基本計画である「日野いいプラン2010〜ともに創りあげるまち」（二〇〇一年）のなかでも、「まちづくり10の柱」のなかの「⑽個性と魅力と活気のあるまちづくり（産業振興）」で、「日野の農業については、農業基本条例のもとに、都市農業への市民の深い理解を得ながら、積極的に保全し育成していく」

と位置づけている。

9 もとより導水の不可能な畑作地では、降雨（天然水）を頼りに、旱魃の心配をしつつ稲作栽培していた。

10 例えば、身近な水環境に関する情報や取組みなどの情報提供、啓発の目的で、緑と清流課の機関紙として一九八九（平成元）年十月から年四回（一月・四月・七月・十月）『清流ＮＥＷＳ』を発行している。「水・緑・生き物」などさまざまな情報や行事を掲載し、ＰＤＦ化して市のホームページにも掲載している。

11 二〇〇一（平成十三）年にはその前身として「用水路里親制度」が制定されたが、翌年に「用水守制度」に改称された（小笠、二〇〇二）。

12 環境用水としての取水は、「取水予定量が基準渇水流量から河川維持流量と他の水利使用者の取水量を満足する水量を控除した水量の範囲の場合」において許可が得られる（国土交通省河川局、二〇〇六、「環境用水に係る水利使用許可の取扱い基準の策定」より）。また、取水する水源の水量が豊かであること、河川へ還元されることが確実な場合においても許可を認めている。許可期限は三年間となっており、渇水調整の際には取水は停止され、他のどの水利使用許可よりも弱く対抗することはできないとされている。水利使用の目的についても、水質改善なのか修景なのか、具体的な内容を示し、その目的が達成できたかを確認するため、定期的な報告が求められている。そして、許可を受ける主体と取水、通水施設の管理者が異なる場合には、その管理が適正に行われるように管理協定を締結する必要があるとされている。

13 用水路の多面的機能や価値を考えることを否定しているわけではない。むしろ用水路の使用可能性を提示してくれるだけでなく、用水路の役割について知らなかった市民の理解促進にとって有効である。

14 この以外にも、市民ボランティアによる取り組みとして二〇〇四年から始まった「日野産大豆プロジェクト」がある。これは「地元で収穫された大豆を学校給食で子どもたちに食べてほしい」という日野市内の小中学校の栄養士、調理師、農家、そして市民ボランティアが協力して始まった。二〇〇八年現在、作付面積も約四五〇〇平方メートルと拡充された。農家の指導のもと、種まき、草取りをして、約一〇〇〇キロが収穫された。大豆は、地元の豆腐店四軒の協力で豆腐に加工され、市内全小・中学校の給食で利用されている（ＮＨＫ編、二〇〇六：三六‐三七）。

V

「環境」としての用水路

——市民意識調査から用水の価値を探る

1　用水路のもつ多面的な環境価値

本章では、用水路の「環境」的な価値の可能性、また、今の日野市民が用水路に対してどのようなまなざしを向けているのかという点を、市民に対する意識調査データをもとに論じていきたい。

日野市による市民意識調査はこれまで合計六回（一九七四年、一九八四年、一九八九年、一九九二年、一九九九年、二〇〇五年）実施されている。だが、用水路自体への意識調査は、一九九一（平成三）年の「ふるさとの水辺活用事業」[1]で用水路に関するアンケートとヒアリングが行われているのみである。その調査の中では、日野市民の用水の認知度は六二パーセントであり、また用水を改善して残すという回答は五四パーセント、暗渠にして土地の有効活用をするという回答は三三パーセントであった。また、用水路を改善して残すためには水質の改善という条件が多いという結果が見られる。

二〇〇七年十一月に日野市民の用水路に対する意識と市民参加に関する調査を、本章の執筆者が共同して実施した。本章では、この調査データを用いた分析を中心に、日野市の住民グループによって行われた用水路調査のデータの結果を用いながら、市民の用水路とのかかわりを述べていくことにしたい。

表5-1　用水路カルテ調査項目

基本事項	水の状態	水路の構造	周囲の様子	イメージ
長さ：台帳（m）	通水：水の状態	構造：全体構造	様子：左（近）	イメージ：親水性
長さ：現状（m）	水質：水の状態	付帯構造	様子：左（岸）	イメージ：景観
所在地	臭い：水の状態	水路上（幅）	様子：左（詳）	イメージ：小水発電
目標物	臭い：詳細	水路上（開口部）	様子：右（近）	イメージ：評価
調査日	色：水の状態	ふたの有無	様子：右（岸）	イメージ：改善点
時間	色：詳細	左岸（高さ）	様子：右（詳）	写真
天候	排水流入：水の状態	左岸（材質）	水生生物	
	湧水流入：水の状態	左岸（傾斜）	水生生物：詳細	
	水深（流芯）	右岸（高さ）	魚介類	
	水深（左岸）	右岸（材質）	魚介類：詳細	
	水深（右岸）	右岸（傾斜）	周囲の植物	
	流速（m/s）	水路底（幅）	動物	
	流量（m^3/s）	水路底（材質）		

一　データベースの構築

用水路保存を望む日野市の住民グループ（日野市環境市民会議水分科会）が、用水路の現状を正確に把握するために用水路調査（用水路カルテづくりプロジェクト）を二〇〇五年度より実施した（表5-1）。このデータをより有効活用するために、土地利用などの既存データを合わせてデータベースを構築した。

基盤データベースの構築

日野市は、多摩川と浅川に挟まれた台地、丘陵地及び沖積低地などの高低差の大きい多様な地形で形成されている。台地や丘陵地の崖下には約一八〇カ所の湧水地があり、二〇〇三年度の調査では、夏季に湧水が認められたものが一四七地点、総湧水量は毎秒約一八〇リットルであった。

データベースの構築は、位置情報と属性情報が一元管理できるGIS（地理情報システム）で行った。GISのデータは地図上の図形情報（形状、位置）とそれに関連する属性情報から構成され、位置情報による検索や分析だけでなく、属性情報による検索や分析、位置情報と属性情報を組み合わせた検索や分

表5-2　既存データ

社会統計	国勢調査（H7・H17）／公示地価
数値地図	50m メッシュ標高／地形勾配／ 1/2500 地形図／ 1/25000 地形図
住宅地図	Z-map ／東京都建物現況
土地利用	10m 細密土地利用／東京都土地利用現況
交通	バス路線網／バス停／鉄道網／駅
都市計画	区画整理事業／地区計画／用途地域／都市計画道路
水系	井戸・湧水・用水路・水車
災害	浸水想定区域

析が可能である。ＧＩＳでは各種のデータをレイヤーという層別に管理し、用水路や住宅地図、土地利用図など、必要なレイヤーを重ね合わせて表示できる（表5－2）。

　基盤データ項目として、国勢調査データには人口総数、階層別人口、人口密度、外国人数、配偶者の有無、世帯数、延床面積、世帯人数、世帯構成、高齢者数、住宅形式、労働者数、就業者数、通学者数、産業別従業者数、居住年数などの属性が備わっている。住宅地図については鉄道、道路、歩道、河川、建物、シンボル、街区などの属性が備わっている。また、建物データは住居名や建物階数の属性を有している。

　東京都は、都市計画基礎調査データを基にした都市計画・地理情報システムを完備しており、本章ではこれらのデータを借用した。都市計画情報レイヤーとしては用途地域、高度地区、防火及び準防火地域、都市計画道路、公園・緑地があり、土地利用現況調査レイヤーでは土地利用現況、建物現況があり、多摩部では一九九一年、一九九七年、二〇〇三年のデータをここでは用いている。

　その他、既存の紙地図からベクタ化[2]したデータとして区画整理事業地区、地区計画区域、浸水想定区域図、用水路データ、井戸、湧水地点、過去の水車位置などのデータがある。

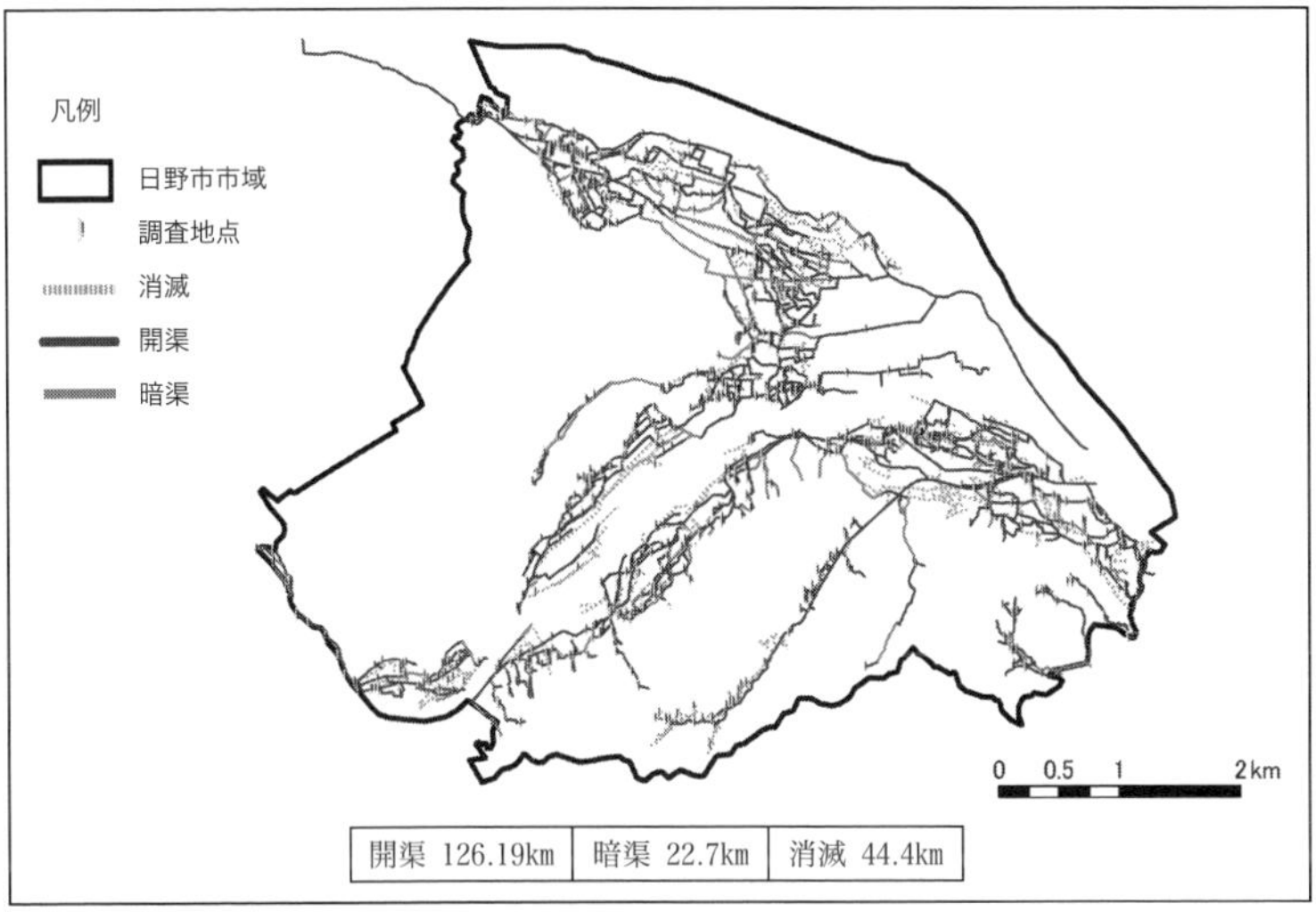

図 5-1　日野市用水路網図

さらに、歴史的な変遷を考察するために明治、大正、昭和の地形図をデータベースとして加えた。

用水路データベース

用水路データは線データとして作成し、さらに、一九九二年の用水路網図と比較して、用水が現存、暗渠化、消滅のいずれの状態になっているかも属性として構築した。その他に調査ポイントを設定し、水路の状況と水の状態、岸辺の状況、生物の状況の把握及び調査地点における用水路の写真撮影を行った。

調査ポイント数は七一二地点であり、この調査結果から約一一〇キロメートルが開渠として存在し、約二二キロメートルが暗渠化、約四二キロメートルが消滅していることが明らかとなった[3]（図5-1）。

幹線用水路別の土地利用形態

日野市の用水路は二十の幹線により構成されて

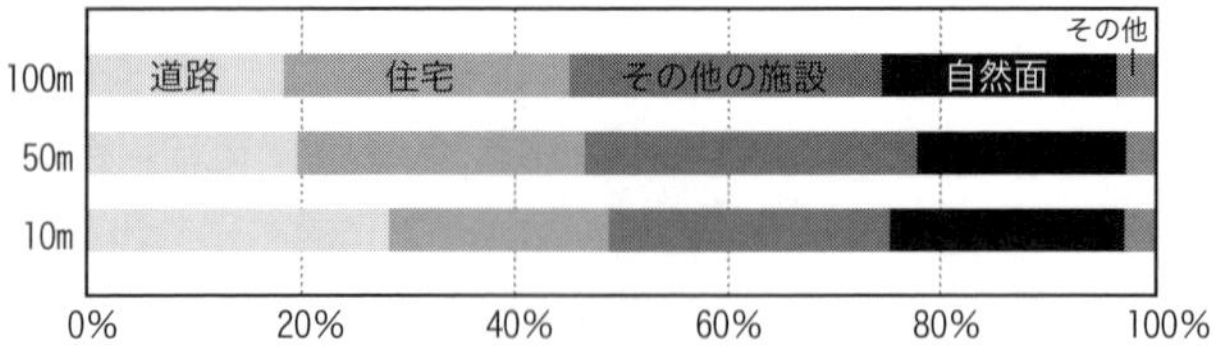

図5-2　日野用水上堰沿線の土地利用割合

いるため、以下では幹線用水路別に考察する。

各距離圏別の土地利用形態を把握するために、幹線用水路ごとにそれぞれ十メートル、五〇メートル、一〇〇メートルの範囲に区切り、その範囲内の土地利用をみてみる。

用水沿線には、畑の存在は確認できるが、水田についてはその多くが転用され、面的な広がりは見られない。

用水路から十メートルの範囲は、ほぼ全ての幹線用水路で独立住宅の面積割合が最も多くなっている。また、いずれの用水路においても道路の面積割合が高くなっており、それはとくにこの範囲内で顕著である。図5-2に日野用水上堰の土地利用割合を示す。土地利用現況の公園・運動場、田、畑、樹園地、水面、原野、森林を自然面と定義した場合、自然面割合は距離圏に影響を受けていないことから、用水路を軸とした自然面の線的・面的な広がりはないと言える。

また、宅地内緑地も計測している東京都のみどり率データ(4)における樹林地、農地、公園・運動場、河川等の水面、さらにその他の緑を合わせて自然面と定義し、各幹線用水路別に一〇〇メートル圏域の自然面割合を算定した（表5-3、図5-3）。農地の割合が二割を超えるのは、川北用水、上村用水、上田用水、豊田用水程度であり、一割程度以下の用水路が多くなっている。樹林地については十九番用水、二〇番用水、倉沢川、程久保川、黒川水路沿線に多く存

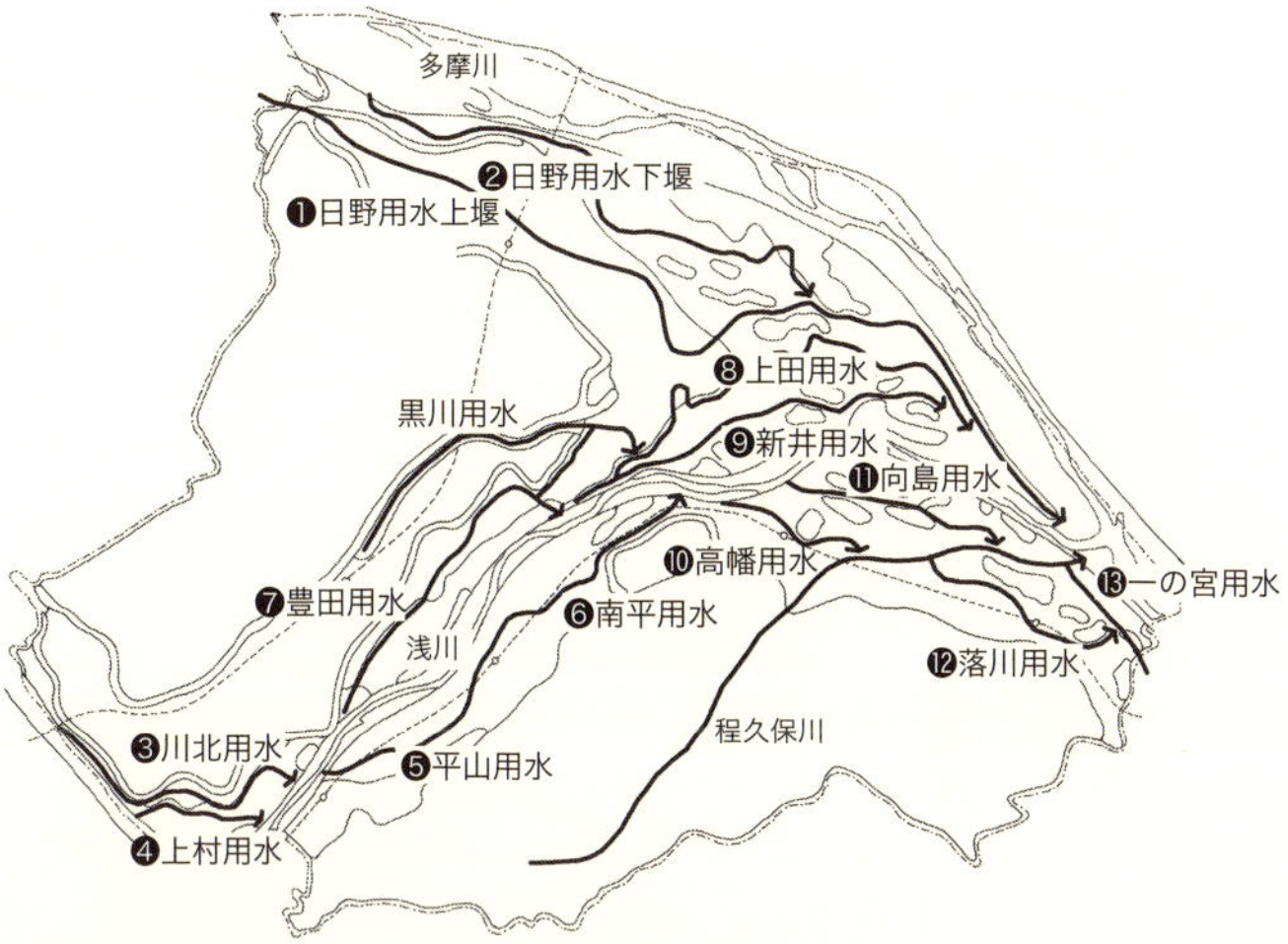

図 5-3　日野の用水路図

表 5-3　用水路沿線の自然面割合

	日野用水上堰	日野用水下堰	黒川水路	豊田用水	上田用水	新井用水	川北用水	上村用水	平山用水	南平用水
樹林地	3.3%	1.7%	15.3%	3.6%	0.3%	1.6%	0.8%	0.1%	4.6%	5.7%
農地	11.1%	6.8%	13.8%	20.6%	22.4%	11.3%	35.5%	25.8%	12.3%	7.5%
公園・運動場	1.7%	3.9%	2.8%	1.4%	4.3%	4.2%	2.2%	1.9%	2.2%	2.1%
河川等の水面	1.4%	4.2%	0.9%	2.7%	3.6%	4.1%	2.9%	6.7%	4.6%	2.3%
その他の緑	16.7%	28.2%	17.6%	23.7%	18.0%	21.9%	20.5%	23.8%	21.3%	18.4%
自然面率	32.8%	40.6%	49.6%	49.2%	45.0%	39.1%	58.9%	51.6%	40.4%	33.7%

	高幡用水	落川用水	向島用水	一宮用水	15番用水	16番用水	程久保川	倉沢川	東電学園19番用水	20番用水	用水路全体
樹林地	2.2%	7.0%	1.7%	0.4%	0.8%	6.6%	21.1%	26.7%	55.8%	45.1%	8.0%
農地	8.0%	7.1%	15.3%	12.7%	10.5%	10.1%	4.9%	15.9%	15.0%	10.5%	11.3%
公園・運動場	1.6%	2.0%	2.2%	5.9%	0.2%	3.7%	4.5%	4.1%	0.5%	0.1%	2.8%
河川等の水面	3.9%	1.5%	7.0%	2.1%	1.6%	4.5%	2.4%	0.6%	0.3%	0.3%	2.8%
その他の緑	14.1%	14.3%	21.9%	19.1%	18.9%	19.1%	16.4%	19.0%	10.5%	14.8%	19.8%
自然面率	25.9%	30.4%	41.2%	38.1%	30.3%	39.5%	46.9%	65.7%	81.8%	70.5%	42.0%

注記：自然面は土地利用の樹林地、農地、公園・運動場、河川等の水面、その他の緑

在している。自然面率（透水面率）については高幡用水、十五番用水、落合用水、日野用水上堰沿線では低い値となっているが、沿線に四割を超える自然面を有する用水路も多く存在している。

2　用水路に対する住民意識調査

二〇〇七年十一月、用水路沿線の住民に対して、用水路の認知度、イメージ、評価構造及び用水路の環境価値等を把握するための意識調査を実施した（表5-4）。対象者は、用水路から一〇〇メートル圏内に居住する住民である。調査員がポスティングによりランダムに配布し、郵送回収を行った。一九五三部配布し、有効回答数は四〇五部、回収率は二〇・七パーセントであった。

この調査は回答者に偏りがあり、分析結果には一定の留保が必要である。しかしながら、物理的に用水路に〝近い〟住民は、相対的に用水路へのかかわりが強い。このような住民が日野市の用水路に対してどのような意識を持ち、どのようなかかわりがあるのかということを探ることは、今後の用水路の整備、保全の担い手のありようを考える上でも重要であると考えられる。

一　回答者のプロフィール

本調査における回答者は、六割強が男性であった。また、日野市の人口構成比における六十歳以上の割合が約二五パーセントであるのに対し、本調査の回答者における六十歳以上の割合は半数以上を占め

表 5-4　住民意識調査の調査項目表

内容	質問項目
1）用水路に対する認知度	用水路の有無、用水路の名称、目にしている用水路の有無など
2）用水路に対するイメージ	現在の用水路の姿に対する選好、用水路への親しみ
3）用水路に対する評価モデル	SD 法による用水路に対する個別的評価（設問 18 問、5 段階評価）
4）市民の用水路利用の構造	用水路の利用状況、利用方法・頻度、非利用の理由、今後の在り方、ボランティア活動への関心度、今後の維持管理について、市の施策や計画に対する認知度など
5）節水・環境配慮行動	石けん、風呂の残り湯、節水こまの利用状況
6）自然環境に対する満足度と重要度	さまざまな自然環境への満足度・重要度、自然環境全般への満足度・重要度
7）CVM	ダブルバウンド二項選択方式による支払意思額の算出
8）コンジョイント分析	ペアワイズ評定型コンジョイント分析による支払意思額の算出
9）地図指摘法を用いた用水路とのかかわり	自宅、子供の頃遊んだ場所、普段良く利用する場所、好きな場所、嫌いな場所、散歩ルートの把握
10）回答者の属性	居住地区、性別、年齢、世帯構成、学歴、職業、年収、居住年数など

ている（表5-5）。回答者の世代を反映して、無職の人の割合も半数を占めている（図5-4）。

居住年数も三十年以上が半数を占め、居住形態は居住歴の長さを反映し、一戸建ての持ち家が八六・四パーセ

表 5-5　回答者の性別と世代

年代 年齢	30 代以下	40 代	50 代	60 代	70 代以上	合計
男	9.1	10.7	14.8	34.6	30.9	100.0（243）
女	22.5	21.2	19.9	23.8	12.6	100.0（151）
合計	14.2	14.7	16.8	30.5	23.9	100.0（394）

値は%（実数）

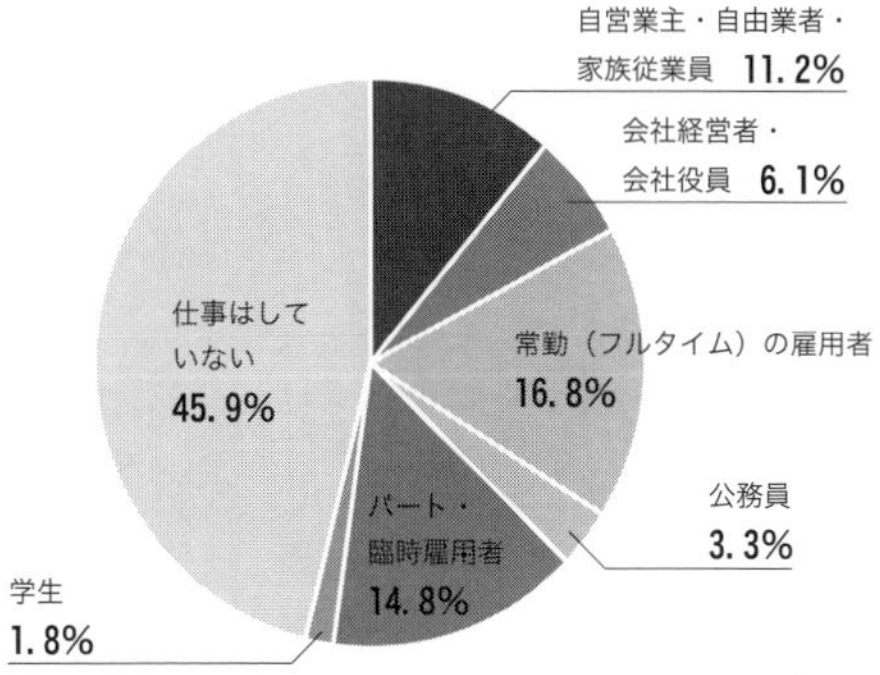

図 5-4　回答者の職業形態（N = 392）

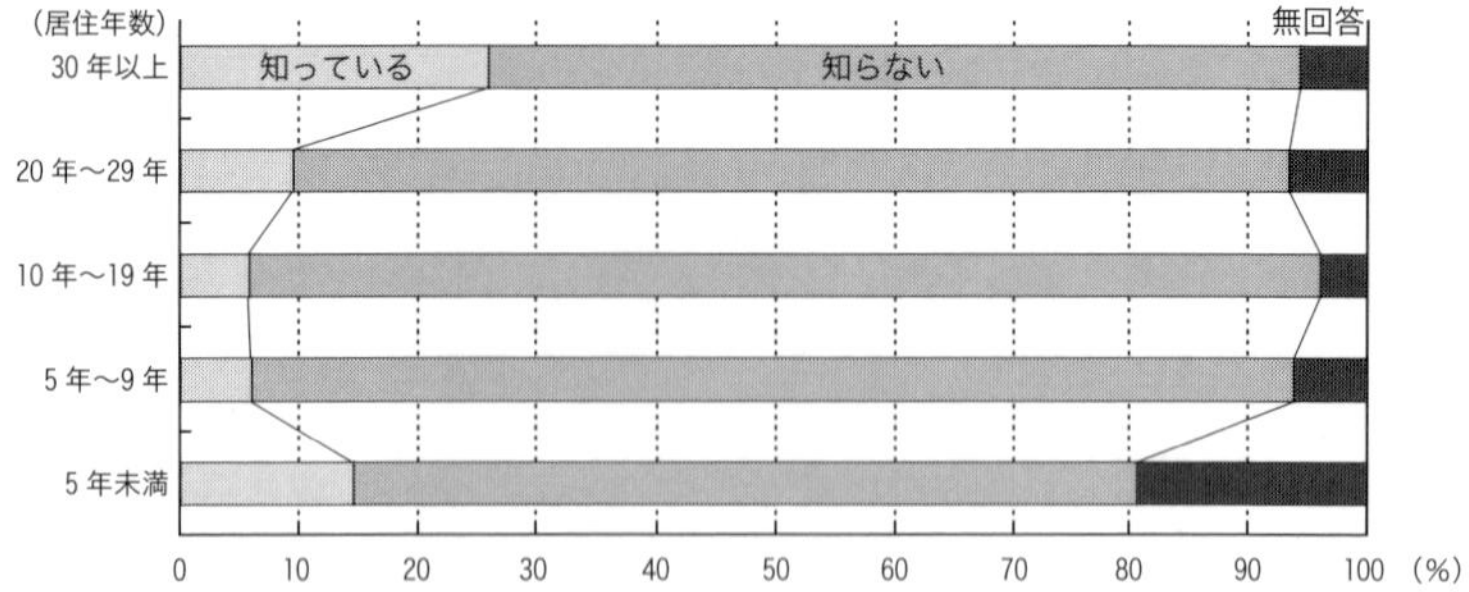

図 5-5　居住年数別用水路名称の認知度

ントとなっている。親水公園や比較的緑地の多い地域では回収率が高く、区画整理地区では低い傾向にあり、用水路に対する関心度の相違とも推察される。

二　用水路の認知と評価

用水路に対する認知度

用水路に対する認知度は九割以上であった。しかし、目にしている用水路の名称の認識は、一八パーセントと極端に低くなっている。

用水路名称の認知度を居住年数別に考察すると居住年数が長くなるとともに認知度は高くなる傾向にあるが、五年未満の居住者でも名称まで知っている割合が高いのは、用水路を意識した転居や新たな地域への関心によるものだろう（図5-5）。

用水路に対する評価とイメージ

アンケートの配布対象が用水路から一〇〇メートル圏内であることもあり、用水路に対して親しみを感じていると回答した住民は約六五パーセントであった。しかし、現在の用水路の姿を好ま

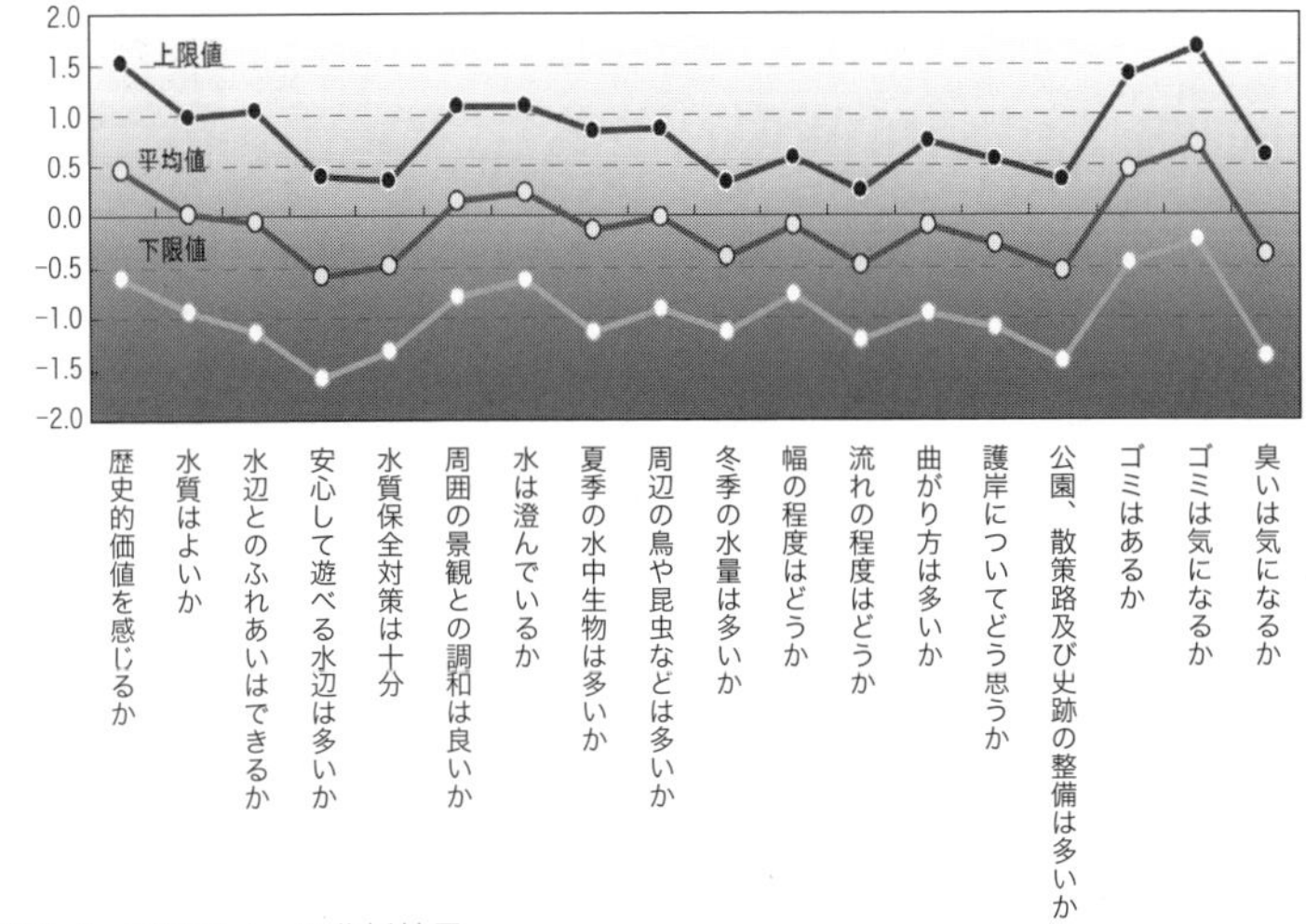

図 5-6　プロフィール分析結果

しいと思っている住民は、約四五パーセントに留まっている。

また、「水質は良い・悪い」など対となる形容詞を両極にとり、その間をスケール化したものでイメージ調査を行うＳＤ法（Semantic Differential Method）を用いて用水路に対する心理評価構造を分析した。ＳＤ法により得られた結果の平均値を折れ線グラフにしたＳＤプロフィールを見ると、肯定的評価と否定的評価が混在していることがわかる。「歴史的価値」「周囲との景観調和」「水の透明度」「ゴミの有無」については満足しており、「安心して遊べる水辺」「散策路等の整備」「冬季水量」「水質保全対策」などの項目については不満を持っているということが明らかとなった（図5-6）。

次に用水路に対する総合評価を図5-7に示す。「総合的にみて用水路に満足しているか」との問に対し、「満足」十二パーセント、「やや満足」二八パーセント、「普通」三〇パーセント、「やや不

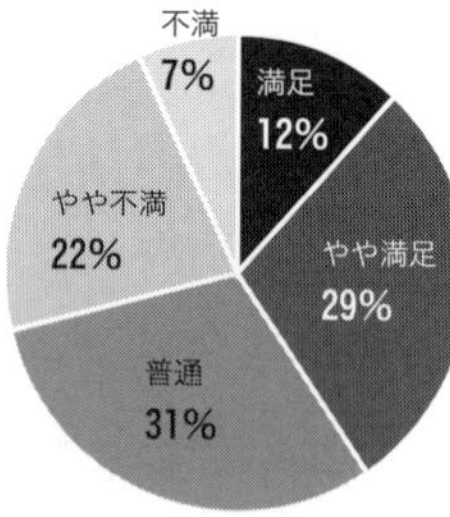

図 5–7　用水路の総合評価

満」二二パーセント、「不満」七パーセントであり、満足している割合は四割、不満と感じている人が三割程度である。

さらに、自然との触れ合い全般に対する満足度と重要度（貢献度）をCS分析した結果、「自然との楽しみ」「野鳥や昆虫との親しみ」の項目は重要度が高いにも係わらず満足度が低いため、この点が今後改善していく項目としてあげられる。また、「土とのふれあい」の項目は一番満足度が低いため、土と触れ合えるような施策も必要である。

三　用水路の利用状況

住民による用水路の利用・かかわり

用水路を利用していると答えた方は、全体の三六パーセントで、世代による差は見られなかった。本調査が用水路から一〇〇メートル圏内に住む住民を対象にしていること、また「居住地の近くに用水路がある」との回答が九三パーセントであったことを考慮すると、この割合は非常に低いといえる。

利用項目をみると、多いものは「通勤などの通り道」「自然観察」「散歩」であり、用水に直接触れたりするものではない。一方、水辺に近づかなければならないような「魚釣り」「水遊び」「摘み草」等はいずれも低い値となっている（図5–8）。用水路の水に直接触れたりするものではなく、用水路が作り出す景観を楽しむといった、用水・用水路への間接的なかかわりが多いことがうかがえる。

では、用水路を利用しない理由はどのようなものであろうか。複数回答で利用しない理由についてた

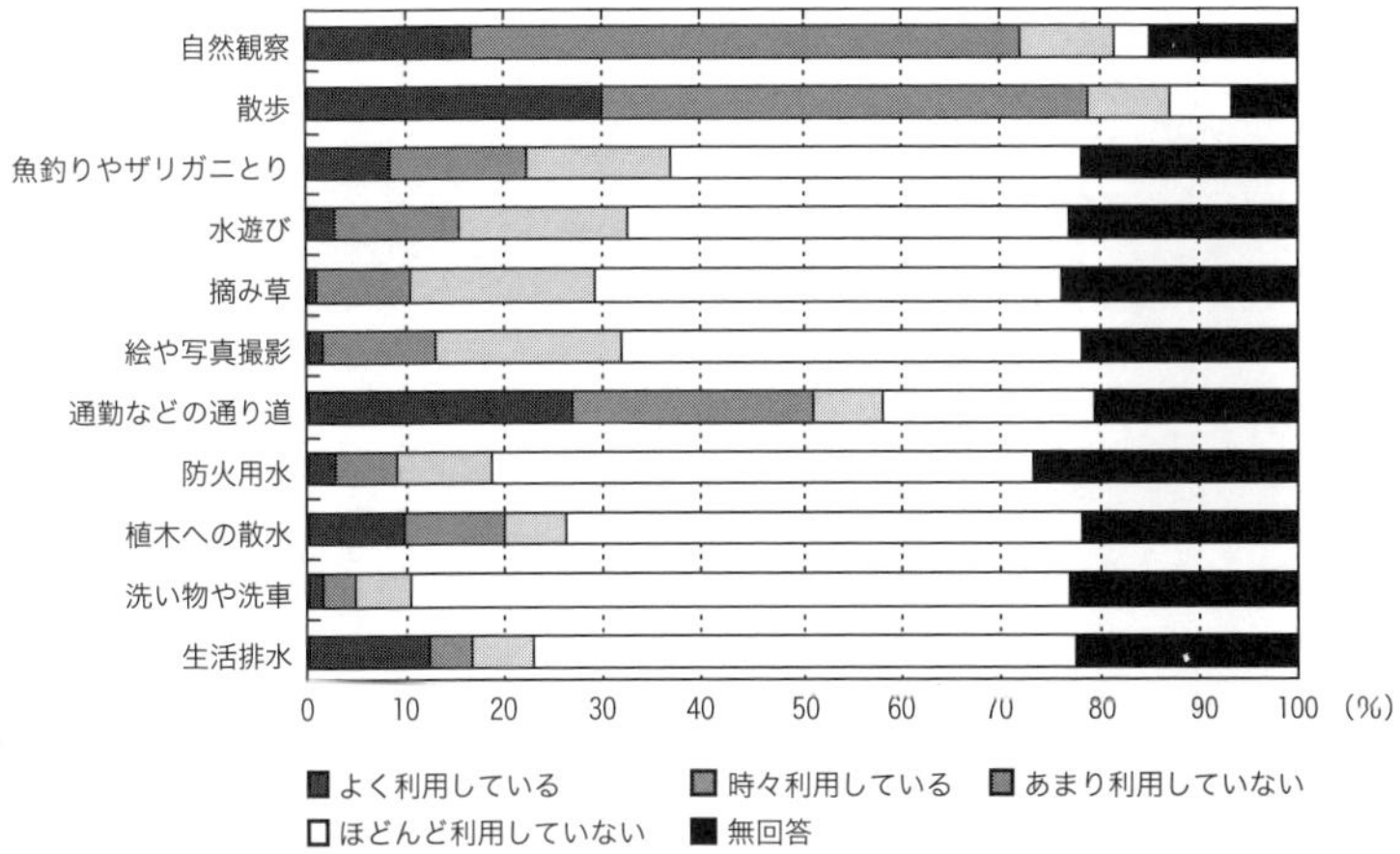

図 5-8　利用者の目的別利用頻度

ずねた結果、水の汚さ、ゴミの多さ、危険さといった用水路に関する理由もあるが、そもそも用水路に興味がないという回答が目立つ（表5-6）。そのほか「その他」の回答として、利用する必要・目的がないため、利用できない・利用しにくい、という二つの回答が大部分を占めていた。

このように、回答者の多くは用水路を具体的に意識し、利用している人は少ないことが見いだせる。

表 5-6　用水路を利用しない理由

水が汚い	20.3
ゴミが多い	18.1
用水路が近くにない	13.2
危険だから	17.6
興味がない	22.9
時間がない	18.9

N=179　値は%

写真 5-1　普段よく利用している場所としてあげられた黒川清流公園

「会社員になってから移ってきたので、子供の頃水に親しんだこともなく、用水路については、あまり興味がない」（四十代・男性・居住歴：二十～二九年）。

「普段何気なく散歩しているので、用水路をはじめ地域のことを深く考えたことがなかった。みずから情報を得ることもせず、日々暮らしているが、自然がどんどん壊されていくことは淋しいことと常々感じていた。今回のアンケートではじめて得た情報もある。この機会に少し関心を持たねばと感じた」（五十代・女性・居住歴三十年以上）

という声が、一般的な日野市民の実態を表しているのかもしれない。

地図指摘法による用水路とのかかわり

意識調査のみでは空間情報の把握は困難なため、地図指摘法により回答者の居住場所、子供の頃よく遊んだ場所、普段利用する場所、好き

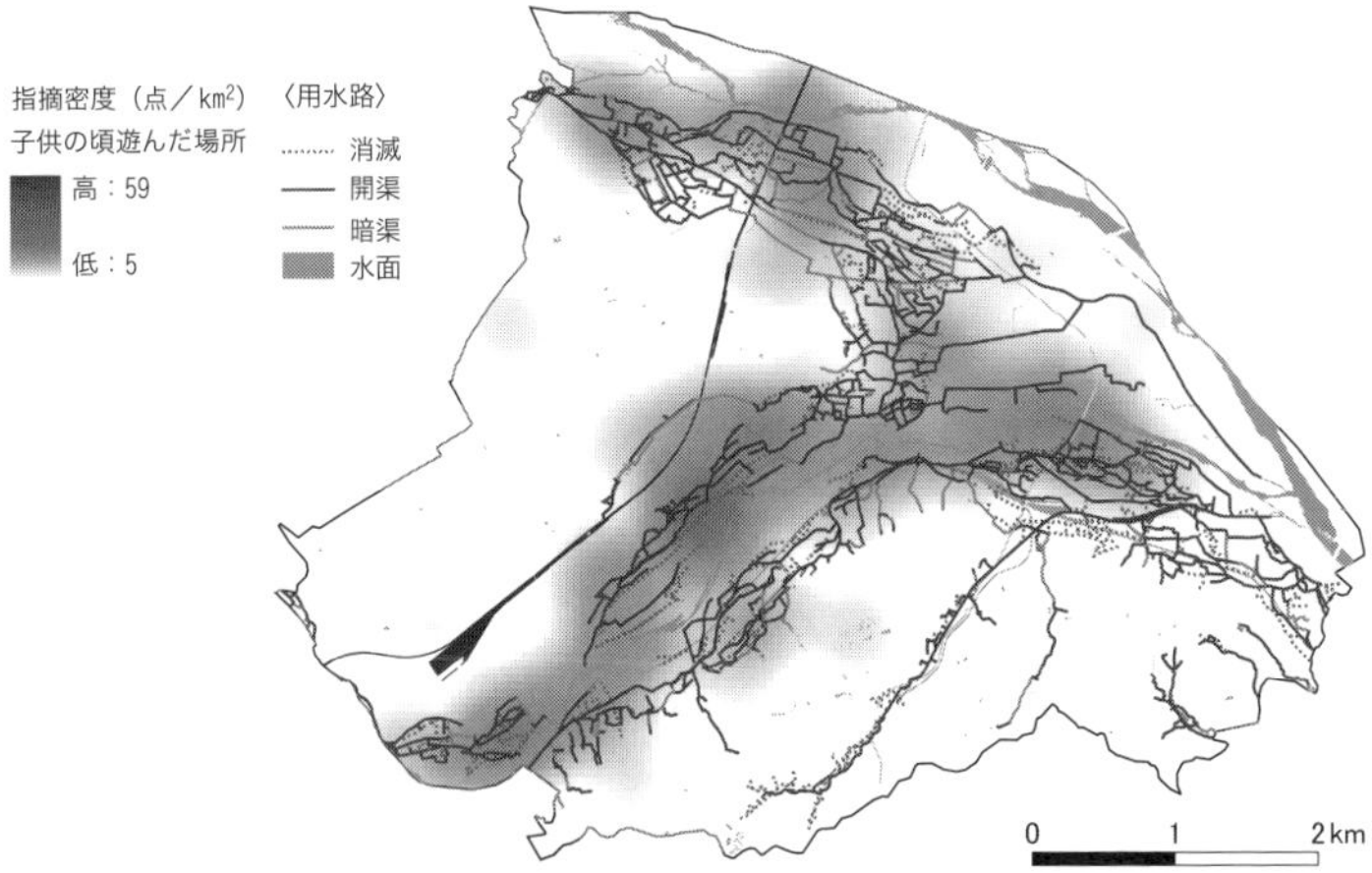

図 5-9　子供の頃遊んだ場所（カーネル密度推定法）

な場所・お気に入りの場所、嫌いな場所・改善すべき場所、散歩するルートを白地図に記入してもらった。

「子供の頃遊んでいた場所」は広範囲に分布しているのに対して、「普段よく利用する場所」「好きな場所」は比較的まとまっていた。子供の頃はさまざまな場所で遊んでいた認識があり複数存在するのに対し、普段よく利用する場所や好きな場所は人の選好などに左右されるものの、大体同じ地区を示しているように思われる。また、「子供の頃遊んでいた場所」は本調査で対象とした用水路の沿線に分布していることも特徴的である。

「普段よく利用している場所」としてとくに多く指摘された地点として、JR・京王線高幡不動駅、黒川清流公園、仲田公園があげられる。この他、各図書館や神社・寺院等に多く分布している（写真5-1）。

さらに「好きな場所」としてとくに多く指摘

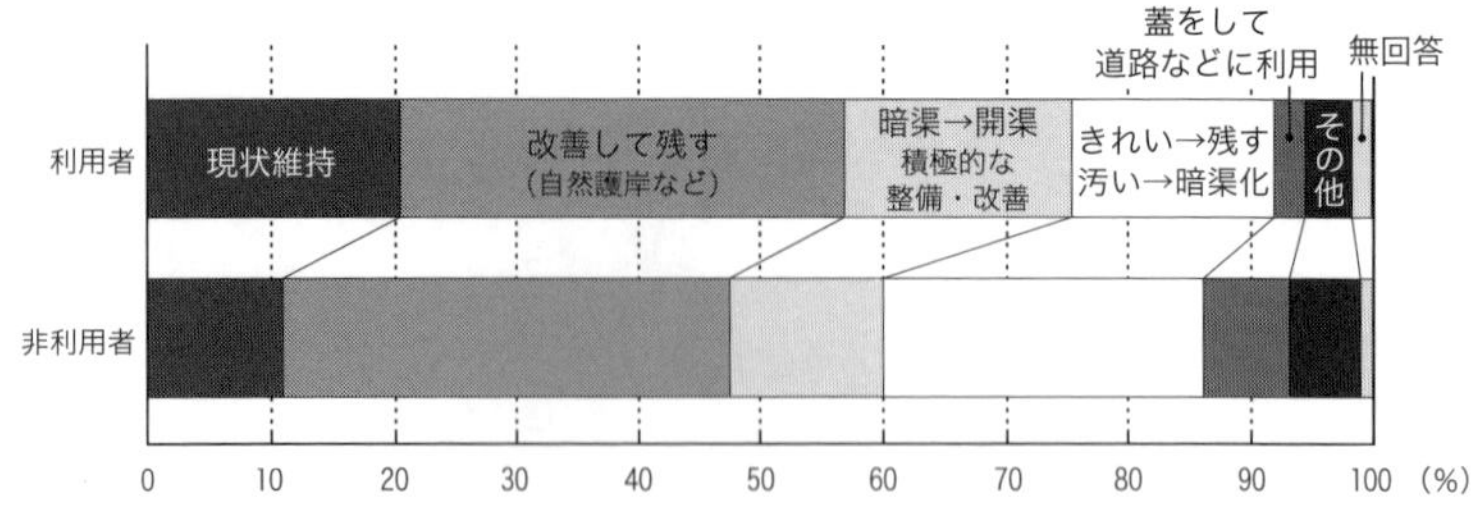

図 5-10　維持管理に対する意識

された地点として、水辺との関係性がある黒川清流公園、仲田公園、向島親水路付近があげられている。

代表事例として、子供の頃遊んだ場所を図5-9に示す。地図に子供の頃遊んだ場所として指摘された地点を点（ポイント）で表現するのでなく、一定の領域から指摘されたポイントを検索し、各領域の指摘数の密度を計算し、密度分布の状態で表現するカーネル密度推定法を用いて集中する地区を視覚的にわかりやすく表している。

一方、散歩ルートとしては多摩川や浅川沿いが多く、とくに浅川の高幡橋～一番橋の河川敷が利用されている。また、黒川清流公園や仲田公園などにも分布している。散歩距離は一番多く指摘されている最頻値で三キロメートルであり、六キロメートルまでで九割を占めている。市民には水辺を中心に長い距離の散歩ルートが形成されている様子がうかがえる。

四　今後の用水路に対する意識

用水路の今後に対する意識としては、利用者は「現状のまま残す」「自然護岸などに改善して残す」「暗渠化された部分も開渠にするなど積極的に整備・改善する」という回答が約七五パーセントを占めているのに対して、非利用者は約六〇パーセントに留まっている。さらに、「きれいな用水は残すが汚いところは暗渠化する」「ほとんど道路に利用する」といった用水路保全に対して消極的な回答が利用者よりも多い傾向であった（図5-10）。なお、今後の用水路に対する日野市民の多様な意見と、対立する論点についてはV-4で後述する。

五　用水路の環境価値

CVMによる環境価値の計測

仮想評価法（CVM）という手法を用いて、用水路に対する多様な環境価値を数量化してみる。仮想評価法とは、その場所の環境を守るために支払っても構わない金額（支払意思額）を尋ね、その環境が持っている価値を金額として評価する手法である。

CVMにはいろいろなバイアスが存在していると言われているが、ここでは、一般的にバイアスが小さく、情報を効率よく収集できる二段階二肢選択形式（ダブルバウンド形式）を採用した。住民の用水路への価値を貨幣価値として評価するため、用水路の積極的な整備改善のための負担金として設問した。

調査結果から支払意思額（WTP）を推定するために回答者の効用をランダム効用関数として、二項選択をロジットモデル及びプロビットモデルで特定化し、提示額と提示額を受け入れるすなわちYESと回答した率のYES確率との関係を推定することで回答者の支払意思額（WTP）を得た。

対数尤度を比較すると、プロビットモデルよりもロジットモデルの方が高く、本研究においてはロジットモデルの方が当てはまりの良い結果となった。ロジットモデルにおける用水路環境に対するWTP

表5-7　推定結果と推定MWTP

項目名	最大値	最小値	レンジ	重要度
景観的形成機能	1.72	−1.57	3.29	39.2%
親水・レクリエーション機能	1.32	−1.57	2.89	34.3%
生態系保全機能	1.06	−0.74	1.80	21.4%
維持改善費	0.14	−0.28	0.43	5.1%
計			8.41	100.0%

決定係数0.9923、重相関係数0.9961

は、中央値二二五二円、平均値六七二八円であった。また、t値が一七・九と高い値であるため、どちらの変数もp値は一パーセント水準で有意となっている。

コンジョイント分析による環境価値の計測

コンジョイント分析は、用水路を構成している複数の属性から表現されるプロファイルの選好を回答者に尋ねることで支払意思額を推定する方法である。このため、CVMとは異なり、各属性の効用を分離して評価することが可能である。ここでは、二つの代替案についてどのくらい好ましいかを尋ねるペアワイズ評定型コンジョイント分析を用いた。

用水路の生態系保全機能、親水・レクリエーション機能、景観的形成機能に着目し、維持改善費を含めた四属性三水準でプロファイルと呼ばれる代替案を構成した。四属性三水準からは八一のプロファイルが得られるが、本調査では直交配列表L9を用いることで九種類のプロファイルに縮約した。しかし、なんら改善がみられないにもかかわらず費用負担を要求するのは非現実的であり、回答者に不信感を抱かせる危険があるため除外した。

本調査における計測結果を表5-7に示す。ここで、最大値・最小値は重回帰式による部分効用値の最大と最小の値である。また、レンジはそれらの差を表しており、各項目のレンジ合計に占める割合が重要度として与えられる。重要度をみると、景観的形成機能が最も高く、回答者が景観豊かな用水路空間を求めていることが推測できる。

限界支払意思額（ＭＷＴＰ）は、各属性が一単位増加したときの支払意思額に相当する。本調査では、維持改善費が一〇〇〇円単位であるため、限界支払意思額も一〇〇〇円単位となる。生態系保全機能をみると、整備割合が一単位増加するときの支払意思額は四二一八円、一パーセント当たり四二円に相当する。同様に、親水・レクリエーション機能は六七五九円（一パーセント当たり六八円）、景観的形成機能は七七一八円（一パーセント当たり七七円）となる。

前に求めたＣＶＭとコンジョイント分析との推定結果を比較するため、ＣＶＭで用いた用水路の仮想状況をプロファイルの全組み合わせの中で最も全体効用値が高い代替案と仮定した。その結果、ペアワイズ評定型コンジョイント分析による支払意思額は四八七三円であった。

以上より、市民の用水路に対する価値は、年間世帯あたり二二〇〇～四八〇〇円程度であり、この推定結果に日野市の世帯数七万七一三七世帯（平成二十年一月一日現在）を掛け合わせると、用水路の年間総価値は一・六～三・六億円程度であると思われる。用水路の再生や維持管理に際して、このような用水路の総価値を勘案する必要もあるといえるだろう。

六　用水路データベースの公開

アンケート調査の結果、用水路に対して関心は持っているものの、実際に用水路を利用している住民は三六パーセント程度であり、用水路沿線住民でも利用率は低く、主な利用項目は通勤や散歩や自然観察であり、直接水とふれあう利用については低いことがわかった。また、用水路の保全については、熱心な一部の住民のみ積極的に活動しているが、多くの住民が傍観者となっているのが現状である。

そこで、作成したデータベースを公開し、住民参加型のデータベースとすることで、用水路に対してより多くの住民が親しみ・関心を持つ可能性を最後に示したい。

Google Earth でのデータベース公開

現在、人工衛星画像、地名データを備えたGoogle Earthを用いてデータベース[5]の公開を進めている（図5-11、5-12）。用水路網、湧水地点、市民団体が調査した水田等の情報を公開し、さらに調査地点の写真一一五枚をリンクさせ、用水路網については、開渠・暗渠・消滅の属性を与えた。これにより、作成した用水路網図の精度を確認でき、人工衛星画像による用水路周辺の土地利用の目視等、総合的な閲覧が可能となった。なお、将来的には、住民がＧＰＳ機能付き携帯電話で撮影した写真を携帯端末からGoogle Earthにアップデートできるようにし、住民参加型の公開データベースとしたい。

今後、用水路データベースを引き続き構築していき、用水路の消失プロセス及び住民意識構造をさらに分析していくことで、用水路の再生が可能であるところ、または必要であるところが明らかになるだろう。また、用水路データベースは単に用水路の保全や再生に向けての検討ができるだけでなく、ハザードマップの作成や火災時の用水路の利用、あるいはヒートアイランド対策などさまざまな分野で活用されることが期待できる。

図 5-11　用水路網と湧水地点等の Google Earth

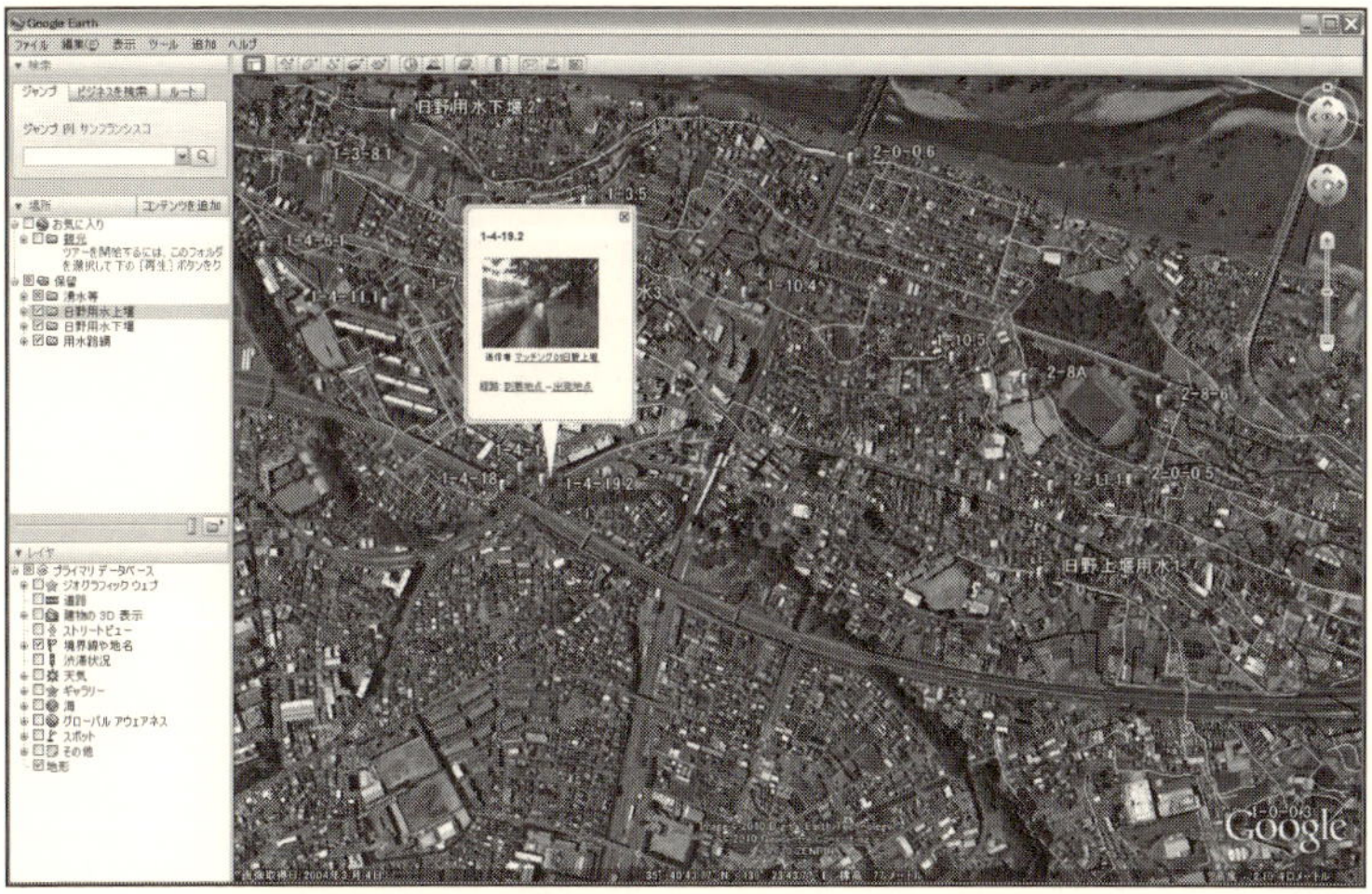

図 5-12　用水路写真の Google Earth 表示

3　用水路への積極的なかかわりと用水路の維持

一　用水路の清掃活動への参加

はじめに用水路に対する積極的な参加（かかわり）の一つの指標として、用水路の清掃活動への参加を取り上げ、どのような意識を持っている人が清掃活動に参加しているか、参加しようとしているのか、明らかにしていきたい。

回答者による用水路の清掃活動の実施頻度は、年間一～二回が八割を占めている。表5-8は、清掃活動への参加と世代との関係を示したものであるが、世代との関連は統計的に有意ではない（なお、世帯収入との関連も見られない）。だが、「参加したこともないし、今後も参加したくない」と回答する世代として、三十代以下、四十代がやや多いことは特筆すべき点かもしれない。一方、表5-9をみると居住年数が長いと清掃活動へ参加していることも見いだせる。

次に、回答者の一般的な意識と清掃活動への参加との関連が見られるのか、分析をしてみよう。第一に、地域への愛着度が高い回答者が清掃活動への参加に積極的であることが見いだせる（表5-10）。つまり「地域に誇りや愛着を感じている」「地域のために、何か役に立ちたい」と考えている人は清掃活動への参加が積極的であることがわかる（表5-11）。なお、地域への愛着度の高さは居住年数の長さと関連がある。日野市への居住年数が長く、地域への愛着度がある住民が、用水路の清掃を担っていると

表 5-8　清掃活動への参加×世代

	30代以下	40代	50代	60代	70代以上	合計
よく参加している	8.7	19.2	20.8	18.3	14.0	16.4
何度か参加したことがある	17.4	17.3	24.5	19.2	24.4	20.8
参加したことがあるが、機会があれば参加したい	43.5	38.5	37.7	42.3	43.0	41.3
参加したこともないし、今後も参加したくない	30.4	25.0	17.0	20.2	18.6	21.4
合計	100.0 (46)	100.0 (52)	100.0 (53)	100.0 (104)	100.0 (86)	100.0 (341)

値は%（実数）　n.s.

表 5-9　清掃活動への参加×居住歴

	30年以上	20-29年	10-19年	5-9年	5年未満	合計
よく参加している	23.4	13.2	7.3	7.4	0.0	16.3
何度か参加したことがある	25.0	15.1	22.0	18.5	8.6	20.9
参加したことがあるが、機会があれば参加したい	35.6	37.7	48.8	48.1	62.9	41.3
参加したこともないし、今後も参加したくない	16.0	34.0	22.0	25.9	28.6	21.5
合計	100.0 (188)	100.0 (53)	100.0 (41)	100.0 (27)	100.0 (35)	100.0 (344)

値は%（実数）　χ 2=34.196 d.f.=12 p<.01

表 5-10　清掃活動への参加×地域に誇りや愛着を感じている

	そう思う	どちらかといえばそう思う	どちらともいえない	どちらかといえばそう思わない	そう思わない	合計
よく参加している	22.2	18.3	8.9	5.9	9.1	16.0
何度か参加したことがある	18.1	24.4	20.3	17.6	9.1	21.3
参加したことがあるが、機会があれば参加したい	47.2	10.9	36.7	47.1	36.4	41.4
参加したこともないし、今後も参加したくない	12.5	16.5	34.2	29.4	45.5	21.3
合計	100.0 (72)	100.0 (164)	100.0 (79)	100.0 (17)	100.0 (11)	100.0 (343)

値は%（実数）　χ 2=23.548 d.f.=12 p<.05

表 5-11　清掃活動への参加×地域のために、何か役に立ちたい

	そう思う	どちらかといえばそう思う	どちらともいえない	どちらかといえばそう思わない	そう思わない	合計
よく参加している	27.5	13.7	11.9	0.0	0.0	15.8
何度か参加したことがある	23.8	20.5	19.0	30.8	0.0	21.1
参加したことがあるが、機会があれば参加したい	41.3	49.1	31.0	23.1	33.3	41.6
参加したこともないし、今後も参加したくない	7.5	16.8	38.1	46.2	66.7	21.4
合計	100.0 (80)	100.0 (161)	100.0 (84)	100.0 (13)	100.0 (3)	100.0 (341)

値は%（実数）　χ 2=44.303 d.f.=12 p<.001

いえるだろう。

さらに、物質的な豊かさよりも、心の豊かさやゆとりある生活を重視する〝脱物質主義的価値観〟との関連をみると、脱物質主義的な価値観を持った人が清掃活動に従事していることが伺える（表5-12）。脱物質主義的な価値観と環境運動への参加の関連性は一般的にも支持されているが、用水路の清掃活動への参加も同様であることが伺える。

続いて、清掃活動への参加と回答者のソーシャル・キャピタル（社会関係資本）との関連を見てみよう。近年、市民活動の活性化の議論に関して援用されるR・パットナムのソーシャル・キャピタル（social capital）論（一九九三＝二〇〇一）によれば、さまざまな市民活動の参加者ほど、多くの組織に加入しているという。もっとも、多くの組織に加入している人は市民活動に多く参加しているとも考えられるため、トートロジカルな議論の可能性もあるが、その点を踏まえて分析していこう。

表5-13は、回答者の現在の各組織・団体への加入状況を表したものである。積極的に参加している組織・団体としては、「趣味・教養・学習のための団体・サークル」が多く、続いて「自治会・町内会」が多い。そして、清掃活動への参加の積極性と各組織・団体との関連を見ると、自治会・町内会への参加と清掃活動への参加の積極性の間に関連が見られた（表5-14）。なお、「趣味・教養・学習のための団体・サークル」「ボランティアのグループ」でも関連性は弱いが有意な結果が得られた。

さらに、「積極的に参加」「参加」をひとまとめにし、それぞれの組織・団体に参加した数の合計をソーシャル・キャピタル数として、清掃活動への参加の積極度（四段階で数が多いと積極的に参加）との相関係数を求めた。

回答者全体では.213（p<.001）であり、回答者の現在のソーシャル・キャピタル数と清掃活動への参

表 5-12　清掃活動への参加×脱物質主義的価値観

	そう思う	やや思う	あまり思わない	思わない	合計
よく参加している	17.1	17.3	0.0	18.2	16.3
何度か参加したことがある	22.3	22.0	10.5	18.2	21.4
参加したことがあるが、機会があれば参加したい	43.4	40.9	31.6	27.3	41.3
参加したこともないし、今後も参加したくない	17.1	19.7	57.9	36.7	21.1
合計	100.0 (175)	100.0 (127)	100.0 (19)	100.0 (11)	100.0 (332)

値は％（実数）　　χ 2=20.470 d.f.=9 p<.05

表 5-13　現在の組織・団体への参加

	積極的に参加	参加	不参加	合計（N）
自治会・町内会	14.4	55.2	30.5	100.0（397）
労働組合	2.1	7.2	90.7	100.0（375）
業界団体・同業者団体	4.0	7.4	88.6	100.0（376）
政治関係の団体や会（政党・後援会など）	1.9	6.9	91.3	100.0（378）
東京・生活者ネットワーク	1.1	1.8	97.1	100.0（379）
ボランティアのグループ	5.2	12.6	82.2	100.0（381）
生活クラブ生協	3.9	16.8	79.3	100.0（381）
地域生協や消費者運動、団体	1.6	10.0	88.4	100.0（380）
自然保護・環境保護団体・サークル	1.8	3.9	94.2	100.0（380）
その他の市民運動・団体	3.7	7.1	89.2	100.0（379）
宗教や信仰に関する団体・サークル	2.4	2.4	95.3	100.0（380）
PTA・父母会	5.6	11.3	83.1	100.0（372）
保育サークルや子ども関係のサークル団体	3.5	4.5	92.0	100.0（376）
スポーツ関係のグループやクラブ	9.3	15.5	75.2	100.0（375）
趣味・教養・学習のための団体・サークル	16.1	21.5	62.4	100.0（352）

値は％（実数）

表 5-14　自治会・町内会への参加×清掃活動への参加

	清掃活動によく参加している	清掃活動に何度か参加したことがある	参加したことはないが、機会があれば参加したい	参加したこともないし、参加したくない	合計
自治会・町内会に積極的に参加している	35.3	29.4	27.5	7.8	100.0　（51）
自治会・町内会に参加している	17.4	23.2	42.1	17.4	100.0（190）
自治会・町内会に参加していない	4.8	13.5	47.1	34.6	100.0（104）
合計	16.2	21.2	41.4	21.2	100.0（345）

値は％（実数）　　χ 2=42.543 d.f.=6 p<.001

加の積極度は正の相関がある。ただし、世代をコントロールすると四十代の回答者のみ有意な結果となっている（相関係数が.423, p<.001）が、おおむねR・パットナムの議論は支持されているといえるだろう。

二　用水路の維持管理の担い手

用水路の維持管理は、従来は農家個人や用水組合によって担われてきたが、都市近郊の農業者の減少に伴い、その担い手は変化せざるを得なくなっている。そして、担い手の確保は、日野市の用水路の維持のためには避けては通れない課題である。日野市民自身は、その担い手をどのようにすべきだと考えているのだろうか。

表5-15は、用水路の管理をどの程度担うべきか、用水組合、農家個人、用水路周辺の住民、日野市の一般市民、日野市（行政）それぞれについて尋ねた結果である。積極的に担うべきと考えられている主体は、日野市と用水組合であることが分かる。しかも、本来、用水路の管理主体であった用水組合の重要性は、調査時点（二〇〇七年）の段階においては行政にとって代わられていることも見て取れる。そして、農家個人や用水路周辺の住民が担うべきという意見が見られる一方、日野市の一般市民が少しは担うべきという回答も半数を占める。ただし、積極的な担い手に対して否定的な意見も他より目立っている（表5-16、5-17）。

この結果から、基本的には行政が対応し、そうでなければ日常的に用水路に関与している主体が維持管理を担うべきだという意見が大多数であることが伺える。一般市民が用水路の維持管理の中心的な担

表 5-15　用水管理の担い手に関する意見

	用水組合	農家個人	用水路周辺の住民	日野市の一般市民	日野市（行政）
積極的に担うべき	76.7	44.1	22.0	9.5	83.1
少しは担うべき	13.7	40.7	55.1	56.2	12.9
あまり担うべきではない	0.6	4.0	7.9	11.0	0.6
担うべきではない	0.6	1.8	6.2	11.0	0.9
わからない	8.4	9.4	8.8	12.2	2.6
合計	100.0 (344)	100.0 (329)	100.0 (341)	100.0 (336)	100.0 (350)

値は％（実数）

表 5-16　用水路周辺の住民が担い手になることへの意識×清掃活動への参加

	よく参加している	何度か参加したことがある	参加したことはないが、機会があれば参加してみたい	参加したこともないし、参加したくない	合計（N）
積極的に担うべき	32.4	17.6	41.2	8.8	100.0 (68)
少しは担うべき	13.3	21.7	48.2	16.9	100.0 (166)
あまり担うべきではない	4.3	21.7	30.4	43.5	100.0 (23)
担うべきではない	0.0	10.0	35.0	55.0	100.0 (20)
合計	16.2	19.9	44.0	19.9	100.0 (277)

値は％（実数）　　χ 2=44.429 d.f.=9 p<.001

表 5-17　日野市の一般市民が担い手になることへの意識×清掃活動への参加

	よく参加している	何度か参加したことがある	参加したことはないが、機会があれば参加してみたい	参加したこともないし、参加したくない	合計（N）
積極的に担うべき	30.0	16.7	46.7	6.7	100.0 (30)
少しは担うべき	17.0	22.4	45.5	15.2	100.0 (165)
あまり担うべきではない	6.2	15.6	46.9	31.2	100.0 (32)
担うべきではない	2.9	14.3	28.6	54.3	100.0 (35)
合計	15.3	19.8	43.5	21.4	100.0 (262)

値は％（実数）　　χ 2=38.664 d.f.=9 p<.001

い手になるためには、もう少し時間がかかるだろう。

もっとも、用水路の維持管理の担い手として、用水路周辺の住民や日野市一般市民が積極的に担うべきだと回答した人は、用水路の清掃活動への参加経験の割合が高いことがわかる。本データの対象者は、日野市民全体からすれば相対的に用水路との物理的距離は近い住民であるが、この結果は、物理的な近さによって用水路の清掃活動への参加や維持管理の担い手になることに寄与しないということを示しているともいえる。

環境社会学者の嘉田由紀子（二〇〇二）は、現在の「遠い水」という状況に対して、地理的・社会的・心理的に水や自然と、人とのかかわりが「近い」状態を見据え、可能な限りその状態に戻すか、新しい政策の中にその「近さ」を埋め込むことを提示する必要性を主張する。つまり用水路と人（生活）との「近さ」、換言すれば用水路に足を入れるようなかかわり方や、そのかかわり方を促すような工夫・しかけや施策が必要だといえる。

4　用水守制度・環境教育の可能性

一　日野市の用水路に関する施策の評価

日野市は水辺行政の中でさまざまな用水路の維持管理の施策を行ってきたが、この行政施策に対して市民の反応はどのようなものであろうか。

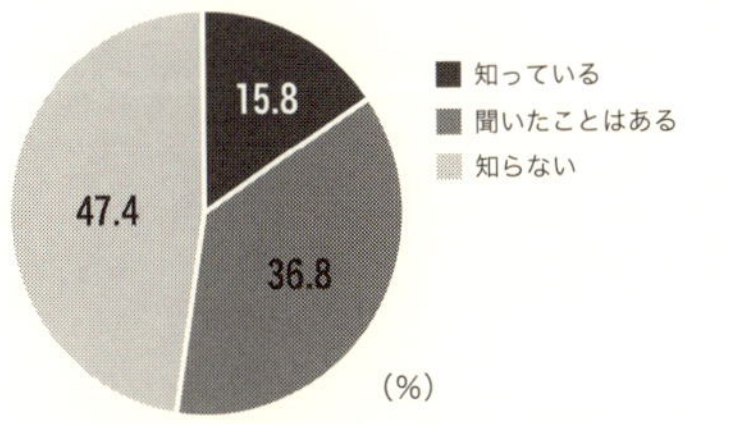

図 5-13　日野市清流保全条例の知識
(N = 399)

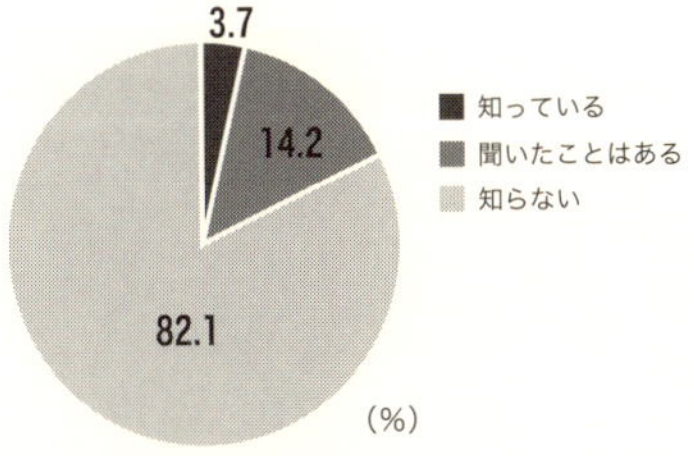

図 5-14　延長計画を知っているかどうか
(N = 402)

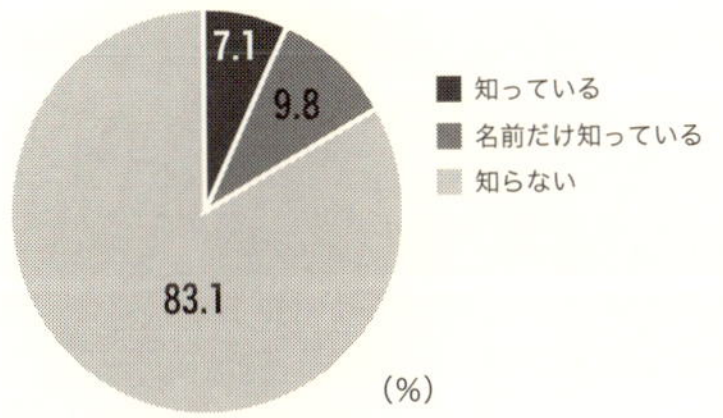

図 5-15　用水守制度を知っているかどうか
(N = 396)

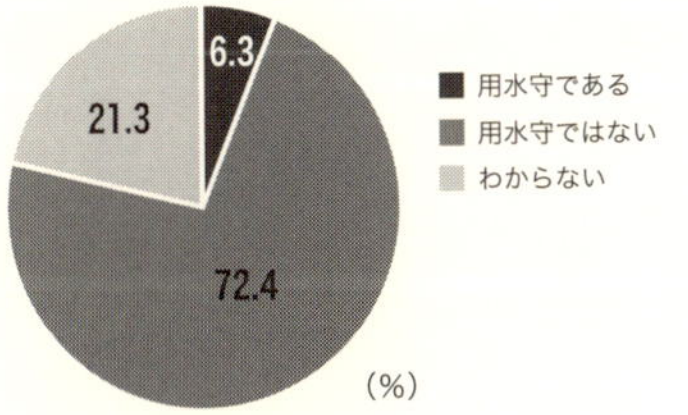

図 5-16　用水守であるかどうか
(N = 399)

日野市は「水の郷」に指定され、清流保全条例を制定しているが、この条例の認知度は二〇〇七年段階では十六パーセント程度にとどまっている（図5-13）。また、二〇〇五年、日野市では環境基本計画の見直しが行われ、二〇一〇年までの重点項目の一つとして「二〇〇五年レベルで用水路総延長を維持する」ということが決まったが、この点についての認知度も十八パーセント程度と低い（図5-14）。

二〇〇二年から開始された用水守制度に対しては、日野市民はどのようなまなざしを向けているだろうか。図5-15は、用水守制度を知っているかどうかを尋ねた結果である。名前だけ知っているという回答者を含めても、二割に満たないことがわかる。また、用水守であると回答した回答者は六・三パーセントであった（図5-16）。このように、二〇〇七年の段階では、日野市民の用水路に対する施策の認知度は低いと言わざるを得ない。

しかしながら、その一方で、

「日野市用水守（はじめは用水里親）制度に、団体登録の代表として、平成十六〜十七年度（自治会長）。それ以来、今日まで、日常的活動者として過ごして、およそ三年半あまり過ぎました」（四十代・男性・居住歴三十年以上）

という熱心な住民の存在も確認しておきたい。

用水守に団体として加盟している組織は、年に一度、用水守活動実績報告書を行政に提出している。また、日野市は年一回、二十名ほどの用水守が参加する用水守懇談会を開き、用水守からの意見を集約している。このように、日常生活の中から住民が見いだした用水路の問題点が行政に伝えられる機会を提供している。また、用水守である住民にも、毎日活動する人もいれば、年一回のクリーンデーのみに参加する人もいて、その活動はさまざまである。

用水守は、誰でもその気になれば参加できるという緩やかな制度であるため、地域住民に急速に普及するということは難しいのかもしれない。しかし、この制度は、用水路の清掃活動を通じて、用水路と地域住民が接点を持つ機会を提供してくれているといえるだろう。

二　子どもを通じた用水路へのかかわり

子どもを介したかかわり

ここまで述べてきた用水路調査の知見の一つは、日野市には豊かな用水路が存在しながらも、全般的にはその関係性は「遠い」ということである。

前述した「用水守」制度以外に、市民と用水路の接点としてあげられるのは、〝子どもを介して〟用水路へのかかわりが生まれているということである。調査票調査の自由回答欄から、いくつかの市民の声を見てみよう。

「都心まで約三十分という場所にありながら、まだまだ自然が多いと思っていましたが、最近急速にマンションや住宅が建ち、この先どうなるのかと少々不安になります。夏になるとザリガニを捕る子供の姿に心が和みます。これ以上宅地化が進まなければいいなと思います」（四十代・女性・居住歴五〜九年）

「子供が、潤徳小へ通っているので、授業や水辺の楽校で、向島用水や浅川で水遊びや生物観察、野鳥観察などで親しんでいます。子供たちが水辺と触れ合えるこの環境を有難く感じていています。用水や水辺の自然を保存していくことは大切なことだと思います」（三十代・女性・居住歴五〜九年）

「用水路や用水路沿いの魚やトンボやザリガニを子供たちが捕まえながら遊ぶ光景、農家の方とのふれあいを楽しんでいます」（三十代・女性・居住歴五〜九年）

居住歴が比較的短く、子育て世代である三十〜四十代の住民によるこれらの声を見ると、日野における水辺空間とのふれあいを享受している姿が伺える。それは現在では数少なくなってしまった自然豊かな水辺空間や、そこで織りなす人間関係のすばらしさが、時代をこえて重要であることを示唆している。日野市では市民団体と協働しながら、このような親水空間を作ってきた経緯がある。例えば、一九九〇年頃から日野市と市民団体で保全活動が行われ、区画整理事業後に水田を復元、素堀の用水を残した公

写真 5-2　よそう森公園

園である「よそう森公園」や、東京都から緑地保全地域に指定され、自然環境に恵まれた「黒川清流公園」などは、子どもが身近に緑と水に触れられる親水空間となっている（写真5-2）。

また、日野市水路清流課は一九九一（平成三）年から日野市立潤徳小学校の北側に流れる向島用水のコンクリート護岸を自然に近い形で復元し、農業用水としての機能を保ちながら、身近な水路の自然とふれあう環境を整備し保全を図る試みを実施した。潤徳小学校には向島用水の流水が引き込まれ、作られたワンド（静水域）はさまざまな生物が生息する「トンボ池」になった。このワンドを潤徳小学校は自然体験学習の場としてカリキュラムに組み込み、また子どもたちは放課後の遊び場にしている（笹木、一九九六、小笠、二〇〇二）。

日野市から誕生した「水辺の楽校」

このように子どもが身近な用水路、水辺にかかわることに対して、行政の施策だけではなく、市民団体の活動が背景に存在する。その代表例が「水辺の楽校」という組織である。

「水辺の楽校」は、国土交通省が一九九六（平成八）年に開始した「地域の身近な河川を子どもたちの自然体験や学習の場として活用できるように自然の状態を極力残しつつ、必要に応じてアクセス施設や水辺に安全に近づける河川の整備などを行う」ことを目的とするプロジェクトである。二〇〇六年九月現在、全国で二四九の「水辺の楽校」が登録されている（竹本、二〇〇六：三）。

そもそも水辺の楽校のアイデアは、建設省河川局河川計画課（当時）の佐藤直良氏が、日野市潤徳小学校を訪れたことから始まる。先に述べたように、向島用水路の整備によって順徳小学校にトンボ池ができたが、このような〝自然と学校の空間が溶け合った〟事例を佐藤氏が見たことがきっかけとなり、次世代を担う子どもが、川でさまざまな活動を楽しむための「水辺の楽校」というアイデアが生まれたのである（佐藤、一九九七）。ちなみに、日野市には二つの水辺の楽校（潤徳水辺の楽校と滝合水辺の楽校）がある。

写真 5-3　潤徳水辺の楽校、水辺遊びの様子
（提供：高木秀樹氏）

潤徳水辺の楽校

潤徳水辺の楽校は、三年間の準備期間を経て、二〇〇四（平成十六）年十月に発足した。潤徳小学校、地域住民、浅川にかかわる市民グループのメンバー、日野市役所緑と清流課の職員などを中心に運営されている。潤徳水辺の楽校の特徴は、「子

写真 5-4　水辺で遊ぶ子どもたち（提供：高木秀樹氏）

写真 5-5　浅川での水辺遊び（提供：高木秀樹氏）

ども の遊び」に徹するという点である。四月の竹馬乗り、竹とんぼづくり、「石絵」づくりから始まり、浅川での水辺コンサート（五月）、水遊び（八月）、浅川の源流巡り（十一月）、地図を読んで遊ぶ（十二月）、どんど焼き（一月）などがある。また、遊びの延長として、水辺の一斉清掃（六月）に参加しながらパックテストによる水質調査や、浅川の植物調査（九月）では外来種問題に関する講習会も行っている。さらに毎年三月には一年間の活動のまとめとして、水辺の楽校写真展　水辺の楽校の発表会を実施している（写真5-3〜6）。

写真 5-6　どんど焼き（提供：高木秀樹氏）

潤徳水辺の楽校のメンバーは、潤徳小学校の環境教育の一環として稲作も行っている。このように川・水、川辺を通じて遊びながら学ぶスタイルが定着している。

滝合水辺の楽校

一方、滝合水辺の楽校は、〝浅川を遊べる川に〟という願いを達成するために、二〇〇一（平成十三）年に設立された。当時の浅川は、上流部分などの排水によって、現在よりも水は汚く、臭いもあった。その後、二〇〇五年度に滝合小学校近くの浅川にワンドが作られ、そのワンドを地域の財産として守っていくために、滝合小学校の卒業生やその保護者、地域住民、滝合小学校の学校関

写真 5–7　浅川で水遊びをする子どもたち（提供：清水智氏）

写真 5–8　ワンドでの活動（提供：清水智氏）

写真 5-9　ワンドで遊ぶ子どもたち
（提供：清水智氏）

写真 5-10　花飾りを作って遊ぶ
（提供：清水智氏）

係者が「浅川っ子の会」を発足させ、滝合水辺の楽校と共同してイベントを実施している。

活動内容としては、浅川のクリーン作戦（四月、十一月）、野鳥観察（六月、二月）、浅川での水遊び（八月）などがある。子どもだけではなく、親も楽しめるイベントとして、焼き芋や団子を作って食べることもある。また、滝合水辺の楽校の活動は、滝合小学校の教員が担っていることもあり、同小学校の授業（生活科、理科、総合的な学習の時間）や学校行事（運動会）、クラブ活動などで、滝合水辺の楽校の活動フィールドを用いることも多い（写真5-7〜10）。

「水辺の楽校」の可能性

日野市の二つの水辺の楽校は設立経緯の違いから、やや性格は異なっているが、子ども、地域住民、学校関係者、行政が一体となって、浅川やその水辺へのかかわりを深めている[6]。もっとも、子どもが用水路にかかわることができる地域は、日野市内でも限定的であるかもしれない。実際、二〇〇七年調査の回答者の中で水辺の楽校を知っている人は三割程度である。

しかし、子どもが川辺で体験したことを親に伝えることによって、親が用水路への関心や理解を深め、用水路の清掃活動に対して消極的な三十〜四十代の意識が変化することも考えられる。行政などによる市民への全般的な啓蒙は重要であるが、上から降ってくる情報の伝達と比べて、相対的に子どもが語る話に耳を傾けやすいという点を考えれば、親世代の意識変化も促される可能性がある。

以上のように、子どもの環境教育は、用水路自体のインフラ整備とは異なった、地域住民が用水路に対して直接的・間接的なかかわりを提供する具体的なしかけとして、相対的に用水路とかかわりが少ない世代の意識や行動の変容を促す方法の一つとして考えてもよいのではないだろうか。

5 用水路整備を巡る論点

一 環境重視か、安全性か

今後、用水路をどのように整備すればよいのだろうか。市民からは、用水路を残す、自然護岸などに改善、暗渠を開渠に整備するという意見が多い反面、用水路の暗渠化の要望も少なくない（表5-18）。用水路の利用者と非利用者によって、用水路の整備に対する意見が異なり、用水路の非利用者は、用水路保全に対して消極的な結果となっている。

では、具体的に現在の用水路に対する一般市民の声を見てみよう。まず、現状の用水路を維持する声として、次のようなものがある。

「用水路に常に水流があることにとても喜びを感じています。何年か前に護岸のためコンクリートで

表 5-18　日野市の用水路網の今後に対する意見（複数回答）

現状のまま残す	17.6
自然護岸などに改善して残す	42.7
暗渠化された部分も開渠にするなど さらに積極的に整備改善する	16.6
きれいな用水は残すが、汚いところは暗渠化する	26.8
ほとんど蓋などして道路などに利用する	5.7

N=403　単位は%

固められ、きれいにはなったのですが、情緒がなくなった気がします」（六十代・女性・居住歴三十年以上）

「夫の実家のある日野市に昨年引っ越してきました。町のあちこちに流れる小川（と思いました）に水のきれいさ、水の豊かな土地だと思いました。水道水も以前住んでいた場所とまるで違います。この水をこれからも大切にしてほしい。これは日野の宝だと思います。ただ高額なお金がかかることは長続きしないように思います。今を守る、生活を守る、少しずつよくしていく考えです」（五十代・女性・居住歴五年未満）

「コンクリートで固めず、自然な状態を維持し、ホタルが生きられるような用水にしてほしい。」（五十代・男性・居住歴二十〜二九年）

「コンクリートの用水になってしまいホタルがいなくなったのは残念。私の子供のころはたくさんいた。」（五十代・男性・居住歴三十年以上）

このように用水路にかかわる自然環境を重視し、現状の用水路の維持を求める声がある一方で、現状の用水路の危険性や衛生上の問題、安全確保のために暗渠化を求める声もある。

「用水路を守ることは重要だが、危険が伴うなど生活に支障があるところは蓋をしてもらった方が良い。すべての用水路を守る！　のではなく必要なところだけで良いと思う。」（三十代・女性・居住歴十〜十九年）

「用水に汚水が流されているということを市役所の人に聞いたことがある。子供たちがザリガニ取り遊びをしているのをみると、衛生上心配である。」（三十代・男性・居住歴三十年以上）

「多摩川から入ってくる水はきれいだけど、ゴミを掃除することがなく汚れたイメージがある。一部深いところがあり蓋がなくて、暗くなってから自転車に乗った母と子が落ちているのを見たことがある。」（四十代・女性・居住歴十〜十九年）

「我が家の庭と接続している用水路は、上流で排水を流しているらしく、悪臭ややぶ蚊、鳥の糞に悩まされている。埋め立ててほしい！　一概に用水路と一括りにはできない。柔軟に対策を練ってくれるよう切望する。」（五十代女性・居住歴二十〜二九年）

つまり、現在の用水路の状態によって、用水路への評価も二分していることがうかがえる。きれいな水が流れる用水路は「現状維持」、汚水やゴミにあふれた用水路は「暗渠化」を求める声を確認できる。また、たとえきれいな水が流れる用水路であったとしても整備状況はさまざまであり、危険性が伴う場合もある。逆に安全性を確保するために、用水路に柵を設けることによって、本来あるべき姿の用水路からかけ離れてしまい、景観上、望ましくないという評価を受ける場合もある。

このように、用水路の整備を巡って、自然環境の重視と安全性の重視という点は、必ずしも両立しない場合もあるといえるだろう。

二　用水路整備を巡る公平性と費用負担

整備方法を巡る対立

用水路の整備には多額の財源が必要となるが、現状の日野市の財政状況をみると、用水路の整備は選択的にならざるをえない。だが、用水路整備の方法論に対しても市民の声は二分されている。

「良好な居住環境を保全するには、水や空気や緑など多くの環境資源を大切にしなければならないが、今の用水路網をそのまま維持するだけでは意味がない。また、市内の用水路を一律に整備するのではなく用水路が果たす役割が期待できる地域に限定すべき。」（六十代・男性・居住歴五〜九年）

「用水には親しみを感じているが、やはり普段自分が触れ合える場所に関心が集中する。そういった意味から、ピンポイントでお金をかけるより、全般的な整備をしてほしい。」（七十代・男性・居住歴二十〜二九年）

〝危険〟で〝汚い〟用水路を整備することに対しては、市民の合意が得やすいとも考えられるが、〝良好な〟用水路の整備について、市民の用水路へのかかわりをより進めるために、例えば景観的にすばらしいという理由において限定された場所を「選択的」に整備するべきか、日野市民全体のことを考え、用水路全体を整備して「公平性」を重視すべきなのかという意見の対立があることが伺える。

また、潤徳小学校のトンボ池などの親水空間や、水辺の楽校のような、子どもが自然とふれあうことをサポートする組織が身近にある住民と、そもそも日野市の親水空間を享受できない地域住民との間には、不公平感が存在していることも否めない（写真5-11）。

写真 5-11　潤徳小学校のトンボ池

費用負担を巡る対立

以上のような状況において、用水路整備にかかる市民側の費用負担という点は、激しい対立を生むことにつながる。例えば、

「将来を見据え、子供世代を中心とした活用を考え、もっと自然の摂理にあった整備を行うべき。また整備を行った以上、行政はそれに見合う広報、教育を行う責任がある。それであれば、年五〇〇〇円の出費は惜しまない。」（四十代・男性・居住歴三十年以上）

というように、用水路整備への費用負担を惜しまないという市民もいれば、以下のように費用負担への懸念を示す市民もいる。

「友人が家を建てる際、用水路をまたぐので年間使用料を払わなければならず、つぶしてはいけないので駐車に気を使う……ともらしていたので、敷地に接して用水路があるのも常に使わない家庭には負担かと思います。」（三十代・女性・居住歴五～九年）

「用水の維持に市民の負担が必要かどうかを論じる前に、市役所職員の退職金の削減等、市政の財政改革が必要なのではないかと思う。」（五十代・女性・居住歴二十〜二九年）

本章で用いている日野市民の用水路に関する意識調査とは別に、二〇〇六年に実施した同様の調査結果を見ると、用水路の維持管理費用を基金として集めた場合に、自分が支払うかどうかについては、四九・七パーセントの住民が支払うとしたものの、二四・六パーセントの住民は「支払わない」、二五・七パーセントは「わからない」と回答している。[8] また、用水路の維持管理費用の基金として拠出できる具体的な金額については、年間一〇〇〇円が五三・四パーセントと最も多く、五〇〇円（二六・二パーセント）、三〇〇〇円（一五・五パーセント）という回答となっている（西城戸、二〇〇七）。また、サンプリング調査ではないため分析結果の解釈には留保が必要であるが、日野市の用水路に文化歴史的価値を見いだしている住民、実際に用水路の清掃活動に参加している、もしくは参加意思がある住民、さらに親水性を重視し水辺に近づける用水路が望ましいと考えている住民に、用水路維持管理への基金を拠出する傾向も見られた（西城戸・長野、二〇〇七）。

なお、用水路維持管理の基金という発想については、

「用水路の整備は早く取り掛からなければならないと思う。今の子供等に水辺で遊ぶ楽しさを知ってほしい。負担金の反対が多い場合、用水路の整備のための基金のようなものを作り、自治会、企業、農業団体の参加を呼びかけても良いと思う。」（五十代・女性・居住歴二十〜二九年）

という意見も見られる。

日野市の財政状況を考えると、用水路整備のための基金は不可欠だろうが、このような有志の寄付に

頼る基金だけでは、毎年発生する用水路整備の費用をまかなうことは難しいかもしれない。
近年、森林の持つ水源涵養、水質の改善、土砂災害の防止などの公益的機能をその地域住民が享受していることを根拠に、地方自治体がこれらの機能低下を防ぐために森林整備を行い、その費用負担を地域住民に求める手段として、森林環境税や水源税を導入する例が見られる。日野市の用水路整備に関しても「環境用水税」を取り入れることも考えられるが、これまで述べてきた用水路整備に関する論点を巡った合意形成が必要となり、それはたやすいことではないといえるだろう。それは、用水路のあり方の内実だけではなく、コンセンサスを得る方法論も同時に問われなければならないからである。

［註］

1 詳しくはⅡ章（Ⅱ-2）を参照のこと。

2 ベクタデータとは座標を持った点、線、面で表示されるデータであり、ラスタデータとは写真のように点（画素）によって構成されているデータである。

3 日野市内の用水路の総延長は、四十〜五十年前には二二〇キロメートル、五年前でも一七〇キロメートルあったとされている。

4 ある地域における、緑で被われた土地の面積がその地域全体の面積に占める割合を「緑被率」という。この緑被率に「河川等の水面の占める割合」と「公園内の緑で被われていない面積の割合」を加えたものが「みどり率」である。

5 データベースの構築では、ESRI社のArc GISを用いたが、データベースの公開には人工衛星画像、地名データを備えたGoogle Earthを用いた。Arc GIS形式のシェイプファイルをGoogle社のフリーソフトであるMap Window GISにてGoogle EarthのファイルKML形式であるKML・KMZ形式に変換した。KMLは、Google Earthの開発元であるアメリカのKeyhole社が開発した図形データのモデリング用途のためのXML言語である。なお、KMZ形式はKML形式のファイルをZIP圧縮したものである。

6 水辺の楽校における実践の他に、学校教育の中で用水路を教材として活用した事例がある。小坂克信氏は、総合的な学習の時間の中で日野市の用水路を教材とした授業を行っている（小坂、二〇〇三）。

7 この調査は、豊田用水、上田用水、向島用水に面する住民、事業者に対して行われた。調査期間は二〇〇六年十一月〜十二月である。十一月十五日から十八日の間に、上記の用水路幹線沿いに居住する世帯に調査票を配布した（配布数は八八六通）。二〇〇七年一月初旬までに回収し（二〇四通）、回収率は二三・〇パーセントであった。回答者の性別は男性五一パーセント、女性四九パーセントであり、世代は三十代以下（三一・六%）、四十代（一六・八%）、五十代（一八・九%）、六十代（三〇・五%）、七十代以上（一二・一%）であった。

8 「わからない」という回答は、費用負担自体に迷いがあるという解釈と、用水路の維持管理そのものへの理解不足という解釈が考えられる。

VI

これからの「まち」と「水・緑」のゆくえ

1　これまでの議論と本章の論点

本書をまとめるにあたって、これまでの議論の展開を簡単に振り返っておこう。本書のもとになった法政大学エコ地域デザイン研究所の研究グループメンバーは、東京郊外において数少なくなった田園風景といった「美しい景観」に魅せられて、日野市にかかわりを持ったわけだが、I章では、このような日野市の水系、湧き水や用水路などの「豊かな水環境」の存在と、それが都市化によって失われつつあることを確認した。なお、このような作業の背景には行き過ぎた近代化（＝都市化、郊外化）の反省という視点があったことも指摘しておきたい。

II章では、日野市の基本構想や基本計画の変遷を確認し、用水路の維持保全にかかわる土地利用や環境保全、さらに行政への市民参加に関する制度が、基本構想や基本計画にどのようにかかわってきたのかという点を見てきた。次に、水辺・用水路の維持管理・保全に関する具体的な計画の変遷を追い、基本構想・基本計画における位置づけを確認した。これらの整理から、第一に浅川利用計画のような、それまで半ばどぶ化していた用水路に価値を見出すという現在の日野市の方針を先取りした計画も、市全体の基本構想・基本計画に策定され、実行に移されるためには相当の時間がかかること、第二に、日野市の基本構想の下で策定された数多くの用水路にまつわる計画や制度、用水路の存在価値を認める方針があるものの、それらの多くは計画間で重なっており、また実際の運用における縦割りの存在が、運用面で多くの課題を生み出してしまっていることが見出された。一方、III章では、日野市で数多く展開された市民活動の実践の歴史と多様性を確認し、行政と市民の相互作用の中で試行錯誤されながら「行政への市民参加」が進展してきた様子を確認してきた。それは、一九九〇年代後半から行政計画への政策立案段階である「計画づくりへの市民参加」に結実していく。この市民参加による計画策定の代表例である環境基本計画の策定の事例を検討し、計画づくりへの市民参加の現状とその課題について考察した。

Ⅳ章では、日野市の農業の概要から、日野市が畑作中心の都市型の農業になっていることを明らかにし、日野市の農業の衰退と宅地化の進行について確認した。また、稲作から畑作への転換による農業用水の重要性の相対的な低下、農業従事者の高齢化による用水組合の機能の低下と相まって、用水路の年間通水化を目指した日野市の用水路政策への関与によって、日野市の用水路は、農業用水としての機能は一定程度保ちつつも、地域に広がる環境用水としての位置づけが中心になってきたことが示された。その一方で、「環境用水」の多様な機能や価値に対応した多様な取り組みが、個別に展開しつつも、それが別個に展開されているが故に手詰まり感があるのではないかという日野市の現状に対する問題提起や、米の生産コストに用水維持費用を組み込んだ「用水米」を作り、それを市民が買い支えるといった、米の売買を通じて農家と市民の新たな関係性を構築すべきではないかという提案もなされた。

Ⅴ章では、Ⅳ章で議論された多様な価値を持ちうる「環境用水」に対しての価値付けがどのようなものであり、また市民は現在の用水路に対してどのようなまなざしを向けているのかという点を確認するために、用水路に関する日野市民への調査票調査のデータから分析、考察を進めた。まず、ＣＶＭやコンジョイント分析によって、用水路の環境用水としての価値の高さを数量的に示し、その価値を確認した。次に、市民と用水路とのかかわりについて分析を行った。その結果、清掃活動などに熱心に従事し、用水路へのかかわりが強い市民の存在は見られるものの、全体的には市民と用水路へのかかわりは薄いことが見出せた。また、用水路に対するさまざまな価値を認め、その維持管理に積極的である市民も、一部にとどまっていることが示唆された。そこで、市民の用水路へのかかわりを促す社会的仕組みが重要であり、その一例としての用水守制度と環境教育の現状と可能性について考察した。だが、反面、市民の用水路に対するまなざしは、一枚岩ではなく、親水性と安全性、用水路の整備方針（選択と集中か、全般的か）などでの対立点が見られ、用水路整備を巡る合意形成の困難さも浮き彫りになった。

以上の議論の背景にある問題関心は、近代化＝都市化・郊外化によって変貌した日野市の用水路や田園風景を含む水辺空間をどのように維持していったらよいのか、また、そのためのまちづくりの方向性はどのようなもので、どのようにあるのかという実践的な関心であった。そこで本書を締めくくるにあたって、この大きな問題に対して、抜本的な解決策までは提示できないものの、いくつかの論点と方策を示していきたい。

2　まちの「器」を変えることから「器の中身」の再編へ

はじめに日野というまちの今後を考えていく際の基本的な姿勢、思考の前提となる認識について述べておきたい。日野市は近代化＝都市化・郊外化の影響によって大きく変化し、過去との断絶を経験したが、同時にそれらを紡ぎなおす試みがさまざまに模索されてきた。だが、その方法には、例えば、新たな都市像へ向けた都市計画を策定するといった、日野というまちの「器」を変える方向性と、今ある「器の中身」を再編する――具体的には、計画内容と市民活動の再検討と再編――という方向性が考えられる。本書で議論してきた日野市のさまざまな実践を踏まえると、前者よりも後者の発想に立つべきではないだろうか。以下、具体的な例を示しながら考察していきたい。

日野の水辺空間や緑を取り戻すために、日野市はさまざまな計画を策定してきた。これらの中で実践につながっている計画も存在するが、総じて言えるのは、中身はよいが、計画自体の実効性が乏しいという点である。Ⅱ章で日野市における計画策定プロセスを詳細に見てきたことによって改めて理解できた点は、同じような計画、施策、事業が、行政内部の異なる部署で別々に行われており、「計画の重なり、実践のすれ違い」という縦割り行政の典型が見られるということだった。つまり、制度や計画といった「器」を新たに作り続けるという発想だけでは、今後のまちを考えていく姿勢としては不十分であるといえるだろう。

近代化（都市化）が人間と自然のつながり、自然と自然のつながりを切断していく過程であったと捉えるならば、その反省を意図する計画とは、切れた関係をつないでいこうとする努力に基づくものに他ならないだろう。Ⅱ、Ⅳ章で述べたように、日野市は「農あるまちづくり」を掲げ、農業基本条例（一九九八年）が策定された。その後の「第二次農業振興計画」（二〇〇四年）において、農業用水路の維持保全の推進が盛り込まれている。そして、農作業を手伝う援農ボランティアや体験農業に参加する子どもなど、農業者以外の主体が農業にかかわることについては議論されている。しかし、日野の農業振興計画の中では、用水路を米生産のしくみとつなげていこうとする施策や議論が弱いことが指摘できる。もとより一九九〇年代から「環境用水」としての用水路の「多面的機能」が強調されるのと並行して、農業自体の「多面的機能」も注目され、農家以外の非生産者が用水や農業にかかわることが重視されるようになった。日野市側もその「多面的価値」を認め、非農業者たる市民が、用水路の維持管理をする「用水守」制度や、農家支援としての援農ボランティアなどの施策を行ってきた。しかし、水田と農業用水路を結びつけることに特化した施策は見られず、制度的にうまくカバーされていないのが現状である。

さらに、これまでの政策を見直し、農業や用水路のもつ多様な価値を強調する動きは、さまざまな領域に及んでいる。例えば、エコ地域デザイン研究所の研究グループは、日野はこれまでの線引制度や区画整理事業によってまちの「器」が大きくなりすぎ、また用水路や緑が断絶されてしまったことを指摘する。さらに今後は、環境問題や人口減少傾向に伴う「縮小社会」を迎えようとしているが、この都市縮小化と人口減少によって「モザイク状」に生ずるであろう空き地を集約し、そこに「緑」や「水」を配置することによって、「廻廊」をつくる「歴史・エコ廻廊」という構想を提示している。[1]「縮小社会」に対応したまちづくりや都市計画を設計しようとするコンパクトシティ論の見地からの指摘は重要である。また、日野市の崖線と水と緑を一体化した構造として捉え、つなげるという構想自体は、II章で見てきたように、実は日野市の景観、環境を考慮した都市計画マスタープランなどでも示されており、目新しいものではないが、あらためて政策的に緑や水を残していくという方向性を示すという点で意義があるだろう。

しかし、この「歴史・エコ廻廊」の構想を実際の計画として実行する際には、そこから「現在の住民の生活」に対する視点が抜け落ちていってしまう可能性があることに留意する必要がある。研究グループは、この計画のためには「全市民的な合意が必要かつ重要」と言及している。しかしながら、住民の現実の生活感覚を踏まえると、ただちに首肯することはできないと編者は考えている。なぜなら、空き家や未利用の土地が多くなったからといって、その地区を「歴史・エコ廻廊」の該当地区として、土地利用を集約的に配置転換することは、そこで暮らす地域住民の生活や主体性を置き去りにした計画となりかねないからである。より多くの、さまざまな立場の人々からの意見に耳を傾け、生活や主体性を汲み取っていく必要があるだろう。

もちろん、現実的な対応のみを考慮してしまうと、豊かな構想が生み出されず、従来の計画とそれに対する反省から抜け出せなくなってしまう可能性もある。この「歴史・エコ廻廊」という構想も、「一〇〇年後を考えた都市計画」の指針としての評価はありえるだろう。(2) しかしながら、その一方で、「歴史・エコ廻廊」の提唱という試みが、そこに住む人々がこれまでその土地に込めてきたささやかな愛着や記憶があることを捨象してしまい、外側から「エコ」や「日野の有名な歴史」といったスマートな価値づけを当てはめ、無自覚に上塗りしてしまうことの危険性を含んでいることを忘れてはならない。従来の地域開発の反省からスタートしたはずの構想が、皮肉にも「歴史」や「エコ」という名目で行う地域開発主義の延長に陥ってしまうことのないよう、議論を続けていく必要がある。

都市計画という性格上、すべての住民の要望に応えることはできないだろう。だが、少なくとも「当事者主体の都市計画」を目指さない限り、実効性のない計画となってしまう。つまり、日野市の過去の計画の検証なしには、新たな計画づくりをすることはかえって逆効果にもなりかねない。まちの器を変えるのではなく、すでにある器の「中身」を再検討するべきという主張のゆえんの一つはここにある。

ここで今一度考え直したい点は、例えば、Ⅳ章の最後に示したような、当該対象（=用水路）と当事者とのつながりを保持した内容を持つ計画である。現在の日野では、「農」とは切り離せないはずの用水路が切り離されて、それをつなぐ「生業《なりわい》」が欠落している。畑作重視の都市農業は、農業用水路としての機能の喪失を招き、さまざまな行政施策による市民と「農」のかかわりも畑作中心になっている。

その一方で、用水守による活動や市内一斉のクリーンデーにおいて住民が用水路の清掃を行うことで、環境用水路としての維持管理を行っている。このような当該対象（＝用水路）と切り離された主体（農家、住民）を別個に対処する計画ではなく、関連する主体をつなぎ、総体としての対象（＝用水路と稲作、それを支える市民）を維持・管理する施策の一例が、Ⅳ章の最後に提案した「用水米」である。米の生産コストに用水維持に必要な経費を含み入れた「用水米」を作り、それを日野市民に買ってもらうことによって、米の売買を通じて農家と市民の関係性だけではなく、農業と用水路の関係性の存在を再提示することができる。こうして消費者として用水路の維持管理を支える市民、米の生産者であり用水路の維持管理の担い手である農家、用水路の日常的な清掃や、維持管理のボランティア等を調整する行政の三者が揃うことによって、前記の計画の実現可能性が高まるかもしれない。もっとも、行政内部の体制がバラバラであったり、農家と市民の意思疎通がうまくいかなかったりすると、この計画も自省することなく計画を作り続けた自治体と同様に「絵に描いた餅」となる。とはいえ、当該対象とその当事者の存在を組み合わせた計画は、より実効性が高いものとなる可能性がある。

3　市民活動の「すれ違い」を超えて——アクターネットワークの再編に向けて

次に日野市の市民活動について見ていこう。これまで見てきたように、計画同様、多様な市民活動の存在が確認できたが、市民活動自体が個々にバラバラに活動している現状が浮かび上がってくる。本書のテーマである用水路に関する市民の動きについて改めて振り返ってみると、日常的な維持管理については、「用水守」の活動や、日野市・緑と清流課が「用水クリーンデー」を設定し、市民に用水路の清掃を呼びかける試みがなされている。また、V章で紹介した「用水カルテ」を作成した市民グループは、その後、環境市民会議に参加するなど、日野市の環境行政へのかかわりを深めている。さらに、教育の現場では、向島用水路に近い潤徳小学校のトンボ池においてさまざまな取り組みがなされ、また小坂克信教諭らによる教育実践（総合的な学習の時間の中で用水路を教材とした学習）の蓄積がある（小坂、二〇〇三、二〇〇四）。用水路の維持管理に不可欠な農業の分野においても、市民のさまざまな実践が見られた。地元産の大豆を学校給食に取り入れようとする「大豆プロジェクト」や、都市農業の担い手が高齢化したことと、後継者不足を解消するために実施されている「援農ボランティア」などがある。

しかしながら、日野市は「農あるまちづくり」を行政施策の中で打ち出している割には、計画上も実践上も、本来は農と切り離せないはずの用水路が切り離されている。つまり、農あるまちづくりの中で用水路は「浮いている」のである。逆に言えば、環境としての用水路という点がクローズアップされ、地域住民と環境としての用水路を近づける試みはなされているが、子どもたちの環境教育の中での米作り（よそう森公園の水田を利用した東光寺小学校の食育の実践（東京都日野市立東光寺小学校編、二〇〇九））などを除いて、用水の保全の試みと都市農業との接点がないというのが現状である。

さらに、日野市のまちづくりの動向を見ると、「新撰組」によるまちづくりを進めている一方で、「水の郷」としてのまちを目指している。しかしともにアクティブな活動がある「新撰組」のまちづくりの実践と用水路や自然環境の保全活動が、必ずしもうまくリンクしていないという指摘も聞かれる。これは「縦割り行政」と批判される行政内部の問題だけでなく、市民活動側も相互の連携がとれていないことを示唆している。

つまり、日野市に限ったことではないが、行政の縦割り同様、市民活動でも縦割りが見られるのである。仮にリーダー層の交流はあったとしても、それぞれの実践に参加するフォロアーである日野市民の重層的なつながりがまだ見られない。Ⅲ章で紹介したように、さまざまな市民活動団体の連携、調整は、水と緑の日野・市民ネットワーク（みみ・ネット）が模索している。また、テーマ横断的な組織としては「ESD-Hino」[3]や、「ひの市民活動団体連絡会」[4]があるが、それぞれテーマが異なる活動を結びつけ、相互作用によってテーマを深化させるというところまでは及んでいないのが現状である。

これまで述べてきたように、日野市における多様な市民活動の歴史と蓄積には、目を見張るものがある。だが、今後はさらにそれぞれの市民活動の活動範囲の外延を広げる必要があるのではないだろうか。このことが日野市における市民活動のアクターネットワークを質的、量的に拡げ、深化させていくと思われる。例えば、都市住民と都市農業の接点を見出そうとした援農ボランティアの実践が、農業と関連する用水路へと連結するような方向性や、「新撰組」によるまちづくりの実践と、用水路の維持管理の実践の双方が重なり合い、協力し合うような方向性を考えてもよいだろう。実際に、最近、援農ボランティアが用水路の清掃にかかわるようになってきているという。

市民活動のリーダーや、活動にかかわる行政部署の担当者が、他の活動ともう少し重なり合うことによって、それぞれの実践に参加するフォロアーが「重なりあう」可能性が生まれ、そこで自らの活動との差異を認識し、自らの活動を相対化する契機が得られる。そして、この異質な他者との出会いとそこにおける主体間の学習が、市民活動の幅を広げ、対象への理解を深めることにもなるだろう。さまざまな市民活動の出会いは、個々の人のつながりを生みだすだけではなく、市民活動のノウハウや、悩みの共有につながり、自らの活動の行き詰まりを打破できるかもしれない。さらにそれぞれ異なった活動内容を組み合わせることによって、別の新しい活動が生まれる可能性もある。

このような異質な活動の出会いは、ときにコンフリクトを伴うものかもしれない。だが、それを回避するのではなく、違いを認め合う中から創発的な活動が生まれる可能性を求めることが、ある意味、手詰まり感のある現在の日野市の市民活動では重要な点であるといえるだろう。例えば、より積極的に、性格が異なる市民活動団体同士を結びつける試みを行っても良いかもしれない。アイデア段階に過ぎないが、日野の市民活動を良い意味でかき回し、再編を促すような主体（コーディネーター）を、公募などで募集した「よそ者」に期待するということも考え得る。行政職員が担うことも考えられるが、行政は市民活動の後方支援に徹するべきであろう。その場合、この「よそ者」の候補として大学などの専門家の役割も想定できるだろう。

Ⅲ章で述べたように、日野市の市民活動団体の担い手は高齢化し、会員数が減少傾向にある一方で、行政との協働による市民団体も新たに生まれつつある。市民と行政との協働のあり方については次節で議論するとして、先に述べた計画同様、市民活動においても、その豊かな蓄積を利用しつつ、「器の中身」を再編することが求められていると言えるだろう。

4 「協働」時代の計画づくりと市民――ガバナンスと「市民」の変容

さて、Ⅲ章では、日野市では一九九〇年代以降、計画づくりに市民が参加するようになり、その代表例である環境基本計画を事例に都市計画学の立場から議論してきた。この計画づくりへの市民参加によって、市民と行政職員との距離が縮まったことや、市民同士のつながりができたメリットももたらされたが、計画策定プロセスの運営上の問題や、市民が計画に参加する範域の設定、参加する市民の専門的な知識への対応など、市民参加にまつわる根本的な課題も指摘された。日野市の計画策定における市民参加は、今後も試行錯誤を繰り返しながら実施されるであろうが、計画づくりへの市民参加を確立させるためには、行政と市民の双方に対して、従来のあり方の変更が迫られている。この「協働＝パートナーシップ」時代における市民と行政の関係について、以下、論点を提示していきたい。

地域社会学者の玉野和志（二〇〇七）は、市民と行政の協働には二つの捉え方があり、それは「市民と行政」の協働なのか、「行政と市民」の協働なのかという表現の違いに現れてくることを指摘する。つまり、国家・行政が公的な領域に基本的な責任を持ち、何が公的であるかは行政が責任をもって決定すべきという伝統的な観念にとどまっている場合（「行政と市民」）と、何が公的であるかということも含めて市民と行政がともに検討し、その都度つくり出していくべきものであるとする新しい公共観念にまで進んでいる場合（「市民と行政」）の二つである。前者の場合、行政は全体的な調整を行い、市民や民間団体が実際の実働部隊として動員され直接サービスを提供する。後者の場合は市民と行政が全体としての公的サービスの提供をめぐって相互の役割を確認し、それぞれにふさわしい役割をはたしていくことで、これまでよりも効率的なサービスの提供が可能になるシステムが構築されていく可能性が見出される。では現在、どちらのパターンの協働が、求められているのであろうか。

一九七〇年代のコミュニティ行政から引き継いでいる市民参加の制度的な課題は、従来の市民参加では、結局のところ「市民参加は形式的なものだ」と市民が判断してしまう点にあった。コミュニティ行政が始まった一九七〇年代においては、市民活動が量的にも増大し、行政などの公的領域に関与する動きも出てきたが、行政側においても最終的な意思決定は行政が担うという認識であった。よって、行政施策への市民参加が行われたとしても、市民は自らの公的な領域にかかわる活動が最終的には行政に従属すると理解する。その時に公的な領域に携わろうとした市民のモチベーションは大きく下がるのである。つまり、このような市民参加の形式化を防ぐためには、前述した「行政と市民」の協働ではなく、「市民と行政」の協働という方向性をとる必要があるといえるだろう。

では、実際の地方自治体において、二つの協働のパターンはどのように広がっているのであろうか。玉野（二〇〇七）によれば、地方分権改革と地方自治体の財政状況の悪化の影響によって、とくに地方において「市民と行政」の協働が進行しつつあるという。一九九〇年代以降進められた地方分権化は、中央からの権限委譲のために地方自治体の受け皿づくり（＝市町村合併）に向かう一方、市町村合併をしない自治体への交付金の削減も行われた。自治体側は交付金が削減される中で、どのように公的サービスの水準を維持できるかという点が自治体運営のポイントとなり、その中で出てきたのが「市民と行政」の協働であった（玉野、二〇〇六）。つまり「財政的な裏づけを失うことで、もはや公的なサービスのすべてに責任を持つことができなくなった地方自治体が、他方である程度の裁量権を得ることで[5]、住民とともに公的なサービスの供給をめぐって、より抜本的な意味でそれぞれの役割を分担し合う、新しい形での公共のあり方を模索していくことになった」（玉野、二〇〇七：四五）のである。これは地方自治体自らの統治能力が衰えたが故に、住民自治（ガバナンス）の可能性が生まれてきたという逆説的な状況である。留意したい点は、これらの状況は、財政状況が逼迫している地方における実態であり、東京や関東圏のそれとは異なっていることである。つまり、東京など財政状況が比較的よい自治体においては、協働のタイプは「行政と市民」の協働であり、行政は全体的な調整機能を担うことによって公的領域の決定の責任を引き受けるという発想が見られるのである。

以上の点を踏まえて、日野市においてはどのような「協働」のかたちが考えられるのであろうか。Ⅲ章で見てきた環境基本計画を巡る計画づくりの市民参加の現状を見ると、行政の財政状況の悪化によって「市民と行政」の協働が生まれたということではない。むしろ市民・住民から計画づくりへの策定を求めてきた経緯もあり、従来型の「行政と市民」の協働という体制のまま、「市民と行政」の協働に移行しようと模索中の段階であるといえる。一九七〇年代以降のコミュニティ行政の課題である市民参加の形式化から一歩抜け出すためには、「市民と行政」の協働を目指すべきであることは先に述べたが、日野市が目指す方向は、行政の役割を自ら縮小させ、積極的な市民による行政施策への関与を促すことであろう。一九七〇年代のコミュニティ行政以降、地域で培われてきた市民活動の歴史が存在し、公的な領域の活動に対して自発的な参加をする基盤（これをソーシャルキャピタル（社会関係資本）といってもよいだろう）がある日野市だからこそ、行政自体の役割の縮小によって「市民と行政」による協働が実現される可能性を秘めている。

ただし、「市民と行政」の「協働」段階に移行し、行政施策の執行過程に住民の参加があったとしても、公的な領域に関する責任は行政に存在し、公的な領域における意思決定も最終的には行政が行うべきだという考え方が依然として主流であることに留意しておく必要がある。だが、このようなやり方は、前述した市民参加の形式化による市民の動機付けの低下を回避できない。最終的に何も意思決定ができなければ、市民参加の努力は水の泡と消えてしまうからである。したがって、「市民と行政」の協働においては、市民自身が公的な意思決定に携わることを認める必要がでてくる。

その一方では、なぜその一部の市民だけが公的な意思決定に携わることができるのかという他の市民の疑問に応える必要が出てくる。なぜならある特定の市民が、別の市民の働きかけを「公的な決定」によって規制することもありえるからである。つまり、「市民と行政の協働＝パートナーシップを進めるためには、まず行政が本当の意味で市民と対等の立場にたち、市民が公的な領域へと参加し、そこでの決定に関与することを認めていくというだけではなく、そこでの決定にはかかわってこない一般の市民にとっても、行政ではなく一部の市民が公的な領域に責任を持つことを正当とみなすことができる仕組みを整えなければならない」（玉野、二〇〇七：四六）のである。

この「仕組み」のあり方は、さまざまであろう。一定の市民が公的な領域に責任を持つという正統性を担保するために、公的な基準を設定し外部監査を導入することも一つの方法であろうが、「あの市民団体ならば大丈夫だ」という「お墨付き」が地域住民の中で共有されている場合もあるだろう。町内会・自治会や住民協議会といった地域組織は、行政が地域住民に対して正統性を付与したものでもある。したがって、これらの組織の決定に対して一部の市民・住民から異議申し立てが起こることもしばしばだが、それは、地域の決め事に関与するこれらの組織の正統性に対して疑問を投げかけているわけである。よって、「市民と行政」の「協働」において、公的な領域の意思決定にかかわる一部市民の正統性自体も、時には別の住民、市民から問われることになる。だがそれはその都度、住民・市民からの正統性を獲得すればよいことであり、むしろ、このような営みの繰り返しによって、ローカルな部分で独自に展開される住民自治・市民自治が可能になるといえる。[6] そして、責任ある意欲ある市民が、かかわった分だけ報われる、そういったコミュニティを市民と行政が協働して作っていくことが重要なのである。

さて、ここまで「市民と行政」の協働における行政のなすべき点を述べてきたが、当然、市民にも従来の市民参加とは別の態度が求められてくる。日野市の環境基本条例の事例では、計画づくりにかかわった市民の「専門性」の欠如が指摘されたが、次の節で議論するように、必ずしも市民が行政職員のような専門性（専門知）を保持する必要はなく、むしろ市民がそれぞれの生活感覚に培われた「生活知」を持って議論に加わればよい。逆に、行政や、計画策定にあたって関与する専門家（コンサルタントや大学教員など）は、市民の「生活知」を「専門知」によって塗り固めないような配慮が必要である。とはいえ、市民が公的な領域における意思決定にかかわるためには、それなりの力量が問われることは間違いない。Ⅲ章でも紹介されていたように、「市民参加に耐えうる市民の力量は、結局市民参加を体験する中でしか養成されない」のだろう。

前述したように、日野市のこれまでの市民運動、市民活動の蓄積を鑑みれば、「市民と行政」の協働を担う市民は十分に存在するようにも思える。「市民と行政」の協働に参加する責任ある主体としての市民が、これから日野市の施策にどのようにかかわっていくのかは、今後の展開を見守る必要があるだろう。

5 合意形成の困難さと「専門性」

ここまで行政、市民、そして市民と行政の関係について、これからの日野市を考える上で重要な点を考察してきた。最後に、市民の多様な声に関する合意形成に関して議論しておきたい。Ⅴ章において、日野市民の用水路に対するまなざしはさまざまであり、それは時として対立すること、用水路整備を巡る合意形成が困難であることが指摘されている。つまり、日野市の用水路の今後に関して、市民のコンセンサスを得ることは必ずしも容易ではない。したがって、用水路の今後を考えていく際には、性急な回答を求めることは避けるべきである。さまざまな主体の意見を紡ぎ出した上で、コンセンサスを得ようとする試みが必要になってくる。では、コンセンサスを得るという合意形成のために考えておかなければならない点は何であろうか。

第一に、専門家との関係をどのように保つのかという点があげられる。用水路や日野というまちの今後の方針を「市民と行政」の協働によって考えていく際に、コンサルタントや大学教員などの専門家が、合意形成の場に加わることはよく見られる。だが、地域住民や行政は、まちづくりの専門家やコンサルタントが提示する理想像を鵜呑みにしてはならない。確かにある専門家が、とある地域の「美しい」事例を持ち出し、それを当該地域の住民に提示することは、一事例を紹介するという点では意味がある。だが、その「美しさ」は、その専門家が考えている審美的価値に過ぎない可能性がある。

また、往々にして専門家の提示は「専門知」として流布され、権威づけが伴うことがある。しかも、専門家の評価は、結果的に地域固有の文脈を無視したり、住民の日常的な生活感覚（生活知）を置き去りにしてしまったりということもしばしばである。当然、専門家たる研究者は自らの価値観を住民に提示する際に、それが本当に当該地域の住民にとってどのような点で意味があるのか、と自問する必要がある。現状では、行政や一部の市民活動団体、地域住民の中には、大学教員などの専門家の意見に期待することもあるが、専門家の意見が必ずしもすべて正しいわけではないという点は、思考の前提におくべきであろう。むしろ地域住民や行政職員が「大学の教員＝専門性の高さ＝意味がある」という図式をいったん解体し、専門家に対して疑問を投げかけることが重要である。そこで専門家が地域住民や行政職員に対して応答するといった相互作用の存在が、双方に有意義な成果をもたらすといえるだろう(7)。

さらに、「市民と行政」の協働において、行政の「専門知」によって市民が持つ「生活知」が塗り固められてしまう危険性も指摘しておきたい。生活感覚に彩られた市民・住民の声――それは時として多様でまとまらないものであり、「専門家」からすれば取るに足らないと判断してしまうこともあろう――には、専門知では得られないような重要な要素が含まれていることがある。市民参加に熱心な市民・住民が、結果的にモチベーションを下げてしまう背景には、自分たちの声が当の本人の納得のいかないまま、専門知の中に回収されてしまうこともあるが、逆に言えば、市民・住民側は行政の「専門知」におののくことなく、生活の論理を行政にぶつければよいのである。それは行政施策にとっても重要なことである。

第二に、合意形成のための方法論も問われる必要があろう。行政、市民、建築、まちづくりの専門家やコンサルタントなどの協働によってコンセンサスが図られるべきであることは確かであろうが、これまで見てきた日野市の現状を考えると、対立する意見を具体的にどのように集約するのか、決して一筋縄ではいかないはずである。

もっとも、市民の声を聞くことは必要だが、果たしてどの市民の声をどの程度聞けばよいのだろうか。広く一般の市民の声に耳を傾ければよいのだが、それは対立する意見の調整に悩むことになる。その一方で用水路に積極的にかかわる市民（市民活動団体など）の声に耳を傾けると、確かに一部の用水路の維持管理には役に立つかもしれないが、必ずしも日野市民全員のコンセンサスを得たということにならない可能性も残る。そもそも、一部の市民のみが用水路の維持管理に携わることが、日野市民の用水路に対する「近さ」を担保することになるのかどうかという点も議論になるだろう。その一方で、用水路の維持管理を積極的に担う地域住民の実践を尊重し、積極的にかかわる市民の力から現状の課題を解決するという方向も考えられる。用水路整備の実態や日野市の財政状況という「現実」を考えれば、選択的にある場所の用水路の整備を集中的に行うことになるであろう。だが、「現実的な判断」ばかりに目を奪われると、大局的な視点を失うことにもつながる……。

これらの議論に対して、一定の正解はない。問題自体も連鎖し、一つの問題の解決が別の課題を立ち上げることもしばしばである。だが、一つの解答を導くのもそれに従って動き出すのも日野市民の手にかかっている。したがって、今後の日野のために考えなければならない点は、用水路を巡るさまざまな住民の意見を拾い上げながら、今後の方向性を考えるためのプラットフォームをつくり、紆余曲折を繰り返しながらも、徐々にコンセンサスを作り上げていくことに他ならない。トップダウン型の意思決定と比較すれば時間はかかるだろう。一つのコンセンサスが、別のコンセンサスと対立することもあるかもしれない。だがそれは「市民参加」には必ずつきまとう問題である。日野市における「協働」は、まだ端緒についたばかりである。紆余曲折を繰り返し、徐々にコンセンサスを作り上げていく地道な努力が求められている。

6 むすびにかえて――再帰的であることの意味

本書を結ぶにあたって、再度、本書のテーマ対象であった日野市の用水路、行政施策、市民活動に対するまなざしを、「再帰性」というキーワードから考え直してみたい。

本書のもとになった研究グループは、さまざまな意味で日野市の美しい景観と、水路や湧水を結んでかたちづくられた生活環境の在り方に惹かれて調査研究を開始した。水田と用水路を含む田園風景は、多くの人々にとって「美しい」ものであり、また地域のかつての生活を物語る重要な文化的要素と映るだろう。だが、こうした田園風景について、ただ美しさや伝統文化を外形的に評価するだけでよいのだろうか。近代化＝都市化・郊外化によって失われつつある風景を残さなければならないという、行き過ぎた近代化の反省としての、田園風景という景観や生活環境への賞賛は、人々のノスタルジーに訴えることによって一定の共感を受けるかもしれない。だが、そもそも景観自体の合意形成の困難さの前では、この「景観やそれに付随する表層的な生活文化への賛美」もまた一つの価値観に過ぎない。確かに近代批判という思潮は、「現在、都市部に住む私たち」から見れば、興味深い発想である。だが、この思潮を基準にして、小さな共同体の営みを外部から一方的に定位し、評価・解釈・意味づけを行うべきではない。ましてやこの小さな共同体の営みを環境保護、人間重視、自然と共生といった都市でつくられたスマートな知の体系の中に回収させてはならない（古川・松田、二〇〇三：二一‐二二）。「ある人びとにとっては美しい風景が、その風景の中に暮らす人たちにとってはとりたてて美しくないこともあれば、逆に、ある人びとから見れば美しかった風景の破壊であることが、他の人びとには美しい風景の創出と見なされることもある。ある風景が美しいかどうかということや、どんな風景を残し、どんな風景を新たに作るかということは、社会的・文化的な価値意識にかかわり、その価値意識は環境と人とがどんな関係の下にあるのかということにかかわっている」（若林、二〇一〇：二七）からである。

行き過ぎた近代化を批判し、かつての生活風景からノスタルジーを喚起させ「美しい都市」の姿を構想すること、そして、合意形成の場では安易に住民の主体性に期待し、その一方で「期待される住民の主体性」の欠如を嘆くこと。このような専門家の態度は、建築物やそれを含む風景、景観の美しさや生活環境に対する価値をあらかじめ認識の前提に組み込み、そのまなざしを人々や社会に投げかけているに過ぎない。このようなまなざしは、近代化の中で失わざるを得なかったまちや人々の歴史を埋没させ、専門家の価値観を押しつけることになる。その外挿的な価値観の押しつけは、「いま、ここ」に住む住民が、「負」の歴史を踏まえた上で本来住民自らの手で模索し、獲得すべき「地域のあり方」や、「地域のために営む」ことにおける住民の主体性を削ぎ、主体性が育まれるべきプロセスを阻むこととなる。

本書（編者）の主張は、日野市の用水路・行政施策・市民活動、市民参加のあり方を考える際に、再帰性を発揮することを求めるということである。ここでいう再帰性とは、ある対象に対する言及がその対象自体に影響を与え、対象自体がその言及を自ら検討し、評価し直すための材料として活用されることを指す。つまり、行政や市民、さらに専門家などあらゆる主体が日野というまちの今後を考える際には、自らの存在自体が今のまちのかたちに影響し、それぞれの主体に責任があることを前提とした上で、これまでの実践や自らの視点を見つめ直すことから、未来のまちの姿を考えるべきだ、という主張である。まちの主人公である日野市民が、さまざまな「取捨選択」を自ら行い、問い直し続ける作業を経て「残った」ものにこそ、そのまちにとって本質的な選択が見出されていく。そこにこそ、外側から持ち込まれた「もっともらしい」価値観の外挿をはねのけ、日野市民がオリジナルなまちのかたちをつくり出していく可能性が見出されるのではないだろうか。

地付き層以外の日野市民の多くは、高度経済成長期前後に流入してきた「新住民」である。多くの新住民は区画整理後の宅地開発によって自らの住まいを得ている。つまり、相対的に豊かな自然を求めてきた日野市民自体も、実は自然を犠牲にした一主体なのである。新住民が結果として自然を犠牲にしたという点を問題視しているのではない。自らが自然を犠牲にした主体であることを認識した上で、今の日野、これからの日野のために何ができるのかという点を考えることが重要であり、それが再帰性を発揮するということに他ならないのである。

Ｖ章で紹介した「用水カルテ」の実践に携わった市民は、退職後、自らの生活や日野市民としての立場を反省的に振り返り、用水路の調査を実施した。そして、その後の日野市のさまざまな活動に参画している。自らの存在や地域を問い直し、それを継続する市民の実践が、今後の日野を考える貴重な財産となる。

もっとも、このような「内省」を促す言説に対しては、すでに内省しながら実践しているアクティブな市民からすれば「では、あなたが何かをやればいいでしょう」という「実践」を求めるかもしれない。何ら実践をせずに「反省性」「内省」を求める、講釈ばかりの主体――「研究者」と呼ばれる人種はその典型例だが――に対しては、その指摘に異論はない。だが、日野市民の実践を目の前にして、あえて地域住民に対して再帰性を求めようとする理由は、「反省ではなく実践」という言説が、他の可能な実践への展開可能性を削ぐ言説になってしまうことへの危惧があるためである。

実践することと、内省することとは往復作業が必要である。市民活動の歴史を見れば、前述したように内省する市民の動きはすでに見られる。行政もコミュニティ行政から今日まで、市民と試行錯誤を繰り返している。この豊かな資産を元に、再帰性を発揮させながら今あるものを見つめ直し、組み替え、再編し、そこから再生をはかること。それが次々と新しいモノを作り上げて、かえってその負債で苦しんできた二十世紀型のまちづくりからの転換に他ならない。

［註］

1　「歴史・エコ廻廊」については、高橋（二〇〇七、二〇〇九）を参照のこと。

2　わずか三十年前の区画整理事業の構想が現在通用しなくなっていることを考えれば、そもそも「一〇〇年後の都市計画」を構想するということ自体に無理があるという意見もあるだろう。

3　「ESD-Hino」は、環境教育、人権、福祉などの幅広い領域で活動しようと試みている。

4　「ひの市民活動団体連絡会」は、日野市内の市民活動団体に対して、中間支援組織として活動活性化支援・交流促進・新規団体立ち上げ支援などの支援活動を行っている。

5　「機関委任事務としてその執行過程においても中央官庁の統制があったものが、一部自治事務になることで工夫次第で各自治体や地域の実情に応じた執行が可能になること」（玉野、二〇〇七：四五）。

6　ただし、公的領域への意思決定にアクセスすべき市民が、さまざまな理由によって参画することができないという格差が存在しうるという点については、十分な配慮が必要である。

7　二〇〇九年秋に、法政大学エコ地域デザイン研究所のメンバーが、地域連携の一環として、日野市の若手職員に対して日野に関連したテーマの研修を行ったことがある。さまざまな「専門知」によるレクチャーを受けた日野市職員の反応は「面白かった」というものもあれば、「内容がわからない」「眠くなった」という否定的なものもあった。この職員の反応が、職員、専門家の双方にとって有意義な実践につながっていくかどうかは、今後の両者の関係性にかかっている。

あとがき――本書の作成プロセスから見えてきた課題

冒頭で述べたように、本書は建築学、都市計画学を中心としたプロジェクトに、環境社会学、地域社会学、農村社会学の議論が加わる形で展開された調査研究の論考を集約する形で出版したものである。編者としては、バラバラな意図で書かれた論文を編纂し、一つのストーリーを作るように努力したつもりであるが、論調や表現等にも微妙な差があるなど、ちぐはぐな印象を読者に与えてしまったことだろう。このあたりは編者の力不足である。お詫び申し上げたい。また、本来、「まちの姿」を議論する際に不可欠な視点である、地域政治の観点からの考察が不足しており、その点は今後の調査研究の課題としたい。

編者は、本書の編集を通して、文理融合の研究の難しさを痛感した。概念の定義、使用用語のニュアンスや筆者の立ち位置など、地域研究では重要である（と社会学を専門とする編者が考えている）点について十分に議論を尽くせたとは言い難い。逆に編者は、同じ対象、表現でも、専門分野の違いによってそれらが意味することが異なるという経験を数多く積むことになった。また、社会学を専門とする編者が全体のとりまとめを行ったため、別の分野の議論に対して行った議論が結果として本筋から外れてしまった可能性もある。短期間での文理融合研究のすり合わせは不十分であったといわざるを得ない。

このような点を踏まえれば、本研究プロジェクトは、文理融合の研究としてはスタートラインに立っただけかもしれない。本書の執筆者は、法政大学エコ地域デザイン研究所のメンバーとして、二〇〇九年度からスタートした東京都日野市との連携事業にも携わることになった。本書の作成プロセスの困難さの経験は、専門知の集合体であろう大学と、地域住民、行政がどのように共通言語を紡ぎ出し、地域の問題の解決に寄与していくのかという困難な課題に立ち向かうための基本的な姿勢に寄与すると思われる。大学と地域の連携という実践は、お互いの実像を知るところから始まり、次に差異のあるところから出発して何ができるのか、どのような相互関係が築けるのか模索することへと続いていくからである。

東京都日野市という場所は、さまざまな意味で魅力的なまちである。都市化・郊外化の中で失われつつあるもののかろうじて残った田園風景と、それを残そうとする市民や行政の積極的な働きかけがある。だが、その一方で、市民の憩いの場でもある森が、後に維持費に苦しむことになるであろう箱物の建設のために伐られてしまうのをただ見守らなければならないといったことも耳にする。一筋縄ではいかない地域の課題をどのように考えていくのか。かといって自然治癒に期待するだけでは問題は深刻化するだけである。特効薬は魅力的だが副作用も気になる。本書の内容の不十分さを前に言うのもはばかれるが、今後も地域の課題に対して地道な調査研究や実践を継続し、日野というまちに寄り添っていきたいと考えている。

最後に、本書を執筆する上で、日野市のさまざまな方に大変お世話になりました。本書が日野市のいまのリアリティを反映しつつ、今後の展望の一助になれば幸いです。また、出版に際して、法政大学出版局、南風舎にはお世話になりました。とくに困難な編集プロセスに巻き込んでしまった南風舎の大野聡子さんには、お詫びとお礼を重ねて申し上げます。

執筆者を代表して　西城戸　誠

二〇一〇年一月

参考文献

《Ⅰ章　用水のあるまち》

日野市発行
『日野広報』日野市広報
『広報ひの』日野市広報
日野市教育委員会、一九九七年『河野清助日記　一　慶応二〜四年』日野市教育委員会
日野市ふるさと博物館編、二〇〇〇年『河野清助日記　二　明治二〜六年』日野市教育委員会
日野市ふるさと博物館、二〇〇一年『河野清助日記　三　明治七〜十一年』日野市教育委員会
日野市史編さん委員会、一九八八年『日野市史　通史編一　自然　原始・古代』
日野市史編さん委員会、一九九四年『日野市史　通史編二（上）中世編』
日野市史編さん委員会、一九九五年『日野市史　通史編二（中）近世編（一）』
日野市史編さん委員会、一九九二年『日野市史　通史編二（下）近世編（二）』
日野市史編さん委員会、一九八七年『日野市史　通史編三　近代（一）』
日野市史編さん委員会、一九九八年『日野市史　通史編四　近代（二）現代』
日野市史編さん委員会、一九七六年『日野市史史料集　近代一　行財政編』
日野市史編さん委員会、一九七九年『日野市史史料集　近代二　社会・文化編』
日野市史編さん委員会、一九八二年『日野市史史料集　近代三　産業・経済編』
日野宿、一八八九年『日野宿地誌』
伊藤　稔編、二〇〇三年『祖父の日記——日野の農家の記録』大空社

小笠俊樹、二〇〇七年「日野市の清流保全と公園緑地管理」『都市公園』一七七号、東京都公園協会、七九-八四頁
東京府農会、一九〇四年『南多摩郡日野町農事調査』
南多摩郡、一九七三年『南多摩郡史』臨川書店

《Ⅱ章　水の郷へ向けたまちの構想と計画》

日野市発行
一九六七年『地主の皆さんへ――基本的総合計画について（マスタープラン）』有山　崧（書簡）
一九六九年「日野市基本的総合計画一九六八年」
一九七一年「日野市第一次基本構想」
一九八三年「日野市第二次基本構想」
一九八八年「日野市第二次基本計画」
一九九六年「日野市第三次基本構想・基本計画」
二〇〇一年「日野市第四次基本構想・基本計画」『日野いいプラン 2010』
一九七四年『日野都市計画四ツ谷下土地区画整理事業しゅん功記念誌』
一九七六年「日野市の現状と問題点――日野市行政調査会第1次報告」日野市行財政調査会
一九七七年「日野市行財政調査研究会報告書――生活環境都市建設への提言」日野市行財政調査会
一九八〇年「浅川利用計画調査報告書」建設部水路清流課
一九八五年「住むことが悦びであり、誇りである町を――日野市行政調査会報告書」
一九八八年「日野市河川整備構想」建設部水路清流課
一九八九年「ふるさとの水辺活用事業」建設部水路清流課
一九九一年「日野市水辺環境整備基本計画」建設部水路清流課
一九九三年「日野市水辺環境整備計画」建設部水路清流課

一九九四年「日野市農のあるまちづくり計画策定調査報告書」都市整備部区画整理第一課
一九九五年「農業用水景観整備事業業務委託報告書」都市整備部区画整理第一課
一九九六年「日野市水辺を生かすまちづくり計画」都市整備部区画整理第一課
一九九九年「日野市環境基本計画」　環境共生部環境保全課
一九九九年「日野市みどりの基本計画——水音と土の香りがするまち　ひの」まちづくり推進部都市計画課
二〇〇三年「日野市まちづくりマスタープラン2001—2020」まちづくり推進部都市計画課
二〇〇四年「第二次日野市農業振興計画・アクションプラン」まちづくり部産業振興課
二〇〇四年「日野市湧水・水辺保全利用計画」環境共生部緑と清流課
二〇〇五年「日野市環境基本計画——重点対策と推進体制」環境共生部環境保全課
二〇〇六年『第三次日野市行財政改革大綱』日野市行財政改革推進本部
二〇〇六年「日野市市民意識調査報告書」
二〇〇六年「日野市観光基本計画」まちづくり部産業振興課
二〇〇七年「平成19年度行政評価システム　市民評価委員報告」
環境基本計画市民連絡会、二〇〇一年『日野市環境基本計画策定活動の歩み——市民参画の新しい試みと成果』
日野市史編さん委員会、一九九八年『日野市史　通史編四　近代（二）現代』
日野・まちづくりマスタープランを創る会、一九九五年『市民版まちづくりマスタープラン——市民がつくったまちづくり基本計画』
石田頼房、一九九〇年『都市農業と土地利用計画』日本経済評論社
伊藤　稔、一九九九年『浅川の畔から』リーブル企画（私家版）
薄井　清、二〇〇〇年『東京から農業が消えた日』草思社
後藤光蔵、二〇〇三年『都市農地の市民的利用——成熟社会の「農」を探る』日本経済評論社
金野啓史、二〇〇五年「鉄道からみた七生村の近現代」『日野市郷土資料館紀要』第一号、日野市教育委員会
佐藤　徹 他、二〇〇五年『新説　市民参加——その理論と実際』公人社

新川達郎、二〇〇三年「参加と計画──市民参加の再構築と計画課程の再構築」日本都市センター企画・編集『自治体と計画行政』日本都市センター
原科幸彦 編著、二〇〇五年『市民参加と合意形成──都市と環境の計画づくり』学芸出版社
深澤　司、二〇〇六年『農からのメッセージ』全国農業会議所
森田　朗、二〇〇三年「序 これからの自治体計画行政の視点」日本都市センター企画・編集『自治体と計画行政』日本都市センター

《Ⅲ章　水の郷のまちづくりにおける市民活動と市民参加》

日野市発行
一九九九年「日野市環境基本計画」環境共生部環境保全課
一九九九年「日野市みどりの基本計画──水音と土の香りがするまち　ひの」まちづくり推進部都市計画課
二〇〇三年「日野市まちづくりマスタープラン 2001─2020」まちづくり推進部都市計画課
二〇〇五年「日野市環境基本計画──重点対策と推進体制」環境共生部環境保全課
二〇〇七年「二〇〇六年度　河川及び水路の水質等分析調査報告書」
二〇〇七年「市民活動団体（ＮＰＯ）と市との協働のための指針」日野市・「ひの市民活動団体連絡会」指針づくりプロジェクトチーム
二〇〇八年「二〇〇七年度（平成十九年度）日野市環境基本条例十八条に基づく年次報告　日野市環境白書」環境情報センター
二〇〇九年「二〇〇八年度（平成二十年度）日野市環境基本条例十八条に基づく年次報告　日野市環境白書」環境情報センター
浅川勉強会、一九九九年『井戸ノート──地下水の眼をのぞく』
環境基本計画市民連絡会、二〇〇一年『日野市環境基本計画策定活動の歩み──市民参画の新しい試みと成果』

日野市消費者運動連絡会、一九九八年『水汚染から考える――浅川・豊田用水の水質調査10年』
日野・まちづくりマスタープランを創る会、一九九五年『市民版まちづくりマスタープラン――市民がつくったまちづくり基本計画』
『日野の歴史と文化』1～50号、日野史談会
『日野の自然』1号～449号、日野の自然を守る会
『湧水』まちづくりフォーラムひの
奥田道大、一九八三年『都市コミュニティの理論』東京大学出版会
小倉紀雄、二〇〇三年『市民環境科学への招待――水環境を守るために』裳華房
萱嶋　信、一九九九年「日野市における環境基本計画」『とうきょうの自治』三三号、東京自治研究センター
久須美則子、二〇〇一年「一、直接請求による条例制定から基本計画策定まで」『日野市環境基本計画策定活動の歩み――市民参画の新しい試みと成果』環境基本計画市民連絡会
熊澤輝一・原科幸彦、二〇〇五年「計画に議会が関与することの効果と課題」原科　編著『市民参加と合意形成――都市と環境の計画づくり』学芸出版社
佐藤　徹 他、二〇〇五年『新説　市民参加――その理論と実際』公人社
篠原　一、一九七七年『市民参加』岩波書店
田中紀子、一九八二年『歌集半世紀』日野歌人会
玉野和志、二〇〇七年「コミュニティからパートナーシップへ」羽貝正美　編著『自治と参加・協働――ローカル・ガバナンスの再構築』学芸出版社
新川達郎、二〇〇三年「参加と計画――市民参加の再構築と計画課程の再構築」日本都市センター企画・編集『自治体と計画行政』日本都市センター
日本都市センター企画・編集、二〇〇二年『自治体と総合計画――現状と課題』日本都市センター
原科幸彦 編著、二〇〇五年『市民参加と合意形成――都市と環境の計画づくり』学芸出版社
森田　朗、二〇〇三年「序　これからの自治体計画行政の視点」日本都市センター企画・編集『自治体と計画行政』日本

都市センター
渡部一二、一九八九年『日野市における水路の生物環境・景観要素及び利用者意識調査による環境特性の研究』とうきゅう環境浄化財団

《Ⅳ章　まちと農業と用水》

日野市発行
『日野広報』日野市広報
『広報ひの』日野市広報
日野市環境市民会議水分科会編、二〇〇八年『日野の用水路カルテづくりプロジェクト概要報告書』
日野市環境情報センターかわせみ館編、二〇〇九年『二〇〇八年度日野市環境白書――日野市環境基本条例第十八条に基づく年次報告書』
日野市産業振興課編、一九九七年『日野市農業振興計画――市民と自然が共生する農あるまちづくりをめざして』
日野市産業振興課編、二〇〇四年『第二次日野市農業振興計画――農家・市民・市が協働して都市農業を守っていこう』
日野市産業振興課編、二〇〇九年『第二次日野市農業振興計画・アクションプラン』
日野市産業振興課編、二〇〇九年「日野市の農業」
日野市史編さん委員会、一九八三年『日野市史　民俗編』
日野市史編さん委員会、一九九四年『日野市史　通史編二（上）中世編』
日野市史編さん委員会、一九七九年『日野市史史料集　近世一　交通編』
日野市史編さん委員会、一九七八年『日野市史史料集　近世二　社会・文化編』
秋山道雄、二〇〇八年「環境用水の類型と成立の契機」『環境技術』三七巻十月号、環境技術学会、六九八-七〇四頁
荒川　康・鳥越皓之、二〇〇六年「里川の意味と可能性――利用する者の立場から」鳥越 他 編『里川の可能性――利水・治水・守水を共有する』新曜社

大塚恵一、二〇〇八年『都市近郊における農業用水路の保全に関する研究――日野市・羽生領・仙台市を事例に』法政大学大学院エコ地域デザイン研究所
環境省水・大気環境局水環境課、二〇〇七年「『環境用水の導入』事例集～魅力ある身近な水環境づくりにむけて～」(http://www.env.go.jp/water/junkan/case2/index.html)
関東農政局東京統計・情報センター編、二〇〇五年『東京における援農ボランティアの現状』関東農政局東京統計・情報センター
神戸賀寿朗、一九七九年『低成長下の都市農業論』富民協会
小坂克信、二〇〇四年「用水を総合的な学習に生かす――日野用水を例として」とうきゅう環境浄化財団
竹内敏晴、一九八二年『からだが語ることば――α＋教師のための身ぶりとことば学』評論社
田代洋一編、一九九一年『計画的都市農業への挑戦』日本経済評論社
東京都経済局商工部調査課編、一九六八年『東京都における都市化と農業問題』
東京都生活文化スポーツ局広報広聴部都民の声課編、二〇〇九年『平成二一年度・第一回インターネット都政モニターアンケート結果　東京の農業』
とうきゅう環境浄化財団、一九八九年「多摩川'89」
とうきゅう環境浄化財団、一九八九年「多摩川'89　資料編」
とうきゅう環境浄化財団、一九八九年「多摩川'90」
農業水利研究会編、一九八〇年『日本の農業用水』地球社
橋本卓爾、一九九五年『都市農業の理論と政策――農業のあるまちづくり序説』法律文化社
藤本友博 他、二〇〇四年「市街地における農的環境を巡る動きと現代的背景に関する研究（その三）――市街地を流れる農業用水路に対する〝動き〟に着目して」『日本建築学会九州支部研究報告』第四三号、一九三―一九六頁
松村和則、二〇〇二年「いま、なぜ〈からだ〉なのか」桝潟・松村 編『食・農・からだの社会学』（シリーズ環境社会学五）新曜社
三野　徹、二〇〇八年「地域水ネットワークの再生と環境用水――農業水利改革の新たな視点」『環境技術』三七巻十月号、

環境技術学会、六九〇-六九七頁
南 侃、一九七七年「近郊農業と都市農業、遠郊農業」都市近郊農業研究会編『都市化と農業をめぐる課題――都市農業発展への提言』農林統計協会
南ひかり・松田陽子・清水裕太・大塚恵一、二〇〇七年「都市における水辺環境の再生と保全――日野市における用水路をとりまく主体の現状と課題」『地域環境演習二〇〇六年度報告書・多摩川の流域環境共生』法政大学大学院環境マネジメント研究科
鷲谷いづみ 編、二〇〇七年『コウノトリの贈り物――生物多様性農業と自然共生社会をデザインする』地人書館
NHK編、二〇〇六年『日本農業のトップランナーたち――第35回日本農業賞に輝いた人々』全国農業協同組合中央会
Millennium Ecosystem Assessment, 2005, *Ecosystems and Human Well-Being: Synthesis*, Island Press, Washington, D.C.（国連ミレニアム、二〇〇七年『国連ミレニアム エコシステム評価――生態系サービスと人類の将来』横浜国立大学二一世紀COE翻訳委員会責任翻訳、オーム社）

《V章 「環境」としての用水路》
日野市環境共生部／環境保全課編、二〇〇八年『二〇〇七年度（平成十九年度）日野市環境基本条例第十八条に基づく年次報告書 日野市環境白書』
氏平あゆち・野口寧代・堀野治彦・村島和男・田野信博・橋本岩夫・瀧本裕士・丸山利輔、二〇〇二年「手取川七ヶ用水地区における住民の地域用水評価」『農業土木学会誌』七〇巻九号、農業土木学会、二七-三〇頁
小笠俊樹、二〇〇二年「水の郷 日野『水辺に生態系を』――都市における水辺づくりのとりくみ」『地下水技術』第四四巻十月号、地下水技術協会、一-九頁
嘉田由紀子、二〇〇二年『環境学入門（九）環境社会学』岩波書店
栗山浩一、二〇〇〇年『環境評価と環境会計』日本評論社
栗山浩一、二〇〇七年「Excel でできる CVM 第 3.1 版」、環境経済学ワーキングペーパー #0703（http://www.f.waseda.

jp/kkuri/workingpaper.html 参照)
畔柳昭雄・渡邊秀俊、一九九九年『都市の水辺と人間行動――都市生態学的視点による親水行動論』共立出版
小坂克信、二〇〇三年「日野の用水を活用した総合的な学習の事例――教材化を中心に」『環境技術』三二巻六月号、環境技術学会、五五‐五九頁
小坂克信、二〇〇四年『用水を総合的な学習に生かす――日野の用水を例として』とうきゅう環境浄化財団
笹木延吉、一九九六年「日野市におけるビオトープの創造と近自然河川工法」『水』三八巻九月号、九〇‐一〇〇頁
佐藤直良、一九九七年「水辺の楽校プロジェクトの目指すもの」君塚芳輝(編)『水辺の楽校をつくる――計画から運営までの理念と実践』ソフトサイエンス社
竹本久志、二〇〇六年『子どもたちが遊び、学び、育つ　水辺の楽校　実践マニュアル』アートダイジェスト
丹治　肇、二〇〇二年「流域管理と地域用水の今後の制度的展開」『農業土木学会誌』七〇巻九号、農業土木学会、一七‐二一頁
西城戸誠・長野浩子、二〇〇七年「用水路を維持・管理するのは誰か?――日野市内用水路に関する意識調査による分析」『日野の用水路再生二〇〇六』法政大学大学院エコ地域デザイン研究所
西城戸誠、二〇〇七年「日野市の用水路に対する市民の意識――住民意識調査から」『法政大学大学院エコ地域デザイン研究所　二〇〇六年度報告書』法政大学大学院エコ地域デザイン研究所
三浦真一・井内正直、二〇〇六年「バイオマス賦存量GISデータベースの作成と公開」『バイオマス科学会議発表論文集』一号、日本エネルギー学会、六八‐六九頁
皆川朋子・島谷幸宏、二〇〇二年「住民による自然環境評価と情報の影響――多摩川永田地区における河原の復元に向けて」『土木学会論文集』七一三巻/VII‐24号、土木学会、一一五‐一二九頁
Putnam, R.D., 1993, *Making Democracy Work*, Princeton Univ. Press.(=二〇〇一年、河田潤一訳、『哲学する民主主義――伝統と改革の市民的構造』、NTT出版)

《Ⅵ章　これからの「まち」と「水・緑」のゆくえ》

小坂克信、二〇〇三年「日野の用水を総合的な学習に生かす」『農業土木学会誌』七一巻三号、農業土木学会、一八九―一九二頁
小坂克信、二〇〇四年『用水を総合的な学習に生かす――日野の用水を例として』とうきゅう環境浄化財団
高橋賢一、二〇〇七年「小流域の再生と歴史・エコ廻廊の構築」『歴史的・生態的価値を重視した水辺都市の再生に関する研究――日野の用水路網の保存・回復に向けた市民的な取り組みをケースとして』平成十九年度河川整備基金助成事業報告書
高橋賢一、二〇〇九年「水系を基軸とした〝歴史・エコ廻廊〟の形成（素案）」『法政大学大学院エコ地域デザイン研究所二〇〇八年度報告書』法政大学エコ地域デザイン研究所
玉野和志、二〇〇六年「九〇年代以降の分権改革と地域ガバナンス」岩崎信彦・矢澤澄子 監修『地域社会学講座三　地域社会の政策とガバナンス』東信堂
玉野和志、二〇〇七年「コミュニティからパートナーシップへ」羽貝正美 編著『自治と参加・協働――ローカル・ガバナンスの再構築』学芸出版社
東京都日野市立東光寺小学校編、二〇〇九年『地域と学校をつなぐ食育』三省堂
古川彰・松田素二、二〇〇三年「観光という選択――観光・環境・地域おこし」古川・松田 編著『観光と環境の社会学（シリーズ環境社会学　四）』新曜社
若林幹夫、二〇一〇年『〈時と場〉の変容――「サイバー都市」は存在するか？』ＮＴＴ出版

執筆者紹介（執筆順）

陣内秀信（じんない ひでのぶ）……………………………（はじめに–日野へのまなざし）
法政大学デザイン工学部建築学科教授
法政大学エコ地域デザイン研究所所長

高橋賢一（たかはし けんいち）……（はじめに–日野へのまなざし，Ⅰ章–4，Ⅳ章–2–4）
法政大学デザイン工学部都市環境デザイン工学科教授
法政大学エコ地域デザイン研究所兼担研究員

西城戸誠（にしきど まこと）……（はじめに–本書の問題意識，Ⅴ章–2, 3, 4, 5，Ⅵ章）

黒田 暁（くろだ さとる）……………………………（Ⅰ章–1，Ⅳ章–3–6, 7，Ⅳ章–4，Ⅵ章）

石渡雄士（いしわたし ゆうし）……………………………………………（Ⅰ章–2）
法政大学大学院工学研究科建設工学専攻博士後期課程在籍
法政大学サステイナビリティ研究教育機構リサーチ・アシスタント
法政大学エコ地域デザイン研究所兼担研究員

浅井義泰（あさい よしやす）……………………………………………（Ⅰ章–2）
株式会社エキープ・エスパス取締役
法政大学エコ地域デザイン研究所兼任研究員

永瀬克己（ながせ かつみ）……………………………………………（Ⅰ章–3）
法政大学デザイン工学部建築学科教授
法政大学エコ地域デザイン研究所兼担研究員

長野浩子（ながの ひろこ）……………………………（Ⅱ章，Ⅲ章，Ⅳ章–3–1, 2, 3, 4, 5, 6）
SOM 計画工房一級建築士事務所代表
法政大学エコ地域デザイン研究所兼担研究員

舩戸修一（ふなと しゅういち）……………………（Ⅳ章–1，Ⅳ章–2–1, 2, 3, 5，Ⅳ章–4）
法政大学サステイナビリティ研究教育機構リサーチ・アドミニストレータ
法政大学エコ地域デザイン研究所兼担研究員

大塚恵一（おおつか けいいち）……………………………（Ⅳ章–3–1, 2, 3, 4, 5, 6）
羽生市役所勤務

南ひかり（みなみ ひかり）……………………………（Ⅳ章–3–1, 2, 3, 4, 5, 6）
財団法人日本環境衛生センター勤務

宮下清栄（みやした きよえ）……………………………………………（Ⅴ章–1, 2）
法政大学デザイン工学部都市環境デザイン工学科教授
法政大学エコ地域デザイン研究所兼担研究員

編著者略歴

西城戸誠（にしきど まこと）

1995年，北海道大学文学部を卒業．2003年，北海道大学大学院文学研究科博士課程修了．博士（行動科学）．北海道大学大学院文学研究科助手，京都教育大学教育学部講師，助教授を経て，現在，法政大学人間環境学部准教授，法政大学エコ地域デザイン研究所兼担研究員．専攻・関心は社会運動論，環境社会学，地域社会学．

著書：『よくわかる環境社会学』（共著，ミネルヴァ書房，2009年），『抗いの条件——社会運動の文化的アプローチ』（単著，人文書院，2008年．第3回地域社会学会「奨励賞」受賞），『社会運動の社会学』（共著，有斐閣，2004年），『社会運動という公共空間——理論と方法のフロンティア』（共著，成文堂，2004年），など．

黒田　暁（くろだ さとる）

2001年，上智大学文学部を卒業．2009年，北海道大学大学院文学研究科博士課程修了．文学博士（社会学）．北海道大学大学院文学研究科専門研究員を経て，現在，法政大学サステイナビリティ研究教育機構リサーチ・アドミニストレータ（研究員），法政大学エコ地域デザイン研究所兼担研究員．専攻・関心は環境社会学，自然環境をめぐる合意形成論，地域資源論．

著書：『半栽培の環境社会学——これからの人と自然』（共著，昭和堂，2009年），など．

用水のあるまち——東京都日野市・水の郷づくりのゆくえ

2010年6月22日　　初版第1刷発行

編著者　西城戸誠／黒田暁 © M. Nishikido, S. Kuroda, *et al.*

発行所　財団法人 法政大学出版局

〒102-0073 東京都千代田区九段北3-2-7

電話03（5214）5540／振替00160-6-95814

編集・制作：南風舎，印刷：平文社，製本：誠製本

ISBN 978-4-588-78003-5

Printed in Japan